MADEIRA

Landeskunde einer Insel

Von

Dr. Wilhelm Hartnack
Privatdozent der Geographie an der Universität Greifswald

Mit 14 Textfiguren
1 Karte und 31 Abbildungen auf 18 Tafeln

HAMBURG 1930
Friederichsen, de Gruyter & Co. m. b. H.

Druck: Julius Abel, G. m. b. H., Greifswald.

Den Vertretern der Lande deutscher Zunge,

Herrn Emil Gesche,

Konsul des Deutschen Reiches in Funchal

und

Herrn Wagner,

Konsul Österreichs in Funchal

in herzlicher Dankbarkeit zugeeignet.

Vorwort.

Dieses Buch entstand aus intensiver Vorbereitung auf meinen Besuch Madeiras, der Bereisung der Insel selbst im Frühjahr 1928 und der späteren Verarbeitung der gewonnenen Eindrücke und gemachten Beobachtungen. War es anfangs fast unmöglich, neben den verschiedenen, qualitativ stark unterschiedlichen sogenannten „Führern durch Madeira" brauchbare, gut orientierende Spezialliteratur zu erlangen, so drohte ich zum Schluß in solcher zu ersticken. Aber es bedurfte, um diese zu finden, einer überaus eingehenden Spürarbeit, da unsere deutschen bibliographischen Hilfsmittel, auch die geographischen, auf diesem Gebiete versagten. Das Ergebnis jener Spürarbeit ist das reichhaltige Literaturverzeichnis auf Seite 154 bis 177, über dessen Zusammenstellung dort das Nötigste gesagt ist. Bestimmend beeinflußt wurde die Abfassung dieses Werkes durch die Tatsache, daß es keine neuere Arbeit in deutscher Sprache gibt, die über Madeira insgesamt geographisch unterrichtet. So hoffe ich, daß vorliegende Darstellung nicht nur eine Lücke in unserer wissenschaftlich-landeskundlichen Literatur schließt, sondern daß sie auch von den vielen Besuchern Madeiras als ein Hilfsmittel zur Vorbereitung für ihre Reise und zur Vertiefung der gewonnenen Eindrücke nach der Reise gerne benutzt wird. Auch diesem Zwecke trägt die Darstellung in manchen Punkten besonders Rechnung. So sind einige erläuternde Abschnitte eingefügt, die, wie z. B. die Einführung in die Pflanzengeographie Madeiras, dem Fachgenossen nichts Neues bieten, dem Unkundigen dagegen das Verständnis für die Eigenart der subtropischen Flora und Pflanzengesellschaften der Insel erschließen dürften; oder es sind mit Rücksicht darauf, daß eine der eigenartig-interessanten, vielbesuchten Sehenswürdigkeiten Funchals der Fischmarkt ist, die Fische der Meere um Madeira etwas eingehender behandelt worden, als es vielleicht für eine Landeskunde unbedingt erforderlich ist, wie ich hoffe, zum Vorteil für die praktische Benutzbarkeit des Werkes, das wissenschaftlich fundierte landeskundliche Darstellung mit einem gewissen „Führercharakter" vereinen will.

Während alle Zeichnungen von mir selbst angefertigt sind, habe ich für einen Teil der Photographien anderen Herren zu danken, in erster Linie Herrn Adalbert Athen in Hamburg, der mir die Reproduktion seiner schönen Aufnahmen (Abb. 1, 3, 5—10, 15, 16, 20, 22, 26—28) gestattete, sodann Herrn Apotheker Podszus in Friedberg in Hessen, dessen Photographien den Abb. 13, 14, 17—19, 23—25. 31 zugrundeliegen. Beiden Herren sei auch an dieser Stelle nochmals herzlichst gedankt.

Endlich ist es mir Bedürfnis, tiefgefühlten Dank den Herren auszusprechen, denen dies Werk gewidmet ist, Herrn Konsul E. Gesche und Herrn Konsul Wagner. Sie haben uns den Aufenthalt auf der Insel besonders angenehm gestaltet, uns bei dem z. T. weiten Querfahrten in freundlichster Weise unterstützt, gelegentlich auch begleitet und so gar manche Schwierigkeit aus dem Wege geräumt; von den gastfreundlichen Stunden in der Quinta Olavo und im Hause des Herrn Wagner ganz zu schweigen. Herrn Konsul Gesche gebührt noch besonderer Dank, daß er mich bei der Ausarbeitung dieses Buches durch Überlassung von Manuskripten seiner amtlichen Konsularberichte, Beschaffung mir sonst unzugänglicher Literatur und durch mancherlei Mitteilungen in liberalster Weise unterstützt hat. Herzlichen Dank!

Greifswald, Weihnacht 1929.

Wilhelm Hartnack.

Inhaltsverzeichnis.

Einleitung.

Wer in rauher Jahreszeit aus dem Norden kommend etwa abends in die Bucht von Funchal einläuft, der wird tief ergriffen sein von dem prächtigen, märchenzauberhaften Anblick, der sich ihm bietet: ein ungeheures Meer von Lichtern, amphitheatralisch den Hintergrund der flachen Bucht bildend bis hoch hinauf in große und wenig ferner liegende Höhe, eine Flut von Glanz vom Meeresufer aus fünf-, sechshundert und mehr Meter hoch. Ein strahlender Sternenhimmel auf Erden, mitten im Atlantik, das ist das nächtliche Funchal. Weich schmiegt sich die Stadt den Formen an, nichts Hartes, Schroffes ist in dem nächtlichen Bild; leise gluckst die See an die Bordwand des Schiffes, zart umspielt uns die weiche Luft dieser südlichen „Sommer"-nacht, in die auf leisen Schwingen der abendliche Landwind den feinen Blütenduft verborgener madeirensischer Gärten trägt wie einen zarten Hauch. Über allem gespannt das in weichem Glanz der Millionen Sterne zart strahlende, wolkenlose Firmament. Stille Feierstimmung hält uns in Bann, paradiesische Stimmung subtropischer Nacht, der das Weiche innewohnt.

Der nächste Morgen zeigt ein gänzlich anderes Bild, schön wie das der Nacht und ebenso überwältigend, nur ganz anders. War das nächtliche Bild in seiner gewaltigen Ruhe erhaben, daß es Feier in uns weckte, so haben morgendlicher Glanz der Sonne und frische Seebrise die zarten Schleier der Nacht hinweggeschoben; alles, Natur wie Werk des Menschen, leuchten nunmehr in ungeahnter Farbenpracht, die wie verkörperte Lebensfreude uns entgegenlacht.

Und täuschte die Nacht in jeder Hinsicht Weichheit vor, so zeigt der lichte Tag gerade das Gegenteil, Wildheit, Kühnheit, ja Schroffheit beinahe aller Formen und eine immer wiederkehrende Gegensätzlichkeit: hier das noch verhältnismäßig sanften Berglehnen angeschmiegte Funchal, unmittelbar dahinter, beinahe drohend, klotzige Gebirgsmassen mit brüsken Formen und bizarren Umrissen; hier üppigste, farbenfrohe Vegetation, dort nackter, dunkler Fels; war die Nacht wolkenlos und klar, so zeigt der Tag über Funchal und der See lachenden, strahlend-blauen Himmel, dort überm Gebirge aber schwere, drohende Wolkenmassen; hier elegante Gärten und Häuser, dort schmutzige, an Zerfall grenzende Buden; hier vornehme Quintas mit reichen, geistig und körperlich gepflegten Besitzern, dort armselige Bauernhütten mit völlig verwahrlosten, armen Pächtern, die nie lesen und schreiben konnten; zerlumpte Bettler hier, elegante, zum Jeu ins Kasino fahrende Ausländer dort; auf der einen Seite die Errungenschaften neuester Technik, auf der andern noch Hilfsmittel primitivster Art. Und dringt man tiefer in die Geheimnisse der Insel ein, so wird der Eindruck einer beinahe alles durchdringenden Gegensätzlichkeit und schnellen Wechsels nur verschärft: dort die in schier unglaublich intensiver und zäher Arbeit selbst an steilsten Hängen angelegten Terrassenkulturen, die tausende hängender Gärten, die von einem leistungsfähigen, arbeitsfreudigen starken Bauernstand zeugen; aber Pächter und degenerierte, durch übermäßigen Aguardentegenuß entkräftete, kranke Gestalten bilden heute einen wesentlichen Bestandteil der Inselbevölkerung. Oder hier in der Nähe der Küste eine ungeahnte Fülle buntester Blumen und Kulturgewächse aus aller Herren Ländern in einem Gebiet, das von Natur Steinsteppe ist. Wohl die schroffste Gegensätzlichkeit aber, die sich hier bietet, liegt versteckter, doch zeigt sie sich auch äußerlich: Madeira, eine portugiesische Insel, gehört letztlich den Engländern. Doch nicht nur in des Menschen Werk offenbart sich jener etwas paradox anmutende Zug, der das Leben der Insel zu beherrschen scheint, sondern auch die natürlichen Verhältnisse des Eilandes sind durch ihn und durch stärksten Wechsel der Erscheinungsformen gekennzeichnet. Jetzt, im Winter, der für uns die tote Jahreszeit ist, zeigt das Vegetationsbild Madeiras eine unglaubliche Pracht buntester Blüten; aber der Sommer, unsere lachende Jahreszeit, tritt uns in der niederen Region der Insel an gewissen Stellen und, denken wir uns des Menschen Werk fort, ganz allgemein als Feind der Pflanzen entgegen, der mit seinem glühenden Hauch die Farbenpracht des Winters zerstört und das Land in eine leblose, ockerfarbige Steppe verwandelt. Weiter sei nur an die grundverschiedenen Klimate auf engstem Raum nebeneinander erinnert, die zwar nicht so schroff geschieden sind wie etwa auf Teneriffa, aber doch augenfällig genug in die Erscheinung treten; oder es sei erinnert an die nur kleinen Bäche in gewaltig tiefen Schluchten, deren Boden von mannshohen Geröllblöcken neben kleinsten Flußgeschieben bedeckt ist, an die stark unterschiedliche Bodenbildung in vielfach gleichaltrigem und gleichartigem Gestein u. a. m. Daß uns auf einem so kleinen Raume wie es die Insel Madeira ist, immer und immer wieder, wohin man auch blicken mag, in der Landschaft und im Leben des Menschen Erscheinungen entgegentreten, die in einem gewissen Widerspruch zu anderen stehen oder doch untereinander gegensätzlich sind, verleiht dem Eiland einen ganz besonderen Reiz, fordert zugleich aber gebieterisch die Frage warum, wieso heraus. Das Nebeneinander der verschiedensten Erscheinungen auf Madeira erklärend zu beschreiben, ihre ursächlichen Beziehungen zueinander und zu anderen Gegebenheiten, also ihre genetische Bedingtheit aufzuhellen, das soll der Zweck der folgenden kurzen Darstellung sein. Ein weiteres Eindringen in einzelne Probleme möge das Verzeichnis der Literatur erleichtern.

I. TEIL:
Physiogeographie Madeiras.

I. Geologisch-tektonische Stellung, Aufbau und Entwickelung der Insel.

Geologisch - tektonische Stellung Madeiras. Madeira, bekanntlich eine der atlantischen Vulkaninseln, erreicht bei verhältnismäßig kleiner Fläche die recht ansehnliche Höhe von 1861 m im Pico Ruivo de Santa Anna. Die Insel, fast ausschließlich aus vulkanischen Gesteinen aufgebaut, zeigt eine äußerst zerrissene Oberflächengestalt und besitzt, obwohl im Atlantik gelegen, kein „Ufer"; steil und zuweilen bis 600 m hoch entragen die felsigen Kliffe dem Ozean, und ein Ansteigen des Meeresspiegels um 200 m würde die äußeren Umrisse der Insel und ihren Flächeninhalt nur unwesentlich ändern. Andererseits fällt der Boden des Meeres schon in nächster Nähe der madeirensischen Küste steil zur mehrere tausend Meter tiefen Tiefsee ab; aber nicht überall, wie sich besonders deutlich zeigen würde, wenn der Meeresspiegel um 133 oder gar 200 m fiele; dann würde unsere Insel schon einen beträchtlich anderen Grundriß zeigen als heute: Madeira, die Inseln bei der S. Lourenço-Halbinsel und die im Südosten gelegenen Dezertas würden eine einzige Landmasse bilden, deren Gestalt die folgende Figur wiederzugeben versucht. Das nahe Porto Santo freilich würde von dieser neuen Landmasse immer noch durch ein 2000 m tiefes Meer getrennt bleiben. Ein erneutes Sinken des Meeresspiegels um hunderte von Metern würde dann aber die Umrisse jener neuen Landmasse grundsätzlich nicht mehr nennenswert deformieren und höchstens den Flächenraum ein wenig, aber auch nicht viel vergrößern können; denn von der 200 m-Tiefenlinie an fällt der Meeresboden steil ab. Die genannte Isobathe verläuft i. D. in 3 km Entfernung von der Uferlinie rings um die Insel und wiederholt im wesentlichen deren Umrisse. Nur im Westen, vor der Ponta do Pargo und der Ponta Fajao da Ovelha, entfernt sie sich bis 9 km vom Ufer und schließt hier einen flacheren submarinen Inselsockel ein als beispielsweise an der Süd- und Nordküste. Im Osten aber umschließt die 200 m-Isobathe außer dem Ostzipfel Madeiras und den Inseln d'Agostinho de Brancas, So. Lourenço und Fora auch die Dezertas bis südlich der Ponta Agulha und damit eine submarine, nur in den Dezertas über Wasser auftauchende Schwelle von durchschnittlich 5 km Breite und einer ziemlich gleich-

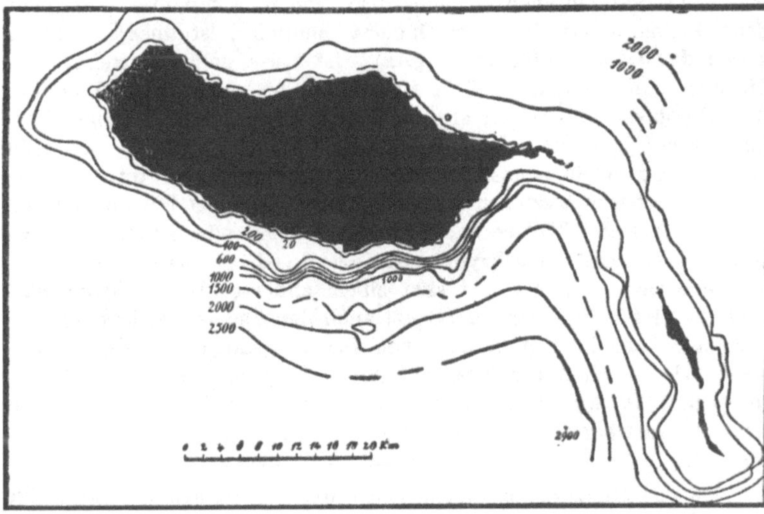

Fig. 1. Isobathenkarte von Madeira und den Dezertas.

mäßigen Tiefe von 115 m unter Wasser. Während der Horizontalabstand der 0- und 200 m-Isobathen voneinander noch im Durchschnitt 3 km beträgt, liegt die 400 m-Tiefenlinie kaum ½ km abseits der von 200 m; nur an einigen charakteristischen Stellen biegt sie weiter meerwärts aus wie u. a. südlich der Ponta da Cruz und des Cabo do Girao; solche Stellen liegen in der Verlängerung der Achse insularer Höhenzüge. Ein derartiges Ausbiegen der Isobathen macht sich bis in größere Tiefen geltend; so schwenkt z. B. die 1000 m-Isobathe in der Verlängerung des Zuges Pico do Poizo—Palheiro—Cabo do Garajao östlich Funchal auffallend stark nach Südosten aus. Solche Züge des submarinen Reliefs lassen sich schon trotz der geringen Lotungsdichte einigermaßen sicher feststellen; sie beweisen, daß die gröbsten Züge des subaërischen Reliefs weiter nichts als eine Fortsetzung des submarinen sind. Mit andern Worten: die Inseln Madeira und Dezertas sind nur Teile der aus dem Atlantikwasser herausragenden Gipfelregion eines einzigen großen vulkanischen Gebildes, sind nur durch das Wasser scheinbar getrennte Gipfel eines an seinen Enden fein nach außen geschwungenen, gen Südsüdwesten offenen Gebirgsbogens, dessen (Grundriß-) Scheitel die Ilheo de Fora bildet. Allseitig fällt jener mehrere tausend Meter und damit beinahe doppelt so tief unter das Wasser ab, als er darüber hinausragt. Die Hauptmasse des vulkanischen Gebildes also, von dem nur eine verschwindend kleine Masse die Insel Madeira einnimmt, ist unseren Blicken durch den Ozean entzogen (Fig. 2). Ist diese ganze Gesteinsmasse, die sich von beiläufig 4000 m Meerestiefe bis nahe an 2000 m über dem Seespiegel, insgesamt also an 6000 m hoch wie ein einziger Berg über ihre Umgebung erhebt und damit so hoch, wie es sonst keine isolierte Gesteinsmasse, kein Berg der Festländer tut, ist diese ganze ungeheure Gesteinsmasse von unten bis oben hin ein einziges vulkanisches, der Tiefsee entsteigendes Gebilde oder ist Madeira, wie *G. Schott*[1]) meint, eine kryptoozeanische Insel, ist das eigentlich vulkanische Organ kleiner und sitzt einem andersgearteten Sockel auf? Und für diesen Fall: ist der Sockel auch den anderen mehr oder minder nahe benachbarten atlantischen Inseln gemeinsam oder wenigstens, wie es schon von älteren Autoren *Leopold von Buch*[2]), *Calderon*[3]) und *Ed. Sueß*[4]) annehmen, einem Teil von ihnen? Über diese Fragen vermögen die morphologischen Verhältnisse des Atlantikbodens Auskunft zu geben.

Als das Rückgrat im ozeanischen Relief zwischen Europa-Afrika und Amerika, das durch die Untersuchungen der jüngst beendeten deutschen Atlantischen Expedition eine beträchtliche Aufhellung im einzelnen erfahren hat, gilt von jeher der die Festlandsumrisse in auffälliger Weise wiederholende atlantische Rücken, dessen Formen als die eines geschlossenen Gebirgswalles etwa von alpinem oder andinem Typ zu deuten sind. Die Frage, ob es sich hierbei um ein in Bildung begriffenes Orogen oder um einen versunkenen Fertigbau handelt, steht hier nicht zur Erörterung, ist auch für unser Problem

1) *G. Schott:* Geographie des Atlantischen Ozeans, 1912, S. 80 (neue Aufl. 1926).

2) *Buch*, Leop. v.: Physikalische Beschreibung der Kanarischen Inseln. 1825, S. 291.

3) *Calderon*, D. Salvad: Edad geológ. de las Islas Atlánticas y su Relación con los Continentes. Bol. Soc. Geogr. Madrid 9, 1884, S. 377—399.

4) *Suess*, Ed.: Das Antlitz der Erde, Bd. II, 1888, S. 156. (Französ. Ausgabe: Bd. II, 1900, S. 215.)

ziemlich belanglos; denn in beiden Fällen sind hier Bewegungen irgendwelcher Art im Gange und zeugen von Schwäche- oder, wenn man so will, auch Kraftstellen der festen Erdrinde, als deren äußerlich sichtbares Zeichen gerne vulkanische oder seismische Vorgänge wenn auch feinster Art in Erscheinung treten. Solche Merkmale scheinen aber in der Tat dem atlantischen Rücken eigen zu sein[5]). Der bis zu 2500 m Wassertiefe aufsteigende Zentralrücken zerlegt den Ozean in zwei äußerst langgestreckte, die Festlandsumrisse ebenfalls

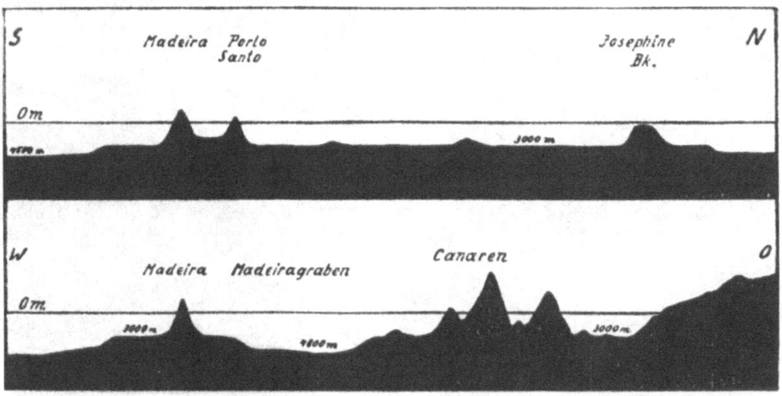

Fig. 2. Profile des Ozeanbodens bei Madeira („Madeirasockel").

wiederholende Tiefseemulden, die Wassertiefen von 5000 bis über 8000 m aufweisen, so daß hier also ein Groß-Relief von zwar alpiner Energie im ganzen vorliegt, aber auf erheblich größerem Erdraum; daher dürfte es trotz gewaltiger Höhendifferenzen als Flachrelief anzusprechen sein. Die langgestreckten atlantischen Tiefseemulden sind ihrerseits, und zwar im Westen weniger stark ausgeprägt als im Osten, der hier besonders interessiert, in einzelne Tiefsee-Becken abgeriegelt durch eine Reihe untermeerischer Quer-Schwellen und -Rücken, die, zum Teil in auffallender Parallelität miteinander, bis zum afrikanischen Kontinentalrand führen, nach *Krenkel*[6]) sogar als strukturelle Richtungen über den ganzen Kontinent hin zu verfolgen sein sollen. Eine Diskussion über diese letzte Auffassung ist hier nicht beabsichtigt. Für die Stellung Madeiras kommen hier nur das nördliche, spanische

5) *A. Sieberg*: Geologische, physikalische und angewandte Erdbebenkunde. 1923, S. 247f.

6) *E. Krenkel*: Geologie Afrikas I, 1925, S. 26f.

Becken (5800 m) und das südliche, Kap Verden-Becken mit über 6000 m Wassertiefe in Betracht. Nach *G. Wüst*[7]) werden beide durch die flache „Aufwölbung“ der „Azoren-Schwelle“ zwischen Azoren und Madeira getrennt. In der Tat erheben sich Madeira einschließlich der Dezertas, dann wieder, aber selbständig, das nahegelegene Porto

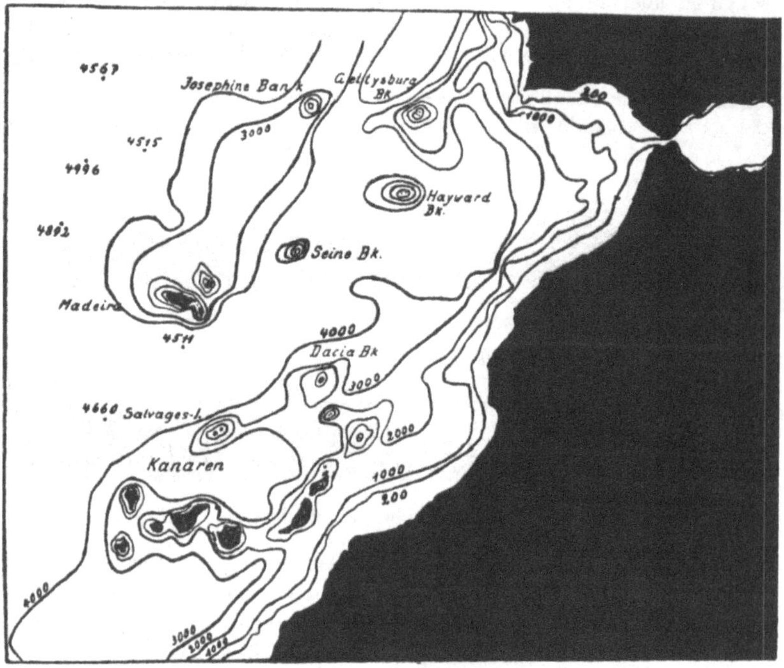

Fig. 3. Tiefenlinien des Atlantischen Ozeans im Westen von Nordafrika.

Santo und ebenfalls isoliert im Norden die bis 104 m Wassertiefe aufragende Josephine Bank über einem einzigen irgendwie gearteten, von SSW nach NNO streichenden offenbar einheitlichen Sockel von über 600 km Länge und durchschnittlich 140 km Breite, der von der 3000 m-Isobathe umschlossen wird. Dieser „Madeirasockel“ (Fig. 2) aber fällt a l l s e i t s relativ steil ca. 15—1700 m tief ab und erreicht nebst Aufbauten sein stärkstes Relief im Süden Madeiras von — 4500

7) *G. Wüst:* Der Ursprung der Atlantischen Tiefenwasser. Zschr. Ges. f. Erdk. Berlin, 1928, Sonderband.

bis + 1800 m auf eine ungefähre Horizontalentfernung von 85 km; doch beträgt noch auf 13 km Entfernung die Höhendifferenz 3050 m, so daß also der Böschungswinkel zum wenigsten 13 ° beträgt. Steil ist auch die Böschung in Richtung auf die Azorenschwelle [8]); Seine-Bank und Coral Patch aber stehen nicht auf diesem Sockel. Auf der andern Seite begleitet den afrikanisch-europäischen Festlandsrand ein wechselnd, i. D. ca. 50 km breiter, an der Straße von Gibraltar kurz unterbrochener Schelf, der dann als Kontinentalrand von 200 m Tiefe an ziemlich plötzlich auf 3000 m Tiefe abfällt. Genau ebenso wie bei Madeira zeigt sich auch hier ein von der 3000 m-Isobathe umschlossener Sockel, dem — selbständig — die einzelnen Inseln der Canaren sowie Bänke entsteigen, darunter im Norden die nur 62—55 m tief gelegene Gettysburg Bank vor der portugiesischen Küste, ein flacher, durch Vulkanismus entstandener submariner Tafelberg mit Böschungen bis zu 44 °. Diese *Kanarenplatte* steht in unmittelbarem Zusammenhang mit der Kapverdenplatte, die sich weit gegen das Innere des über 6000 m Tiefe erreichenden Kapverden-Tiefseebeckens vorschiebt. Kanarenplatte und Madeirasockel aber stehen morphographisch in keinem unmittelbaren Zusammenhang miteinander; zwischen beide schaltet sich vielmehr — offenbar als Ausläufer des Kapverdenbeckens — der *„Madeiragraben“* ein, dessen Tiefen nur wenig hinter 5000 m zurückbleiben. Diesem entragen als selbständige, isolierte Gebilde der flache vulkanische und bis 21 ° abgeböschte Tafelberg der Seine-Bank bis auf 68 und die einseitig steile, sonst flach gewölbte Haywardkuppe oder Coral Patch bis 662 m Wassertiefe.

Zeigt der Madeirasockel auch äußerlich selbständigen Charakter, so besteht immerhin die Möglichkeit seiner genetischen Verbindung mit der gleich hohen, verhältnismäßig nahen Canaren-Kapverdenplatte.

Über die stoffliche Zusammensetzung des Madeirasockels wissen wir kaum etwas; auf der Insel selbst sind bisher keinerlei ältere Sedimente gefunden worden [9]), auch nicht als aus dem Untergrund losgerissenes, zerspratztes Material in den vulkanischen Auswurfs-

8) Vgl. die spezielle Tiefenkarte bei *Gagel*.

9) Die noch bei *Schott* (Geogr. d. Atlant. Ozeans, 1912, S. 80) und *Engler* (Pflanzenwelt Afrikas I, S. 874) auftauchende Auffassung von einem kontinentalen Kern Madeiras beruht wohl auf der älteren, irrigen Deutung vollkristalliner Gesteine als altvulkanischer Gesteine. Vgl. unten S. 12. Andererseits ist mir nicht recht verständlich, wo *Ackermanns* viele Sedimentschichten liegen sollen, die er wiederholt nennt: Bol. Soc. Geogr. Lisboa 27, 1909, S. 267, 269 u. a. a. O.

massen. Auch ist kein sicher altvulkanisches Gestein bisher festgestellt worden. *Termier*[10]) ist der Ansicht, daß der heutige Meeresgrund im östlichen Nordatlantik zu einer Zeit, als er über Wasser lag, von subaërisch gebildeten Lavadecken eingenommen worden sei. Die Canaren-Kapverdenplatte dagegen wird heute wohl schon nach *Doelters*[11]), *Gagels*[12]) und *Gentils*[13]) Untersuchungen allgemein[14]) als kontinentale Scholle betrachtet, seit man in den Canaren die unmittelbare geologische und tektonische Fortsetzung der kristallinen Zentralzone des Hohen Atlas' erkannt hat. Mit um so größerer Vorsicht muß die Frage einer genetischen Verbindung des Madeirasockels mit der Canarenplatte behandelt werden; denn aus einer Bejahung dieser Frage ergeben sich Folgerungen weitgehendster Art. Das uralte Problem von dem in geologisch junger Zeit versunkenen Kontinent „Atlantis", dessen Reste Azoren, Madeira, Canaren und Kapverden sein sollen, taucht vor uns auf, das Problem, das seit Jahrtausenden die Menschheit beschäftigt und vielleicht am heftigsten in der Gegenwart[15]), dessen Lösung sich aber immer schwieriger gestaltet, je näher

---

10) *Termier*, P.: L'Atlantide. Bull. Inst. Océanogr. 256, Paris 1913.

11) *C. Doelter:* Die Vulkane der Kap Verden und ihre Produkte. Graz 1882.

12) *C. Gagel:* Über das Grundgebirge von La Palma. Mon. Ber. Dtsche. Geol. Ges. 60, 1908, S. 25—31.

13) *L. Gentil:* Sur la structure du Haut Atlas Marocain. Bull. Soc. Géol. France, 4. Série, X, 1910. — Les mouvements tertiaires dans le Haut Atlas marocain. C. R. Acad. Science Paris, CL, 1910, S. 1465ff. — Le Maroc physique. Paris 1912, S. 117f.

14) *L. Kober:* Der Bau der Erde. 2. Aufl. 1928, S. 336. — *E. Krenkel:* Geologie Africas I, 1925. S. d. auch weitere Literatur, ebenso bei *Gagel* im Handb. d. region. Geologie 1910.

15) Allein die neueste Literatur zur Atlantisfrage ist derart zahlreich, daß es unmöglich ist, hier auch nur die wichtigsten Arbeiten einzeln anzuführen. Aufschlüsse auch über die frühere Literatur in den Aufsatzsammlungen *verschiedener Verfasser:* Zur Atlantisfrage. Pet. Mitt. *73,* 1927, S. 19ff., 143ff., 280ff., 326ff. - *74,* 1928, S. 35f. — Ferner die bibliographischen Zusammenstellungen in *Bibliographie Géographique,* XXXVII, 1927, Nr. 283. XXXVI, 1926, Nr. 294. XXXV, 1925, Nr. 312. XXXIV, 1924, Nr. 268. XXXIII, 1923, Nr. 207. XXXII, 1922, Nr. 195. XXV/XXIV, 1915/19, Nr. 221, 260; XXII, 1912, Nr. 492 etc. — Als knappe und klare Übersicht über den Stand der Frage um 1909 ist empfehlenswert die Anmerkung von *C. Schröter* in Eine Exkursion nach den Kanarischen Inseln, Zürich 1909, S. 49ff. — Auch *L. Germain:* Le problème de l'Atlantide et la Zoologie. Ann. de Géogr. XXII, 1913, S. 209—226 (mit Lit.).

man ihr zu kommen trachtet[16]), Da zu diesem Problem hier ebensowenig Stellung genommen werden kann wie zu dem der Kontinentalverschiebungen[17]), so sei die Frage der genetischen Beziehungen zwischen Madeirasockel und Canarenplatte offen gelassen und nur auf zwei Möglichkeiten hingewiesen. Verbindet man beide, so könnte man in dem oben erwähnten Madeira„graben" eine Fortsetzung der mediterranen Bruchzonen erblicken; die Tatsache, daß auf Madeira der Vulkanismus jedenfalls schon in vorhistorischer Zeit erloschen ist, würde zu den im Mittelmeergebiet festgestellten, von Westen nach Osten sukzessive erfolgten Einbrüchen und deren Begleiterscheinungen gut passen. In diesem Falle aber müßte der noch nicht abgeschlossene Vulkanismus der Canaren genetisch eine weitere Deutung erfahren. Andererseits aber kann der *Kontinental*scholle der Kanarenplatte in dem Madeirasockel sehr wohl ein stofflich anders zusammengesetztes, auch rein *vulkanisches* Gebilde gegenüberstehen: wenn auch, wie wir es von andern submarinen Vulkanen des atlantischen Typs kennen[18]), die jungen Eruptionen Madeiras, Porto Santos und der Josephinenbank aus einer oder mehreren zentralen Essen erfolgten, so können am Sockelaufbau doch Massenergüsse mit flächenhafter Ausbreitung, sei es auf Spalten oder infolge Durchbruchs lakkolithischer bzw. batholithischer Intrusionen, beteiligt sein. Die Anordnung der Ausbruchszentren Madeiras auf zwei fast parallelen Linien, wie sie von *Hartung* und mit ihm von *Gagel* erkannt worden ist, würde damit übereinstimmen.

Wir begnügen uns damit, auf diese Möglichkeiten der Lösung des oben aufgeworfenen Problems hinzuweisen. Von einer lückenlosen Beantwortung der Frage sind wir bei dem heutigen Stand unserer Kenntnis vom Meeresboden des Atlantik noch sehr weit entfernt.

Aufbau und geologische Entwickelung. Madeira gehört sowohl seiner Gesteinsbeschaffenheit wie auch seinem inneren Bau nach zum Typus der atlantischen submarinen Vulkane. Der über die Meeresfläche emporragende Inselkörper ist nur der wesentlich kleinere Teil des Gesamtbaus, der auf einem in 3000 m Tiefe liegenden großen Sockel über einer Reihe von Schloten emporgewachsen ist,

16) *Ihering*, Herm. v.: Die Geschichte des Atlantischen Ozeans, 1927 ⟨vgl. dazu *L. v. Ubisch* in Pet. Mitt. 73, 1927, S. 206 f.⟩, nimmt zwei durch die Tethys getrennte Landmassen an, die Archatlantis zwischen Marokko und Westindien nördlich, die tropische Archhelenis südlich der Tethys, zwischen Brasilien und Tropisch-Westafrika.

17) *A. Wegener:* Die Entstehung der Kontinente und Ozeane. 4. Aufl. 1929.

18) *F. v. Wolff*, Vulkanismus I, 1914, 283.

größtenteils untermeerisch. Überdies muß es zweifelhaft erscheinen, ob die gesamte heutige übermeerische Insel auch subaërisch entstanden oder erst nachträglich in größere Höhe emporgehoben worden ist. Denn junge Vertikalbewegungen starken Ausmaßes sind, wie noch gezeigt wird, durch hochgelegene marine Sedimente sicher erwiesen. Der beinahe entgegengesetzten Auffassung *Termiers,* der auch für den submarinen Teil subaërische Entstehung postuliert, wurde oben S. 10 schon gedacht. Im Gegensatz zu den Canaren hat man für die vulkanischen Aufbauten Madeiras bisher keinen kontinentalen Sockel geologisch nachweisen können; auch fehlen nach den Untersuchungen *Gagels* Madeira gänzlich die Gesteine eines älteren Vulkanismus', die auf den Canaren sogar formenbildend zutage treten; die im Norden bei Porto da Cruz unter ganz jungen Ergußgesteinen aufgefundenen grobkristallinen Gesteine galten früher als altes Grundgebirge Madeiras. Indes hat sich ergeben, daß sie auch von jungen Ergußgesteinen unterlagert sind und lediglich junge Intrusionen grobkristalliner Tiefengesteine darstellen. Im Innern des Curral ist z. T. vollkristallin erstarrtes Magma erst nachträglich durch Erosion bloßgelegt [19]). Alle Gesteine Madeiras, soweit die Insel nach der Tiefe zu aufgeschlossen ist, gehören vielmehr der jungen, bis ins Vormiozän zurückreichenden Vulkanformation der atlantischen Inseln und vornehmlich den vielen verschiedenen Arten der helleren, meist jüngeren Trachydolerite und dunkleren, meist älteren Basalte mit einem Kieselsäuregehalt von 44—64 % an: Basalte, Basanite, Trachydolerite, Essexitporphyrite, Essexitmelaphyre, Limburgite. Trotz aller Kompliziertheit des Baues Madeiras im einzelnen ergibt sich doch ein recht klares Allgemeinbild, das völlig dem eines einzelnen Vulkanbaues entspricht. Zunächst fällt auf das außerordentlich starke Zurücktreten der Lavadecken zugunsten lockerer, auch verfestigter *Auswurfmassen* wie gelber oder roter Tuffe, die oft recht hart sind, zusammenhaftender Lapilli, vulkanischer Bomben, zusammengeschmolzener, oft tauartig gekräuselter Schlacken und Aschen von gelblicher, grauvioletter, bräunlicher, schmutzig rostroter oder violett-rötlicher Farbe. Solche Auswurfsmassen bauen weite Teile der Insel auf und bilden namentlich in deren zentralen, am höchsten gelegenen Teil eine wechselnd breite Region zwischen Porto Moniz im äußersten Nordwesten und der Sao Lourenço-Halbinsel im Osten. Innerhalb dieser Region liegen z. B. außer der östlichen Halbinsel die Ribeira da Janella im Westen, die obere Ribeira do Machico und de St. Cruz im Osten, ferner der Gran Curral,

19) Vgl. die Anmerkung auf S. 9.

die Serra d'Agua, Ribeiro Frio und die meisten oberen Talpartieen der Quertäler. Diese Auswurfmassen lockerer vulkanischer Produkte sind wie auch im Zentrum eines Einzelvulkans senkrecht durchsetzt von einer Menge *Lavagänge,* in der Regel dunkle Basalte, seltener helle, saure Trachyte und Trachydolerite. An diese Gänge sind oft die zentralen Gipfel verbunden wie z. B. der höchste Berg der Insel, der Pico Ruivo de St. Anna, ferner Pico do Cidrao, die Torresfelsen und andere. Treten in einer solchen Masse lockerer Produkte mehrere Lavagänge dicht beisammen auf, so führt dies bei fortschreitender Denudation der Gipfel zu ihrer Herauswitterung und zur Entstehung von Hörnern, fingerartig in die Luft ragenden Zacken, mauerartigen Gebilden und überhaupt recht bizarren Formen, wie sie etwa die Torresfelsen, Pico do Gato und Pico Grande neben anderen auszeichnen. Nur in den allerobersten Teilen dieser Region und dann mehr und mehr nach außen hin treten *Lavadecken* hinzu, die z. B. die obersten Partieen des Gran Curral und einzelner Gipfel (Pico do Jorge, Pico Grande neben Gängen) zusammensetzen und in ihrer regelmäßigen Wechsellagerung mit Tuffen marinen Sedimentärgesteinsverbänden nicht unähnlich sind. Je weiter man den Quertälern nach außen hin folgt, um so mehr gewinnen die Lavadecken die Überhand, treten die lockeren Auswurfsmassen, aber auch senkrechten Gänge zurück, so daß die mittleren und unteren Teile der Täler ganz im Bereich der mit Tuffen wechsellagernden Lavadecken liegen. Derartige Bau- und Lagerungsbedingungen sind wichtig für die Deutung vieler Oberflächen-, insonderheit Talformen, wovon unten noch die Rede sein wird. Erst in Küstennähe, namentlich im Süden treten wieder zahlreich die senkrechten Gänge auf, die z. B. in dem schön aufgeschlossenen Profil des Cabo Girao eine bedeutende Rolle spielen.

Im ganzen gilt also, daß die zentralen Teile der Insel durch lockere Auswurfsmassen, daneben aber auch viele senkrechte Gänge ausgezeichnet sind, während die Hauptlaven sich randlich, wahrscheinlich auch untermeerisch finden. Das besagt, daß die wichtigsten Eruptionszentren, die eigentlich vulkanischen Essen im Zentrum der Insel liegen. Solche Auffassung findet eine weitere wichtige geologische Stütze in der Beobachtung, daß „im Tal von Sao Vicente und der Ribeira brava . . . die Tuff- und Lavabänke ganz regelmäßig vom Zentrum des Curral (bzw. der Serra d'Agua) w e g , nach Norden bzw. Süden zu fallen" und eine sehr gleichmäßige Schichtung zeigen wie Sedimentärgesteine. Natürlich ist bei einem derart gewaltigen vulkanischen Gebilde, wie es das sub- und supramarine Madeira darstellt, von vornherein damit zu rechnen, daß sich neben den zentralen Essen auch auf den Flanken allenthalben parasitäre Krater, Ausbruchskegel gebildet haben, wie deren bzw. von Schlackenkegeln in der Tat eine große Anzahl allein auf dem übermeerischen Teile des Gesamtvulkanorgans schon von *Hartung* festgestellt und beschrieben worden ist.

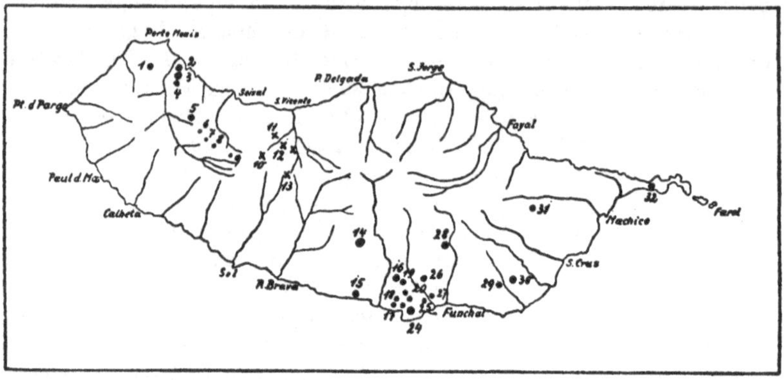

Fig. 4. Skizze der Ausbruchskegel Madeiras.

Es stellen dar:

Ausbruchskegel mit vollständig erhaltenen Kratern:
- 31: Lagoa de S. Ant. d. Serra.
- 5: Lagoa do Fanal.
- 1: Lagoa bei Porto Moniz.

Ausbruchskegel mit teilweise erhaltenen Kratern:
- 30: Pico do Caniço.
- 29: Pico Covoës.
- 00: Sitio da Casa branca.
- 26: Pico de S. Roque.
- 17: Pico da Irandaja.

Deutlich bestimmbare Kraterlage:
- 24: Pico da Cruz.
- 00: Pico Areeiro (s. Taf. I).
- zwischen 17 u. 24: Pico das Arrudas.
- 25: Pico de S. João.

Wahrscheinliche Krater:
- 19: Pico de S. Antonio.
- 20: Pico dos Barcelos.
- 18: Pico do Funcho.
- 15: Pico de Camara de Lobos.

Ausbruchsschlackenkegel und deren Reste:
- nördl. von 24: Pico de S. Martinho.
- 16: Pico do Cardo.
- 27: Pico do Forte.
- 10: Pico Ruivo d. Paul.
- 28: Pico do Arrebentão.
- 14: Pico dos Bodes.
- 32: Pico da Piedade.

Schlackenhügel:
- 2—4: bei Ribeira da Janella.
- 6—9: Pico das Prairinhas, do Folhado u. a.
- 11—13: Schlackenhügel, von denen die neueren Laven im Tal von S. Vicente ausgegangen sind.

Unser Kärtchen Fig. 4 zeigt einen Überblick über die wichtigsten von ihnen. Manche der von solchen Ausbruchskegeln ihren Ausgang nehmenden Laven, wie z. B. die des Pico do Caniço, reichen bis ins Meer und haben unter sich ältere Schlackenhügel begraben. Aus solchen Verhältnissen ergibt sich für den Aufbau Madeiras im einzelnen ein recht kompliziertes Bild, dessen Entschleierung in allen Einzelheiten hier weder versucht werden kann noch braucht; denn das Gesamtbild bestimmen die großen Züge. Aber selbst diese sind nicht ganz leicht zu erkennen.

Stübel glaubte den Gesamtbau unserer Insel in zwei bis drei monogene Vulkane auflösen zu können, das Pico Ruivo-Massiv mit dem Gran Curral als „Caldera", das Paul da Serra-Massiv, dessen Caldera durch nachquellende Laven aufgefüllt wurde und schließlich im Westen noch Reste eines dritten und zugleich älteren Vulkans mit dem Zentrum etwa bei Seixal, der aber bei Entstehung des Paul da Serra-Massivs durchgreifend zerstört wurde. Diese Auffassung *Stübels,* für die mancherlei Erscheinungen sprechen, besonders die großartige und typische Ausbildung des Gran Curral, ist schon von *Gagel*[20]) kritisiert worden; sie richtete sich vor allem gegen die ältere Erklärung *Hartungs,* Madeira sei nicht durch einige wenige, aber große, sondern durch ungeheuer viele, aber kleine vulkanische Vorgänge entstanden, deren Fördermassen ganz allmählich und immer wieder in einer Unzahl von Vorgängen neben- und nacheinander aufgeschüttet worden seien. Alle Hohlformen der Oberfläche seien eine Folge erosiver Vorgänge; damit bestreitet *Hartung* auch die Kraternatur der Currals, zweifellos zu Unrecht. *Gagel* schließlich übernimmt bei seiner genetischen Deutung der Insel einen Teil der Ansichten sowohl von *Hartung* als auch von *Stübel,* vom ersten die Annahme, daß das Gebirge Madeiras auf zwei parallelen Spaltenzügen allmählich entstanden ist und daß die Erosion bei der Ausgestaltung der Oberfläche, auch der Currals eine bedeutende Rolle spielt; von *Stübel* übernimmt er die Annahme der hauptsächlich vulkanischen Natur der Currals als Krater, bestreitet aber deren „Caldera"-Charakter, da auf Grund des geologischen Befundes weder ein Einsturz noch ein Rücksinken nicht übergeflossener Lava in Betracht komme. Hierzu muß bemerkt werden, daß eine so enge Fassung des Begriffs Caldera unratsam erscheint, auch durchaus nicht üblich ist[21]). Sie hinwieder als „vulkanisches Kesseltal" zu benennen ist auch nicht richtig; denn es gibt, wenn auch nur für geologisch recht kurze Zeiten, auch rings geschlossene Calderen, die noch kein Tal sind. Wir fassen hier den Begriff Caldera

---

20) *Gagel,* a. a. O., 1912, S. 352.

21) Vgl. *Davis-Braun:* Grundzüge der Physiogeographie II, 2. Aufl. 1919, S. 85f. — *Gagel* und *Jaeger*: Über die Bezeichnung der vulkanischen Kesseltäler und Schluchten. Ztschr. Ges. f. Erdkde. Berlin 1908, S. 481—484.

ohne Rücksicht auf die Genese als rein beschreibend. Auch erkennt *Gagel* kein monogenes Pico Ruivo-Massiv an, sondern sieht im Osten der Insel überhaupt einen komplizierteren Bau, der von verschiedenen Eruptionspunkten aus zu sehr verschiedenen Zeiten entstanden ist, eine Auffassung, der wir uns voll anschließen. Eine andere Frage scheint es uns zu sein, ob es berechtigt ist, aus den heutigen Verhältnissen an der Oberfläche Madeiras zwei parallele Spaltenzüge erkennen zu wollen, über denen die ursprünglich voneinander getrennten, erst beim Höherwachsen miteinander verschmolzenen Gesteinsmassen ganz allmählich emporgewachsen sind. Tausende von Metern trennen die Gipfel Madeiras von der Basis des vulkanischen Gesamtkörpers, gleichgültig, ob jene nun bei — 3000 m oder — 4000 m liegt, und wer weiß, wieviel zehntausende und aberzehntausende von Jahren zwischen den ersten Anfängen des Vulkanismus' in dieser Gegend und seinem Abschluß liegen, wieviel tausende von einzelnen Vorgängen neben- und nacheinander das heutige Werk geschaffen haben! Sollen alle diese Vorgänge immer wieder genau an der gleichen Stelle erfolgt sein? Wie wir parasitäre Krater, seitliche Ausbruchsstellen erkennen zu können glaubten, so müssen wir auch mit kleineren Achsenverschiebungen der vielen Essen, in Einzelfällen auch mit baumartigen Verzweigungen von Förderkanälen rechnen, wodurch das Gesamtbild stark kompliziert wird. Überdies müßten die Hartung-Gagelschen Parallelspalten durch Querspalten gekreuzt worden sein, über denen sich die Dezertas aufbauten. Was aber alles, wenn wir in dem Madeiragraben eine Fortsetzung der mediterranen Bruchzone erblicken wollen, in die Tiefe des Ozeans gesunken ist, wissen wir nicht. Ob es überhaupt möglich sein wird, aus der Gesteinsmasse Madeiras, aus diesem vulkanischen Gesamtorganismus die einzelnen Komponenten wieder genau herauszufinden, muß zweifelhaft sein, da durch das Nacheinander der Vorgänge ältere Bildungen immer wieder mehr oder minder völlig zerstört wurden und nur deren Reste noch oberflächenbildend sind, die ihrerseits sichere Schlüsse nicht mehr zulassen. So viel aber steht fest, daß für die jüngeren Vorgänge, vielleicht auch allgemein der Gran Curral und seine Umgebung wichtigster Schauplatz eruptiver Tätigkeit war.

Eine Reihe von Tatsachen, besonders die Lagerungsverhältnisse der verschiedenen Gesteine sowie ihr Zersetzungsgrad weisen deutlich darauf hin, daß die Epoche jungen atlantischen Vulkanismus' erhebliche Zeiträume und vielfache Eruptions-Vorgänge teils gleichzeitig nebeneinander, teils nacheinander am gleichen Ort umfaßt haben muß. Dies letzte beweist die wiederholte Wechsellagerung von losen Aus-

Abb. 1. Südküste Madeiras mit Cabo Girao. Fast senkrechte Wände, kein Ufersaum, nur hier und da Schuttkegel, auf deren einem links Fajao dos Padres. Schichtung von schlackigen Agglomeraten, Laven und hellen Tuffen, von senkrechten Gängen durchsetzt. Vgl. S. 13.

Abb. 2. Blick vom Monte nach SSW auf die Zone der Ausbruchskegel bei S. Martinho und Umgebung. Vgl. S. 14 ff.

Abb. 3. Partie aus dem zentralen Gebirge zwischen Serra d'Agua und Encumiada de Sao Vicente. Bergformen. Schuttkegel im Tal. Vegetation.

Abb. 4. Santo Antonio da Serra mit der 700 m hohen kleinen Hochebene. Im Hintergrunde das oberste Machicotal und der zentrale Kamm in der Gegend des Lamaçeirospasses (vom NW-Hang des Pico da Suna links, bis Pico do Cedro, rechts).

wurfsmassen wie Tuffen, Bomben und dgl. und festen Laven, ferner die Trennung von vier Eruptionskomplexen durch deutliche Diskordanzen, so im Kliff des Cabo Girao und der östlichen Strecke zwischen Funchal und der Ponta do Oliveira[22]). Andererseits lassen verschiedene Teile der Insel durch den Zersetzungsgrad ihrer oberflächlichen Laven ganz verschiedene Dauer der Exponierung gegenüber den Witterkräften erkennen. So dürfte der ä l t e s t e Teil Madeiras im Nordwesten liegen, im Gebiet des Janellatales und westlich davon, das im Gegensatz zu anderen Teilen der Insel eine mehrere Meter tiefe regionale Zersetzung der oberflächlichen Laven aufweist. Auch auf der kleinen Hochfläche von San Antonio da Serra konnte ich z. T. sehr tiefgründige, intensiv braune Verwitterung feststellen. Andererseits muß man auch den „roten Tuffen" eine gewisse Bedeutung als Zeichen für die längere Exponierung einer Oberfläche gegenüber den Witterkräften zuerkennen. Denn sie sind sicher nicht nur r o t g e b r a n n t an der Unterkante glühender, über sie hinweggleitender Lava, sondern an anderen Stellen, wo sich keine Lava über ihnen befindet, sind sie ein sehr weiches, lateritisches Verwitterungsprodukt, wie man z. B. a u f dem Cabo Girao beiderseits des westlichen Fußweges nach der Autostraße feststellen kann. In dieser Hinsicht können wir die Beobachtungen *Gagels* voll bestätigen und uns seine Auffassung zu eigen machen, daß ein Teil jedenfalls der roten Tuffschichten verwitterte Landoberflächen darstellen. Dies wird auch für einen ganzen Teil jener oberflächlich roten Tuffe gelten, die sich heute inmitten basaltischer Massen befinden; hier hat also nach längerer Zeit der Exponierung von Tuffen eine erneute vulkanische Phase eingesetzt. Die j ü n g s t e n Eruptionen, die aber auf Madeira im Gegensatz zu den Canaren schon in vorhistorischer Zeit abgeschlossen waren, da selbst die letzten Ausklänge des Vulkanismus' wie Fumarolen, Mofetten u. dgl. fehlen, kennzeichnen sich durch Lavaströme mit noch ganz frischen zackigen Schlackenkrusten, wie sie bei Porto Moniz im äußersten Norden, westlich von Sao Vicente, bei Funchal, zwischen Funchal und Camara de Lobos, bei diesem Ort selbst, an der Straße Funchal—Santo Serra und bei Porto da Cruz deutlich vorliegen. Verschiedene Altersstufen zwischen diesen beiden Extremen entfallen dann auf die übrigen Teile der Insel. Es ist daher nicht ausgeschlossen, daß — vom Unterbau ganz zu schweigen — die o b e r f l ä c h l i c h e n Partieen der Insel in annähernd sukzessiver Folge von Westen nach Osten entstanden sind. Fossilführende marine Ablagerungen inner-

22) Vgl. die Profile *Hartungs*.

halb der vulkanischen Gesteine gestatten alsdann eine speziellere Altersbestimmung ihres Hangenden und Liegenden, bezeugen aber zugleich einige wichtige Phasen in der geologischen Entwickelungsgeschichte Madeiras.

Wir kommen also zu folgendem Gesamtbild der Altersverhältnisse und Entwickelung der Insel. Madeira ist ein Produkt des tertiären und quartären, aber schon in vorhistorischer Zeit abgeschlossenen Vulkanismus', der hier bis in vormiozäne Zeit zurückreicht. Denn auf der östlichen Flanke des Tals von Sao Vicente liegen in der Achada do Furtado bei etwa 400 m Höhe über dem Meeresspiegel marine Kalke des mittleren Miozäns (helvetische oder II. Mediterranstufe) in der Mina de Cal[23]) oder Forno do Cal, die zwischen 380 m und 411 m Fossilien enthalten; wahrscheinlich gleichen Alters, aber fossilleer sind die schmutzig grüngelben Tuffe nahebei im Hauptttal unterhalb 439 m Meereshöhe, die wieder von kompakter basaltischer Lava überlagert werden. Hierbei handelt es sich um marine Schichten, die auch auf Porto Santo und Ilheo de Baixo, aber in größerer Fülle und fossilführend angetroffen werden. Bei Sao Vicente müssen jene Schichten zur Zeit ihrer Entstehung also wenigstens 411—439 m, vielleicht aber noch mehr Meter tiefer gelegen haben als heute. Im Pliozän und darnach bestand, wie faunistische und floristische Vergleiche ergeben, weder zwischen Madeira und Porto Santo noch zwischen diesen Inseln und den benachbarten Kontinenten eine Landverbindung. Eine solche könnte, wenn überhaupt, so nur in vormiozäner Zeit bestanden haben. Im Diluvium dauerte der Vulkanismus an und die Insel lag, wenn die 310 m über dem Meere liegenden, von jüngeren Tuffen und Laven überlagerten Lignite und pflanzenführenden Schichten im Tal von Sao Jorge[24]) tatsächlich, wie sich aus einer Folgerung Gagels[25]) ergibt, marin und diluvialen Alters sind, nur noch 310 m niedriger als heute, aber schon etwa 100—130 m höher als im Miozän. In dieser Zeit fanden sich auf Madeira eine ganze Reihe Pflanzenarten, die wir auch heute noch als Bestandbildner antreffen; andere dagegen aus jener Zeit fehlen heute gänzlich. Sichere zeitlich bestimmbare Ablagerungen aus späterer Zeit sind bislang nicht gefunden; doch dürften einige Flußschotter, wie man aus ihrem wenig fortgeschrittenen Zersetzungsgrad schließen kann, alluvialen Alters sein und somit durch die von ihnen bedeckten alten Talböden, deren Reste sich, wie unten

23) Nach *Krohn* 378,4 m, nach *Hartung* 1270 Fuß = 387 m.
24) *Hartung*, S. 128 und 129ff.; *O. Heer*, Lit.-Verz. Nr. 116.
25) *Gagel*, Lit.-Verz. Nr. 134, S. 365.

gezeigt wird, in Höhen zwischen 15 und 120 m erhalten haben, junge, in den einzelnen Teilen der Insel verschieden starke Hebungen sehr wahrscheinlich machen. An einzelnen Stellen, aber immerhin wiederholt, finden sich auch, wie ich meinen Tagebuchaufzeichnungen entnehme, in den Felskliffen einige scharfe Einschnitte bei etwa 40 m Meereshöhe, die auf alte Strandlinien zurückgeführt werden können und dann ebenfalls den kontinuierlichen Hebungsvorgang der Insel bezeugen. Doch bedürfen diese letzten Vermutungen noch eingehender Nachprüfung. Ob diese Vertikalbewegungen bis heute überhaupt schon zum Abschluß gekommen sind, muß dahingestellt bleiben; die Zugehörigkeit Madeiras zu einem Seebebengebiet westlich der Küsten Südeuropas und Nordafrikas[26]), ferner heftigere Erdbeben[27]) mit z. T. zerstörender Wirkung, wie sie die Jahre 1748, 1755, 1816 und 1918 brachten, lassen eher auf einen Fortgang solcher Bewegungen auch in der Gegenwart schließen. Aber selbst wenn sie noch im Gange sind, so muß es doch verwundern, daß sowohl Erosion wie auch Denudation es nicht fertiggebracht haben, einer spätestens seit der Wende der Mio-Pliozänzeit stattfindenden Hebung von etwa 400 m in einem höheren Maße entgegenzuarbeiten, als es tatsächlich geschehen ist. Denn die Oberflächenformen Madeiras müssen nach dem Grad iherer Entwickelung als völlig jung bezeichnet werden.

II. Oberflächengestaltung, Gewässer, Küsten.

Oberflächenformen. Ein kartenmäßiges Studium der Oberflächenformen Madeiras ist dadurch erschwert, daß keine genaue topographische Aufnahme der Insel vorliegt. Hieraus erklären sich z. T. beträchtliche Abweichungen sonst brauchbarer *Karten* von einander; so differieren die *Power*'sche General Map 1 : 100 000 vom Jahre 1927 und die deutsche Admiralitätskarte 1 : 150 000 vom Jahre 1918, um nur ein Beispiel anzuführen, in der Darstellung des bei Seixal mündenden Tales der Ribeira Cocado (Rib. do Seixal) sehr wesentlich, in dem jene das Tal in einem fast meridionalen, diese dagegen in einem nach O offenen bogenförmigen Lauf darstellt.

Die deutsche Admiralitätskarte aber, fußend u. a. auf der *Ziegler*schen Physical Map of Madeira (1 : 100 000), bringt eine sehr feine, reliefartig wirkende Geländedarstellung in Schummerung mit seitlicher

26) *Browns* Madeira, S. 10f.

27) *A. Sieberg:* Geologische, physikalische und angewandte Erdbebenkunde. 1923, S. 422.

Beleuchtung und vielen Formlinien, denen zwar kein Isohypsenwert innewohnt, die aber einen ungefähren Abstand von 21,5 m von einander haben; nur in ganz steilen Teilen wird dieser Abstand ca. 40 m. Diese Darstellung gestattet, zumal bei den großen Reliefunterschieden auf kleinem Raum, eine treffliche kartenmäßige Beobachtung der Landformen, allerdings ohne unbedingte Exaktheit. Auf Grund dieser und der *Powerschen* Karte sowie einer größeren Anzahl von Höhenpunkten haben wir dann in Anlehnung an eine kleine Kartenskizze *Wattiers,* welche die 500 m-Isohypsen enthält, eine Karte Madeiras mit Isohypsen von 200 m Äquidistanz entworfen, die, auf den Maßstab 1 : 150 000 gebracht, Tafel 1 im Anhang widergibt. Daß auch diese Karte keinen Anspruch auf unbedingte Zuverlässigkeit erhebt, bedarf nach dem Gesagten keiner weiteren Begründung. Immerhin dürfte sie in Ermangelung einer besseren Isohypsenkarte bei der Betrachtung der Oberflächenformen Madeiras gute Dienste leisten, besonders in Benutzung neben der deutschen Admiralitätskarte. Vgl. Literaturverzeichnis Nr. 15.

Besonders gerne werden die landschaftlichen *Formen* Madeiras mit denen etwa der Schweiz verglichen und an Schönheit und Großartigkeit gleichgestellt. Das kann auch nach einer Fahrt durch wilde Schluchten, auf serpentinenreicher „Alpenstraße", die in schwindelnder Höhe über dem tief drunten liegenden Tale in den jähen Felshang eingehauen ist, kann nach den vielen Ausblicken auf schroffe Hörner und kahle dunkle Felswände, über die sich gischtweißes Wasser, einem feinen Silberstreif gleich, in lautlose Tiefe stürzt, nicht wundernehmen. Und doch bedarf die Vorstellung von einem „alpengleichen Hochgebirge" Madeiras einer grundsätzlichen Revision, ohne daß damit die Schönheit der Formen Madeiras irgendwie herabgesetzt werden brauchte: Madeirensische und alpine Geländeformen sind inkommensurable Größen. Um die Gesamtheit der Formen Madeiras überblicken zu können, muß man sich frei machen von dem Einzeleindruck, den die wilden, kühnen Formen eines Curral von von oben oder unten gesehen hervorrufen, loslösen von dem Bilde, das man von einem Pico aus auf die nächste Umgebung gewann, muß das Einzel-Objekt aus der Nähe verbannen, Abstand von ihm gewinnen und hinausfahren auf den blaugrünen Atlantik, vier, fünf Seemeilen weit und dann das Gesamtbild ins Auge fassen, wie es *Hartung* [1]) in seiner trefflichen Zeichnung festgehalten hat: ein flacher Schildbuckel, mit runden Köpfen beschlagen und von der Mitte

1) a. a. O., Taf. V.

nach den Rändern zu fein gerillt, liegt nun die Insel vor uns; sanft gewölbt scheinen die zum Meere geböschten schmalen Rücken zwischen den vielen parallelen Tälchen, die Kämme zeigen nicht mehr schroffe und bizarre Formen, sondern heben sich in sanftem, flachwelligem Auf und Ab gegen den Hintergrund ab. Alles Scharfe, Harte ist mit einem Male aus dem Bilde verschwunden, das man noch eben erst als wild-grotesk gesehen zu haben glaubte. So hat nicht nur *Hartung* die Insel geschaut, sondern schon acht Jahre vor ihm ein Sohn der Alpen, der dort längere Zeit weilte, nicht um morphologische Studien zu treiben, sondern ein Kehlkopfleiden zu heilen: Jakob Melchior *Ziegler* aus Winterthur, der berühmte schweizerische Kartograph, ausgezeichnet durch einen feinen Formensinn und aufs innigste vertraut mit den Bergen seiner Heimat. „Man sieht tiefe Talfurchen, steile Wände, rundliche Kuppen dicht neben hochaufstrebenden Hörnern; man überschreitet Stellen an jähen Abhängen, wo fast Schwindel den Reisenden überfallen möchte, oder man schreitet in sanften Mulden und Einsenkungen bergan . . . aber: Selbst die Formen der Felsen der in die Lüfte ragenden Spitzen sind in allen Kanten und Ecken abgerundet, die scharfen Formen der Alpen fehlen ganz, ebenso die gewaltigen Massen unserer Berge, obwohl die Gegensätze von hoch und tief dort viel rascher und auffallender sich zeigen.“ Den ganzen Charakter der Insellandschaft kennzeichnet er als mehr romantisch-mannigfaltig denn wild grandios. Auch die ausgezeichneten Küstenansichtsskizzen des Segelhandbuchs lassen Gleiches erkennen.

Diese allgemeine Darstellung von den Oberflächenformen Madeiras einer speziellen Betrachtung vorauszuschicken und auf ihren grundsätzlich anderen Charakter gegenüber alpinen Formen besonders nachdrücklich hinzuweisen schien deshalb geraten, einmal, weil man sich bei einer Betrachtung von Einzelheiten dieses besonderen Merkmals nicht stets bewußt wird und sodann um der Bezeichnung „Hochgebirgsformen“ willen, die wir uns sonst gerne als durch Vereisung geschaffen vorstellen.

Schon ein erster informierender Blick auf unsere Höhenschichtenkarte belehrt darüber, daß ein sehr beträchtlicher Teil Madeiras, schätzungsweise ein gutes Drittel, den Niveaus über 1000 m Höhe angehört; daß weiter die über die Täler hinweg ergänzt gedachte 1000 m-Isohypse von der Nordküste nur etwa halb so weit entfernt ist als von der Süd- und Westküste und daß schließlich der Westhang Madeiras unterhalb 1000 m beträchtlich kürzer ist als der entsprechende Osthang, in dessen Nähe, in der östlichen Umrandung des Gran Curral, die größten Höhen wie Pico Ruivo de St. Anna (1861 m),

Pico Arieiro (1832 m), Pico dos Torres (1829 m) u. a. liegen. Man ist auf den ersten Blick hin geneigt, solche *Asymmetrie* in der Verteilung von Hoch und Niedrig, deren Folge u. a. die größere Steilheit der Nordküste ist, wenigstens im meridionalen Profil als eine Folge der zerstörenden Meerestätigkeit zu betrachten, die im Norden, in Luv des Passats (vgl. S. 51) stärker ist als im Süden; dies lehrt auch der Augenschein: gleichzeitige Beobachtungen der Brandung an der Süd- und Nordküste ergeben, daß bei ruhiger See an der Südküste nur ein schwacher Wellengang vorhanden war, während an der Nordküste die Brandung gewaltig rollte, so daß ein Baden hier einfach unmöglich war. Ebenfalls sprechen hierfür die stärkere Mächtigkeit der Strandwälle im Norden und deren größere Gerölle. Warum aber zeigen die aus ganz ähnlichen Gesteinsverbänden aufgebauten, aber am stärksten nach Norden exponierten Teile der Insel, die Gebiete der Ponta do Tristao und Ponta de S. Jorge sowie die gesamte Nordostküste nicht in ähnlich steilen Böschungen unterhalb 1000 m wie die Umrandung der Bucht von Sao Vicente ebenfalls die Folgen starker Brandung? Daß auch dort das Meer stark arbeitet, beweisen die mehrere hundert Meter hohen steilen Kliffe. Aber der Unterschied in den Böschungsgraden muß bereits im Bau der Insel begründet liegen: die 200 m-Tiefenlinie, über die hinaus sich nur in Ausnahmefällen die zerstörende Wirkung selbst schwerster Sturmwellen bemerkbar machen dürfte[1a]), müßte doch, wollte man die steilen Böschungen nahe der Bucht von S. Vicente allein durch intensivere Meerestätigkeit erklären, annähernd ähnlich weit von der 1000 m-Isohypse entfernt liegen wie bei S. Jorge. Das ist aber nicht der Fall, wie ein Blick auf die Karte zeigt. Der sich den Umrissen der Bucht völlig anpassende Verlauf der 200 m-Tiefenlinie muß als Beweis dafür angesehen werden, daß die Bucht nicht erst durch Meerestätigkeit geschaffen ist; denn sonst sollte man die betreffende Isobathe auf einer ungefähren, geraden Linie nördlich Ponta Delgada nördlich Porto Moniz erwarten; ihre nahezu 3 km weite Entfernung von der Uferlinie (bei Arco de S. Jorge 6½ km!), aber nur etwa 4 km weite Distanz von der 1000 m-Isohypse (bei Arco de S. Jorge 10 km!) beweist, daß zwar gewaltige Gesteinsmassen der Brandung zum Opfer gefallen sind, daß hier aber von Anfang an ein äußerst steil geböschtes Inselstück unter den Ozean untertauchte, wie die Profile der Fig. 5 erläutern. Unter solchen Umständen scheint es nicht unwahrscheinlich

1a) Vgl. *Gardiner*, St.: Submarine Slopes. Geogr. Journ. 1915, I; S. 202—219. Dazu Zschr. Ges. f. Erdk. Berlin 1915, S. 192—195.

zu sein, den auffallend bogenförmigen Verlauf der Küste in der Bucht von Sao Vicente mit sehr früh erfolgten, etwa kesselförmigen Einbrüchen in genetische Verbindung zu bringen. Weitere Tiefseelotungen nördlich der 200 m-Isobathe könnten u. U. hierüber Gewißheit verschaffen. Jedenfalls würde sich auf diese Weise die auffallende Asymmetrie dieses Teiles der Insel zwanglos erklären lassen.

Der von der 1000 m-Isohypse umschlossene Raum würde, wenn man sich die Täler zugefüllt denkt, einen nahezu ähnlichen, nur verkleinerten und nach Norden etwas verschobenen Grundriß der Insel

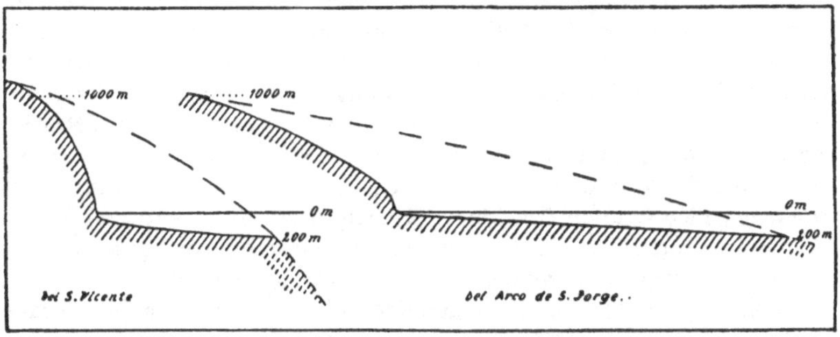

Fig. 5. Uferprofile an der Nordküste Madeiras.

ergeben wie das Gesamtbild. Aber tiefe Schluchten und Kessel haben solchen Grundriß überaus reich gegliedert und stark aufgelöst. Die erhalten gebliebenen Teile bilden teils die Flanken scharfer oder breitgewölbter Kämme, teils, besonders oberhalb 1200 oder 1300 m breitere Rücken und sanft ansteigende Hochflächen, die zu den höchsten Gipfeln überleiten. Das schematische Nord-Süd-Querprofil Madeiras zeigt also zu oberst — von einzelnen Gipfeln abgesehen — eine breite, wellige Hochfläche, die noch in einigen „*Plateaus*“ erhalten ist: das Poizo-Hochland im Osten, in der weiteren Umgebung des Pico do Poiso, das Hochland der Terra de Fora zwischen den Kesseln des Gran Curral und der Serra d'Agua und endlich als bekanntestes das von Paul da Serra.

Das *Poizohochland* umfaßt u. a. das breite Quellgebiet aller bei Funchal auf engstem Raume, gleichsam von den Seiten her zusammengedrängt mündenden Gewässer von der Ribeira de S. Joao bis zur Ribeira de Joao Gomes und damit das Gebiet vom Pico de S. Antonio über Pico Areeiro einschließlich der Serra dos Balcoes, Pico do Poiso bis Pico das Abobras westlich San Antonio da Serra. Wohl haben sich in dieses Plateau die Oberläufe mancher Wasseradern tief eingeschnitten, aber die Zwischentalscheiden sind noch nicht durch Verschneidung benachbarter Talflanken zu Graten zugeschärft, sondern weisen breite Rücken auf, deren mittlere Höhe ungefähr 1450 m beträgt; nach Norden hin steigt das Hochland sanft an zu dem stark gezackten Rücken zwischen den obersten Quellbächen der Curralgewässer und des Systems des Ribeiro Secco. Aus diesem zwischen den beiden höchsten Gipfeln Madeiras, dem Pico do Arieiro und Pico Ruivo gelegenen schmalen Rücken ragen die an Lavagänge geknüpften Doppelgipfel des Pico do Cidrao, des Pico do Gato, die fingerförmig herausgewitterten Lavagänge des Torresfelsen und der gangbasaltische Pico de Pedra mit ihren zum Teil bizarren Formen [2]) heraus. Ganz ähnliche Oberflächen- und Höhenverhältnisse wie das Poizohochland zeigt auch das Hochland der *Terra de Fora,* ursprünglich ein flach geneigter Hang, durch die Entstehung des Ribeiro do Picotales dagegen isoliert und in einen breiten Rücken umgestaltet, der durch die Wasserscheide zwischen Serra d'Agua und Gran Curral über den Pico Grande (Decken und Gänge) mit dem zentralen Kamm im Pico do Jorge (Lavadecken) in Verbindung steht. Am besten hat sich die Hochfläche im *Paul da Serra* erhalten, wo sie eine weite schiefe, von Norden nach Süden schwach geneigte Ebene bildet, die im Norden und Osten von höheren Geländewellen umrahmt wird. Er besteht aus nach Süden einfallenden Lavadecken und Agglomeratmassen, die nahe dem Nordostrande von zahlreichen Gängen durchsetzt sind, während darüber hinaus die Flanken des Tales von Sao Vicente sowie das nördliche Kliff aus wechsellagernden Lava- und Tuffschichten bestehen. Die Ausbruchsstelle der Lava mag also hier im Nordosten des Paul da Serra gelegen haben. Wie der Name Paul (= Moor) besagt, ist dieses Plateau ein großes Hochmoor, oft in dichte Nebel eingehüllt und im Winter gänzlich versumpft; „das Wasser läuft aber so frühzeitig ab, daß man nur an wenigen Stellen die vegetationslosen Flecken von rissigem Ton sieht [3]).“ Paul da Serra liegt wahrscheinlich nicht in jener oben (S. 12) erwähnten Zentralregion lockerer Auswurfsprodukte, sondern schon auf der Süd- oder Südwestflanke eines Vulkans. Abgesehen von den durch die klimatischen und vegetativen Verhältnisse bedingten Eigenheiten könnte man den Paul da Serra mit ähnlichen Flächen in der Nachbarschaft der Wasserkuppe unserer Rhön vergleichen. *Stübel* hält den Paul da Serra für einen

2) Siehe die Ansichtsskizze in *Powers* Guide S. 42, auch als Tafel in *Hanstein-Gesches* Führer übernommen.

3) *M. Vahl,* a. a. O. S. 325.

vollgefüllten Krater. Dem widerspricht schon die von Nord nach Süd geneigte Lagerung der Lavabänke. Eher wäre daran zu denken, daß im Bereich des südlichen Teiles des Paul da Serra ursprünglich eine muldenartige Vertiefung bestanden hat, etwa zwischen dem obersten Janellatal bei Rabaçal und dem Curral der Serra d'Agua und daß von Norden oder Nordosten her die Lavamassen, die natürlich nach den tiefsten Stellen der Landschaft abflossen, diesen Teil der Mulde aufgefüllt und erhöht haben. Die rückschreitende Erosion der obersten Quellbäche der Janella, die bekanntlich bei den Rabaçalhäusern harte Lavabänke durch viele Wasserfälle, wie den 300 m hohen Risco-Wasserfall, die Vinte cinco Fontes (25 Quellen) u. a. überwinden, wäre dann heute bestrebt, jene alten Verhältnisse wiederherzustellen. Eine Stütze aber fände solche Auffassung auch in der Deutung, die *Hartung* der Hochfläche des *Fanal* gibt, in der er den im Norden bzw. Nordosten stehengebliebenen Rest einer hohen, ganz flach tellerförmigen Mulde erblickt, an deren tiefster Stelle sich das Janellatal eingegraben hat. Wie so manche, bedarf aber auch diese Vermutung erst noch näherer Nachprüfung. Wohl nicht wesensgleich mit diesen Hochflächenresten ist die kleine Ebene *Chao do Caramujo* am oberen Nordosthang des Paul da Serra in 1327 m Höhe, die von *Hartung* als Überrest eines Kraterbodens gedeutet wird, von dem aus sich jüngere Laven ausgebreitet haben, die z. T. auch in das Tal von Sao Vicente gedrungen sind (vgl. unten S. 34 f.).

Diesen Hochländern zur Seite tritt der sogenannte *„zentrale Kamm“* der Insel, welcher deren Rückgrat von der Ponta do Tristao bis zur östlichen Inselgruppe bildet, größere Höhe aber nur zwischen dem Paul da Serra und der Gegend westlich von San Antonio da Serra besitzt. Im westlichen Teil der Insel ist er durch das Janellatal in zwei Glieder aufgelöst, den eigentlichen Stamm im Süden und den Fanal im Norden. Während das Janellatal ganz im Bereich der lockeren Auswurfsmassen verläuft, also gleichsam subsequent ist, zeigen dessen Flanken in den oberen Partien, besonders auf der rechten Seite, eine deutliche hohe Wandsteile, an der die Lavadecken einsetzen und nach beiden Seiten hin auswärts abfallen nach der Nord- bzw. Südwestküste. Der südliche Kamm besteht zwar großen Teils auch noch aus lockeren Auswurfmassen, die aber von zahlreichen Lavagängen senkrecht durchsetzt sind und so das Ganze versteifen wie Eisenstäbe eine Betonmasse. Schon gleich unterhalb des Kammes beginnen aber auch hier die Lavadecken, die sonst zum Meere hin abgeböscht sind. Die Oberfläche der Außenflanken der Höhenzüge beiderseits des Janellatals ist also gleichsam Schichtfläche;

daher die äußerst gleichmäßigen Böschungen in diesem Teil der Insel. Gegen den Atlantik brechen die Schichtköpfe in hohen Kliffen ab, an welchen der innere Bau ausgezeichnet zu erkennen ist[4]).

Unter dem südlichen Teil des Paul da Serra taucht diese „Lavascheide" unter und erhebt sich erst wieder in der nördlichen Umrandung der Serra d'Agua, um von hier aus den „zentralen Kamm" im engeren Sinne zu bilden. Dieser ist ein flachgewölbter, nur selten zu einem scharfen Kamm verschnittener Bergrücken, den teils die obersten Lavabänke (vgl. S. 13), im allgemeinen aber die von senkrechten Gängen durchsetzten Lockermassen zusammensetzen. Infolge rückschreitender Erosion ist dieser Bergrücken vielfach angefressen und paßartig erniedrigt, wie in der Paß„schlucht" (Abb. 31) der Encumiada, im ganzen aber auf einen nur noch schmalen Raum beschränkt, der nur im Bereich des Pico Ruivo an Ausdehnung gewinnt. Ursprünglich böschte er sich nach Norden und Süden domartig ab, was noch die zahlreichen, meist sanft gewölbten Rücken erkennen lassen, die zwischen den einzelnen Erosionsfurchen erhalten blieben. Am klarsten kennzeichnet dieses domartige Gewölbe jene treffliche Zeichnung von *Hartung*, die uns schon oben (S. 20) länger beschäftigt hat.

Im Osten löst sich jenes Rückgrat abermals in zwei Teile auf, ganz ähnlich wie im äußersten Westen, und wie hier das Janellatal, so bewirkt dort das obere Machicotal äußerlich jene Zweiteilung: das obere Machicotal folgt subsequent der Zone lockerer Auswurfsmassen und begrenzt südlich den Höhenzug, der am Pico da Suna (östlich vom Poizo) einsetzt, vom Lamaceiros- und Portella-Paß durchbrochen, seine Fortsetzung (Abb. 4) über Pico do Larano (765 m), do Clerigo in die S. Lourenço-Halbinsel findet. Auch er böschte sich einst domartig ab, was noch der von ihm ausgehende Rücken beweist, den Pico do Castanho, Pico do Facho und die fortbesetzte kleine Halbinsel bei Machico in seinem Verlauf bestimmen. Im Norden hat die Meerestätigkeit die Nordflanke des Rückens stark gekürzt. Höchstwahrscheinlich aber ist dieses östliche Rückgrat und seine Umgebung zeitlich nicht identisch mit dem zentralen Kamm, sondern älter. Das gilt zugleich für die nahe gelegene Gegend der kleinen Hochfläche (700 m) von San Antonio da Serra, deren Niveau von 700 m der Paßhöhe jenes östlichen Kammes entspricht, der dieses Hochland umschließt. Offenbar setzte sich die kleine Hochfläche von Santo Serra nach Westnordwest in das Gebirge hinein unter den jüngeren Laven fort, die hier den Weg nach Südosten nahmen. Schon oben sprachen wir die Ver-

---

4) Vgl. *Hartung:* Profil 1 auf Tafel II.

mutung aus, daß die 700 m-Fläche von San Antonio wegen ihrer tiefgründigen Verwitterung höheren Alters sein müsse. Sie bestand schon, als die Lavadecken der höheren Zone große Teile von ihr unter sich begruben. Und in oder auf ihr entstand der kleine Krater der Lagoa (755 m), dessen Laven hauptsächlich in das Meer zwischen Machico und Santa Cruz flossen.

Fassen wir die bisher gewonnene Vorstellung von der Gestalt Madeiras noch einmal in einem schematischen Nordsüd-Querschnitt der Oberfläche zusammen, so ergibt sich schon das typische Profil

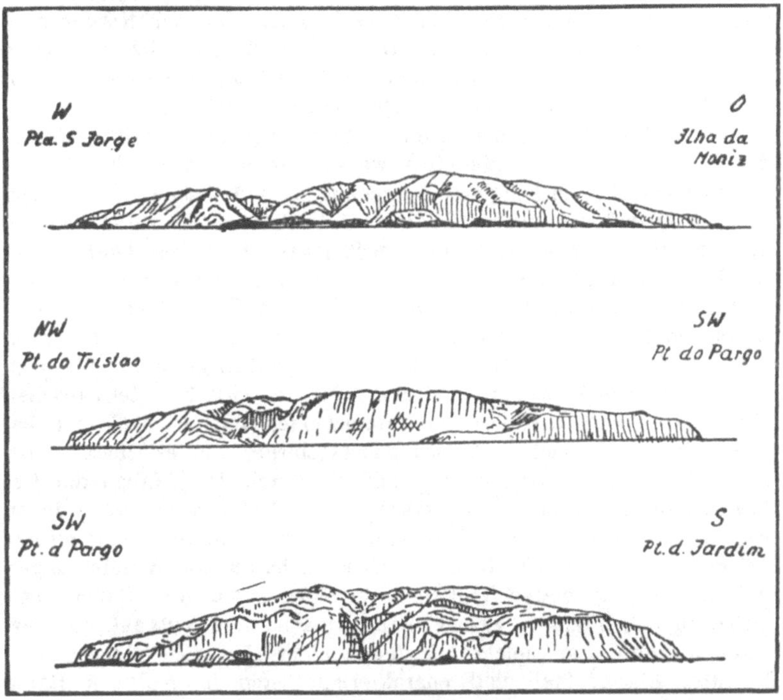

Fig. 6. Profile, zugleich Küstenansichtsskizzen von Madeira. (gez. nach dem Segelhandbuch).

eines Einzelvulkans, wenn auch etwas modifiziert: an den äußersten Rändern fehlt eine gewisse Masse, die der Meerestätigkeit anheimgefallen ist; die Flanken zeigen hier schwach konkave Umrisse, dort jedoch schon konvexe; im Zentrum dagegen tritt an Stelle der charakteristischen Spitze das breitere Niveau der Hochflächen, in welche teils Täler, teils Kessel eingesenkt sind. Zudem sind die Flanken selbst noch gegliedert durch eine ganze Anzahl kleinerer Buckel und Kuppen, die, wie wir oben schon sahen, von Parasitärvulkanen oder härteren Gängen herrühren. Am meisten häufen diese sich in dem Dreieck von San Martinho westlich Funchal, wo sie die Gewässer deutlich verdrängt, zum Ausweichen veranlaßt haben. Daß auch der geologische Befund mit diesem Bilde übereinstimmt, insofern als im nordfallenden Tale von Sao Vicente und in dem nach Süden führenden der Ribeira Brava die sehr gleichmäßig geschichteten Tuff- und Lavabänke ganz regelmäßig vom Zentrum aus nach Norden bzw. Süden gleichsinnig mit den Haupttälern einfallen, wurde oben schon hervorgehoben. Im West-Ost-Profil der Insel kann aus naheliegenden Gründen eine ähnliche Form nicht erwartet werden.

Hohlformen und Gewässer. Bei unserer Betrachtung der Oberflächenformen Madeiras waren wir von der sehr charakteristischen 1000 m-Isohypse ausgegangen und haben bisher, von einigen Ausnahmen abgesehen, nur die vulkanischen Aufbauten behandelt. Wie aber der zerlappte Umriß jener Höhenlinie deutlich zum Ausdruck bringt, ist ungeheuer viel von dem Areal, das sie einst einschloß, verschwunden und den zahlreichen Hohlformen zum Opfer gefallen. Freilich ist ein Teil von diesen nicht erst nachträglich entstanden, sondern schon ursprünglich vorhanden gewesen. Wie man unter den Hohlformen in Faltungsgebirgen zwischen tektonischen Mulden und Erosionstälern zu unterscheiden hat, so muß man bei einem jungvulkanischen Aufschüttungsgebirge, wie es Madeira ist, ebenfalls die Täler trennen von andern, durch den Aufbau der Gebirgsmasse bedingten, also tektonischen Hohlformen, von denen *Hartung* außer den echten Kratern nur die sogenannten *„intercollinen Räume“* (Name von *Ch. Lyell*),worunter nicht nur die Atriobildungen bei zusammengesetzten Vulkanen, sondern auch der Raum etwa zwischen den Flanken zweier dicht benachbarter Vulkankegel verstanden werden, als solche anerkennt, nicht aber die Calderen oder Currals. Als größten und charakteristischsten intercollinen Raum kennzeichnet er die gesamte küstennahe Region beiderseits von Funchal zwischen den Höhenzügen Terra de Fora-Cabo Girao im Westen und dem von Palheiro im Osten, die nach Norden von den „Gehängen des Hochgebirges“ umschlossen ist. Einen anderen kleineren intercollinen Raum glaubt *Hartung* im Bereich des Tales von Machico zwischen den Hängen des Plateaus von Santo Serra und des Höhenzuges nahe der Nordküste zu erkennen, so daß der jüngeren Ribeira do Machico der Weg vorgezeichnet gewesen wäre, einen dritten in einem Dreieck, dessen Basis die Küste bei Porto da Cruz und dessen Spitze der Pico da Suna bildet; wieder einen anderen stellt er bei Fayal fest u. s. f. Daß derartige intercolline Räume in einem Gebirge, wie es Madeira ist, tatsächlich ursprünglich vorhanden sind, daran ist ebensowenig zu zweifeln, wie an der Möglichkeit, daß solche Räume manchem Gewässer den Weg vorgeschrieben haben[5]). Eine derart weitgehende Anwendung der intercollinen Räume und Täler aber, wie sie *Hartung* selbst für die Entstehung der Calderen unter Zuhilfenahme der Erosion durchführt, erscheint uns doch stark schematisiert. Wir werden unten noch auf die Calderafrage zurückkommen. Hier kam es zunächst lediglich darauf an, als e i n e Gruppe der großräumigen Hohlformen in der Oberflächengestalt Madeiras eben solche intercollinen Räume und Täler zu bezeichnen. Sobald diese erst bestanden, mußte an ihnen als den tiefsten Stellen des Landes die Erosion einsetzen, so daß wir heute dazu berechtigt sind, die meisten von ihnen als Täler anzusprechen.

Im Zusammenhang mit den *Tälern,* der zweiten Gruppe von Hohlformen, läßt es sich nicht vermeiden, auch die Gewässer Madeiras mit zu behandeln, deren Betrachtung unter anderen Umständen logischer an das Kapitel über das Klima anzuchließen wäre. Nicht alle gewässerführenden Täler Madeiras sind genetisch als Erosionsrinnen zu werten: das gilt abgesehen von den intercollinen Tälern auch von jenen kesselartigen Hohlformen, aus denen nur eine enge Mündungsschlucht zum Meere führt, wie es besonders klar die Serra d'Agua und der Gran Curral zeigen. Da diese Kessel sowohl nach ihrer Form als auch hinsichtlich des Gesteinscharakters sich deutlich als ehemalige Krater kennzeichnen, seien sie als eine besondere Gruppe der Hohlformen aus der Betrachtung der Täler zunächst ausgeschieden.

Das G e w ä s s e r netz Madeiras ist äußerst dicht und gut entwickelt, in seiner Anlage aber recht einfach, Kompliziertheiten fehlen so gut wie ganz; der einzige Fall, in dem man über die Ursachen der Talanlage im Zweifel sein könnte, ist der des Ribeira Grande-Systems bei S. Jorge; sonst aber sind schon auf den ersten Blick hin die Gewässer als konsequente, nur wenige als subsequente zu erkennen. Nach der gegenseitigen Lage der Erosionsrinnen zueinander lassen sich die meisten als Glieder mehrerer radialer Entwässerungssysteme

---

5) In solchem Falle wären also diese Gewässer, die „konsequent" einer Abdachung folgen, zugleich „subsequent", indem sie sich zugleich der Tektonik anpassen.

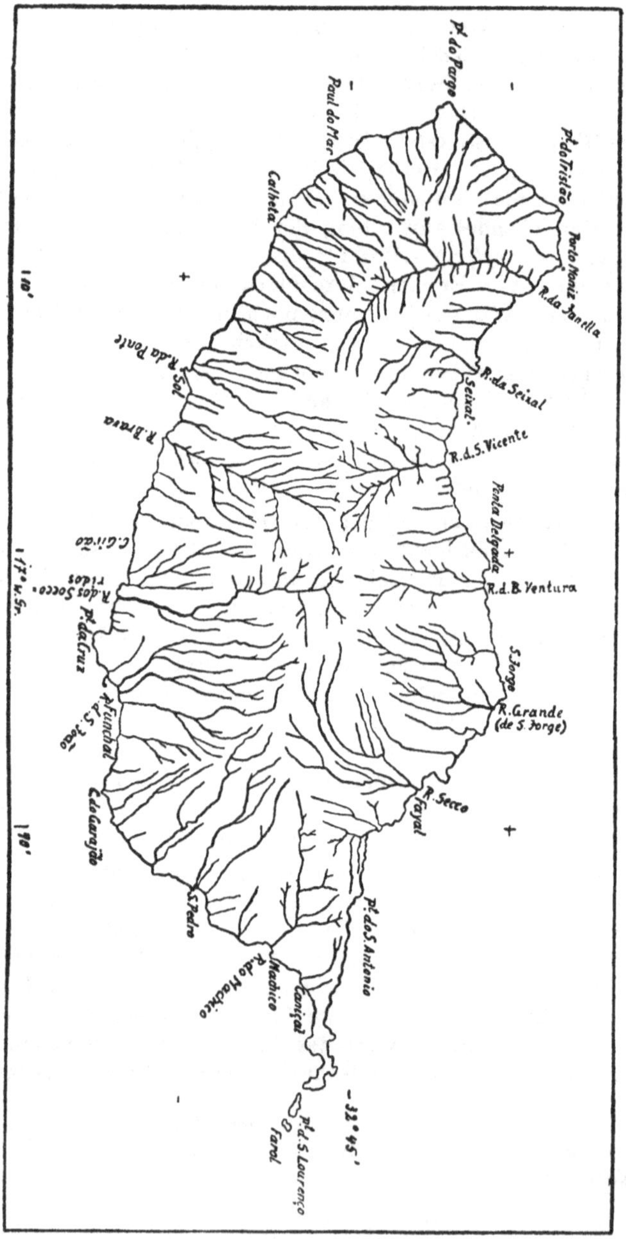

Fig. 7. Das Gewässernetz Madeiras.

auffassen, besonders im Westen und Osten; einige solcher Zentren, hydrographische Knoten sind z. B. der Pico da Pedreira im Westen, der Pico Ruivo und da Suna im Osten; in diesem letzten System bildet der Pico do Infante einen Knoten zweiter Ordnung. Auch im Paul da Serra nimmt ein derartiges radiales Gewässersystem seinen Ursprung. Das Gefälle der Gewässer ist außerordentlich stark, stärker selbst als in den Alpenflüssen; so zeigt nach *Ziegler* der Oberlauf der Aare ein Gefälle von (Werte in m und km umgerechnet) 62 m je km, dem die Ribeira dos Soccoridos mit 57 m nahekommt, während die Ribeiras Brava, da Janella und Porco ein solches von 80, 87 und 100 m zeigen. In diesen starken Gefällsverhältnissen prägt sich ein noch recht junges Entwickelungsstadium der Gewässer aus. Nach Anlage und Verlauf lassen sich auf Madeira drei Arten von Talungen unterscheiden: einmal die an Zahl weitaus überwiegenden *konsequenten Quertäler* und -Schluchten normalen Typs, wie sie vor allem den West- und Südwesthang der Insel auszeichnen, aber auch im Süden, Südosten und Norden durchaus vorherrschen. Alle diese Talungen zeigen jugendliche Formen, starkes Gefälle und im ganzen konvexe Talflanken, die sich vielfach dem Wechsel der Gesteinshärte durch treppenartige Gliederung anpassen; ihrem Fuß lagern sich Schutthalden an; wo senkrechte Gänge herausgewittert sind, da schieben sich diese kulissenartig, wie Strebepfeiler, vor, hier und da das Tal verengend. Liegt der Oberlauf solcher Gewässer in der zentralen Region der Tuffe etc., so fehlt hier den Flanken die treppenartige Stufung, das Tal ist breiter und nur durch die Kulissen herausgewitterter Lavagänge gegliedert; sobald es in die Zone der Lavadecken eintritt, macht sich dies in Talverengung und unruhigerem Gefälle bemerkbar. Ihnen stehen als zweiter Typ die *subsequenten Längstäler* gegenüber, wie Ribeira da Janella und do Machico, aber auch die oberen Talpartien von Ribeira Secca, da Metade, Frio und einige andere, auf die unten zurückgekommen wird. Diese Täler bzw. Talstücke folgen nicht nur der Längsrichtung der Insel, sondern stehen in engerer Beziehung zu dem inneren Bau, sind also tektonische, aber nicht an Spalten gebundene Täler, die dem Streichen weicherer Schichten folgen, eben jenen oben wiederholt erwähnten lockeren Aufschüttungen. Dank diesem Umstande pflegen diese Talungen durch größere Breite, wohl auch relativ ausgeglicheneres Gefälle gekennzeichnet zu sein, wenngleich dieses immer noch recht beträchtlich ist. Sie sind oben schon Gegenstand der Beschreibung gewesen, so daß an dieser Stelle auf sie nicht weiter eingegangen werden braucht. Als dritte Gruppe schließt sich dann die der *Kessel-*

täler an, die im Einzugsgebiet einen gewaltigen, annähernd kreisförmigen Kessel zeigen, der sich nach außen hin mehr und mehr verengt und schließlich zu einer „Mündungsschlucht" wird. Solche Talungen sind, zunächst ohne Rücksicht auf ihre Entstehung betrachtet, die der Ribeira da Ponte mit dem Curral False, der Ribeira Brava mit Serra d'Agua, der Ribeira dos Soccoridos mit dem Gran Curral und das Tal von S. Vicente. Kleinere Kessel finden sich häufiger, sind aber nicht charakteristisch, auch wenn sie den Namen „Caldeirao" führen wie C. do Inferno und C. Verde nördlich vom Pico Ruivo. Diese Kessel, spanisch: Caldeira's, sind Gegenstand vielfacher Erörterungen und Streitigkeiten gewesen, wie aus früher Gesagtem schon zur Genüge hervorgeht: die einen sehen in ihnen Krater, die andern reine Erosionsprodukte. Theoretisch können beide Auffassungen zu Recht bestehen: die Kraternatur legt einmal die ganze Form der Kessel nahe, zum anderen auch der geologische Befund; im Gran Curral z. B. bestehen die Kesselwände bis hoch hinauf aus Tuffen und Breccien, also durchweg lockeren Auswurfprodukten, von senkrechten Lava g ä n g e n durchbrochen. Erst ganz nach oben und dann auch nach außen hin stellen sich Lava b ä n k e ein. Derartige Verhältnisse sind charakteristisch für einen Eruptionsschlot. Die Mündungsschlucht des Kesseltals ist dann entweder durch Überlaufen der in dem Kessel angesammelten Wassermassen an der niedrigsten Stelle entstanden oder durch rückschreitende Erosion von außen her. — Rein erosive Entstehung der Kesseltäler ist theoretisch auch denkbar durch retroerosive Vorgänge: ein Gewässer arbeitet sich in die Tiefe und zugleich rückwärts in harte Lavadecken ein, nagt hier eine enge Schlucht aus und gelangt schließlich bei weiterer Rückwärtsarbeit in die Region der lockeren Auswurfprodukte; hier findet es leichtere Arbeit, muß, da jeder Punkt des Unterlaufs in hartem Gestein lokale Erosionsbasis ist, in die Breite arbeiten und kann hier im weicheren Gestein sich rückwärts vielfach verzweigen, Nebentälchen ausbilden und so regionaler Denudation in erheblichem Maße vorarbeiten. Schließlich muß eine riesige Sammelmulde entstehen, die nach unten hin nur e i n e n Ausweg hat: die Mündungsschlucht an der Grenze von hartem und weichem Gestein. Einige jener kleineren Talkessel mögen tatsächlich im Sinne *Hartungs* r e i n erosiver Natur sein und dadurch entstehen, „daß da, wo eine seitliche Schlucht unter spitzem Winkel in das Haupttal einmündet, der trennende Bergrücken an der vorspringenden Ecke zugeschärft, zum Teil entfernt und deshalb beträchtlich niedriger als das umgebende Gebirgsgehänge ist. Diese Zuschärfung und Abbröckelung, die zwischen den Gabelspaltungen der

Abb. 5. Tal von Sao Vicente, von der Stadt aus nach Süden gesehen. Im Vordergrunde rechts, hinter der Brücke, der einer Flußterrasse ähnliche junge Lavastrom. Vgl. Abb. 23, Fig. 8 und S. 34.

Abb. 6. Südküste Madeiras bei Ribeira Brava. Hohe Kliffe. Einzelsiedelungen. Runde Bergformen. In der Mitte die tief eingeschnittene Mündungsschlucht des Gran Curral, eingesenkt in einen älteren flacheren Talboden im Niveau des Knicks der Talflanken.

Abb. 7. Westküste Madeiras. Auch hier wie an der Südseite ein flacheres Vorland als Siedlungsträger vor dem höheren zentralen Bergland. Runde, z. T. ebene Oberflächenformen in den höheren Teilen.

Abb. 8. Ostende der Insel Madeira. Niedrige Insellandschaft. Rechts Ilha de Fora.

Gebirgsbäche immer weiter fortschreiten muß, sobald die letzteren tiefer und tiefer einschneiden, diese Zerstörung und Entfernung einzelner Teile" soll hauptsächlich zu der Kesselbildung führen. In beiden Fällen, sowohl durch Kraterbildung als auch durch Verschneidung der Flanken tief eingeschnittener und dicht benachbarter Täler, ganz besonders, wenn deren viele an einem Punkt im Haupttal zusammentreffen, kann also das gleiche Gebilde der kesselartigen Erweiterung entstehen und es unterliegt keinem Zweifel, daß beide Vorgänge auch die Currals von Madeira geschaffen haben, aber in gemeinsamer Zusammenarbeit, eine Auffassung, die auch von geologischer Seite durch *Gagel* vertreten wird. Aber die Ausgangsform für die Entstehung der Currals ist doch der vulkanische Kessel, die Caldeira, der Krater. Der geologische Befund widerspricht dieser Behauptung nicht, ja, stützt sie sogar; denn die „lockeren" Auswurfprodukte sind keineswegs weich, sondern sehr oft stark verfestigt und hart. Erosion und Denudation finden an ihnen harte Arbeit, auch wenn die verfestigten Tuffe nicht so dicht sind wie Basalte und Trachyte. Die meisten der oben angeführten Currals nun gehören, wenn wir innerhalb des Jungvulkanismus Madeiras einmal trennen zwischen relativ alt, relativ jung und jüngst, der Epoche relativ jung, zum Teil sogar jüngst (S. Vicente) an, so daß den Gewässern eine wesentlich kürzere Erosionsfrist zur Verfügung stand als in den relativ alten Gebieten. Hier aber ist es in bedeutend längerer Zeit keinem Gewässer gelungen, einen nennenswerten Kessel zu erzeugen. Welche gewaltigen Massen fehlen dem gegenüber im Gran Curral oder der Serra d'Agua! Nahe an 2000 m Höhe erreicht die unmittelbare Umgebung dieses Kessels und nur wenig über 500 m hoch liegt mitten in ihm die Sohle des Baches! Wenn alle die Massen, die hier verschwunden sind, auf fluviatilem Wege abtransportiert worden wären, so müßte man doch mit Fug und Recht an der relativ ruhigen Südküste vor der Mündung der Ribeira dos Soccoridos Spuren eines größeren Deltas finden oder doch in größerer Meerestiefe (bis 200 m) einen Schuttkegel. Nichts von alledem ist vorhanden. Unter solchen Umständen bleibt gar keine andere Wahl, als die der Rückführung des Currals auf einen vulkanischen Kessel als Ausgangsform. Seine Entstehung ausschließlich auf diese Weise, ohne Annahme postumer erosiver Ausgestaltung zu erklären, wie es *Stübel* einst wollte, ist auch nicht angängig; dem widersprechen schon die tatsächlich beobachteten, höher gelegenen Flußterrassen, wie die in 615 m Höhe, auf der das Dorf Livramento steht.

Solche T a l t e r r a s s e n sind allenthalben längs der Erosionsrinnen auf Madeira in großer Zahl und in den verschiedensten Höhenlagen vorhanden; aber keineswegs alle, vielleicht nicht einmal die Mehrzahl von ihnen sind durch erosive Tätigkeit entstandene *Flußterrassen,* sondern verdanken als *Landterrassen* im weiteren Sinne

Fig. 8. Scheinbare Flußterrasse dicht vor der Mündung des Tales von Sao Vicente in 45—50 m Höhe über dem Flußbett, in Wirklichkeit Oberfläche eines jungen Lavastromes. Vgl. auch Abb. 5 u. 23 auf Tafel 3 u. 12.

ihre Entstehung subaerischer Denudation an der Grenze zweier verschieden widerständiger Gesteinsarten, der Tuffe und Laven. Darum scheint mir die Methode *C. Gagels*[6]), auch nicht schotterbedeckte Reste alter Talböden rein durch die morphologischen Formen als solche zu erkennen, auf Madeira nicht anwendbar zu sein. Auch aus einem andern Grunde nicht: die schönste Talterrasse, die man sich denken kann, zeigt sich in höchst vollendeter und auffallender Form unmittelbar vor der Mündung des Tales von Sao Vicente in 45—50 m

6) *C. Gagel,* Lit.-Verz. Nr. 134, S. 363.

Höhe über dem Flußbett; sie nimmt die gesamten westlichen drei Viertel der Talbreite in Anspruch, während im östlichen Viertel der rezente Bach sich eingegraben hat. Diese wundervolle Terrasse sieht man beim Abstieg vom Encumeadapaß stundenlang tief unten vor sich, als einen dunklen, ebenen Tisch in der schmalen Mündungsschlucht vor den weißen Gischtstreifen der Brandung. Talaufwärts findet man viele ihr an Höhe über der Talsohle entsprechende, breitausgebildete weitere Bildungen ähnlicher Art. Aber jene Talterrasse ist — keine Flußterrasse, ist auch keine Landterrasse, sondern die Oberfläche eines jungen *Lavastroms,* der sich in ein älteres, fertig ausgebildetes Sao Vicente-Tal hinein gegossen hat. Wohl muß eine Zeitlang der Fluß auch auf diesem Basaltstrom geflossen sein, aber dessen ebene, schwach von Süden nach Norden geneigte Oberfläche hat er nicht geschaffen, sondern nur benutzt, um sich am Ostrande dann 45 m tief einzunagen und heute wahrscheinlich wieder im alten Tal zu fließen. Selbst wenn jene Basaltstromoberfläche Flußgerölle trüge, dürfte sie nicht oder doch nicht schlechthin als Flußterrasse bezeichnet werden. So spricht auch diese Erscheinung gegen die von *Gagel* angewandte Methode und ich weiß nicht, ob die von ihm benannten „besonders schön ausgeprägten" Reste alter Talböden im Tal von Sao Vicente, im unteren Janellatal und im Tal von Campanario tatsächlich Flußterrassen oder Gebilde von der Art sind, wie sie oben beschrieben wurden. Nur individuelle Untersuchung jedes einzelnen vermeintlichen Terrassenrestes kann zu einem Ergebnis führen; freilich sind manche dieser Reste an den steilen Talflanken gar nicht oder höchstens durch eine kleine Seilexpedition zu erreichen. Aber echte, mit Schottern bedeckte Flußterrassen sind zweifellos auch vorhanden, und zwar in Höhen von 15—120 m über den heutigen Talböden, wie sie *Hartung* in den Tälern von S. Vicente (15 m), Boa Ventura (rechte Seite, 30 m), S. Jorge (rechte Seite, am Wege nach St. Anna, 40—50 m), der Ribeira Secco (20 m), der Ribeira Brava (30 m) und bei Camara de Lobos an der Mündung der Ribeira do Vigerio in 20 m Höhe festgestellt hat. Die 115—120 m-Terrasse, auf der das Curraldorf Livramento steht, wurde oben schon erwähnt. Die z. T. noch wenig zersetzten Gerölle weisen darauf hin, daß die Flußterrassen nicht sehr alt sein können; auch *Hartung* hält sie für alluvial. Auf ihre Bedeutung für die Erkenntnis junger Vertikalbewegungen wurde oben schon hingewiesen.

Schließlich ist bei Betrachtung der Hohlformen noch zu gedenken jener von *Gagel*[7]) erwähnten rätselhaften, nach ihrer Form

7) Ebda. S. 264.

an Kare erinnernden „halbkreisförmigen großen Nischen mit steilen, z. T. fast senkrechten Wänden und annähernd oder ganz flachem Boden, der hoch über dem Meeresspiegel liegt und z. T. nur durch eine ganz enge, spaltenförmige Schlucht mit dem Meere verbunden ist", wie sie — der Ortsname[8]) weist schon darauf hin — bei Arco da Calheta, Legoa (Punta do Sol) und Arco do Sao Jorge vorkommen sollen. Ich selbst habe keine dieser Nischen aufgesucht und kann daher über sie auch nicht urteilen.

Die Küste. Madeira wird gerne als die „uferlose" Insel bezeichnet und in der Tat ist ihre Küste überaus verkehrsfeindlich, schon deshalb, weil sie fast nirgends tiefer ins Land dringende geschützte Buchten aufweist. Selbst der Hauptankerplatz, die Bay von Funchal, ist nur eine ganz flache, weitgespannte Bucht, deren seitliche Gebirgseinfassungen bei stürmischem Wetter keinen Schutz gewähren[9]). Wohl ragen hier und da einige Lavaströme etwas ins Meer vor wie bei Camara de Lobos, Ponta do Sol u. a. O., wo sie kleine geschützte, den örtlichen Verhältnissen als Fischereischutzhäfen genügende Buchten haben entstehen lassen; wohl zeigen sich vielfach vor der geschlossenen Küste Felsklippen als ausgewitterte, zuckerhutförmige Lavagänge, wie auf der Nordseite der Punta di Sao Lourenço, bei Porto Moniz, Ribeira da Janella, Seixal und im Nordosten; aber im ganzen macht die Küste Madeiras, selbst wenn beim Umsegeln Ponta hinter Ponta kulissenförmig gestaffelt auftaucht, einen recht geschlossenen, wenn auch nicht gerade ungegliederten Eindruck, besonders dort, wo sie von den Lavadecken gebildet wird; wo dagegen Tuffe mit Lavagängen das Ufer zusammensetzen und dieses zugleich niedriger ist, da macht sich lokal etwas reichere Gliederung geltend. Insofern ist eine Abhängigkeit des Uferverlaufs vom anstehenden Gestein unverkennbar. Im ganzen genommen aber ist die Küste Madeiras in einem einseitigen Ausgleich begriffen; einseitig insofern, als von ihrer Urform, die wir uns nach dem Schema etwa eines ins Wasser getauchten, von Barrancos zerschnittenen Vulkanes vorzustellen haben, zwar alle Vorsprünge im wesentlichen beseitigt sind, aber so gut wie keinerlei Anlandung erfolgte. Zwar fehlt ein Vorstrand nur selten gänzlich, wie an den Puntas, den Landspitzen (Huks) und Klippen, deren Felsen unmittelbar dem Meere entsteigen; aber ein solcher Vorstrand ist in der Regel schmal und von gewaltigen

---

8) Arco = Bogen.

9) Das Handbuch der Nordatlantischen Inseln (1914) empfiehlt sofortiges Auslaufen bei nahendem Sturm (S. 117) bzw. hoher Dünung (S. 123).

Massen basaltischer Gerölle bedeckt oder gebildet, die ihn unpassierbar machen. So kennzeichnet z. B. die ganze Nordwestküste ein schmaler, ausgezackter grobsteiniger Vorstrand. Selbst vor den Flußmündungen häufen sich diese Geröllstrandwälle zu beachtlicher Höhe an, z. B. bei Sao Vicente. Die Größe der Gerölle wechselt stark, von kleinsten Kiesen bis zu überkopfgroßen, ein Beweis für die außerordentliche Stärke der Brandung. Aber gleich über dem Vorstrand erheben sich schroff, bald gewaltig hohe, bald niedere Felskliffe, deren höchstes das fast senkrechte am Cabo Girao mit 590 m Höhe ist. Wohl 95 % des Umfangs Madeiras werden von Kliffwänden eingenommen, während Tiefländer, außer an den Flußmündungen, äußerst spärlich sind; aber selbst die Tiefländer sind nicht etwa Anschwemmungs- oder Verlandungsgebiete, sondern in der Regel nur niedrige Felsmassen; so hat z. B. das Tiefland bei Ponta Delgada auf 2 km Länge felsige Abhänge, ein anderes findet sich, halb so lang, bei Porto da Cruz, dann, sogar mit Sandstrand an der Praia Formosa nahe Ponta da Cruz westlich Funchal und auf ½ km Breite unterhalb der Abhänge bei Paul do Mar. Hier und da erreicht das Kliff nur geringere Höhe, wie bei der Hauptstadt Funchal oder an der Südseite der östlichen Halbinsel, deren Nordseite dagegen 30—40 m, an der Ponta do Castello sogar 163 m, hohe senkrechte Basaltwände bildet, abermals ein Hinweis auf die größere Stärke der Brandung in Luv des Passats. Im allgemeinen aber sind die Kliffwände im Norden am höchsten, wovon bereits auf S. 22 die Rede war. So wirken Steilheit und Höhe der Kliffwände, Schmalheit der Geröllstrandwälle, das Fehlen von Tiefländern und die Buchtenarmut zusammen, um der Küste Madeiras im ganzen genommen schon jetzt einen recht geschlossenen Charakter zu verleihen, obwohl jener oben erwähnte einseitige Ausgleich erst in Bildung begriffen ist, ein Eindruck, der auch nicht durch gelegentlich sehr malerische Bilder mit einem Gewirr von Felsen und Klippen oder einer kulissenförmigen Staffelung der Vorgebirge, an denen die Brandung hoch aufspritzt, verwischt werden kann. In dieser Hinsicht scheint Madeira von den Canaren stärker abzuweichen, was wohl auf seine freiere, exponiertere Lage zurückzuführen ist. Besonders geschlossen erscheint die West- und Nordwestküste, relativ reicher gegliedert die Nordost- und Südostküste. Das Handbuch der nordatlantischen Inseln enthält eine große Zahl charakteristischer Küstenansichten von allen Teilen Madeiras, auf die hier verwiesen sei. Diese Skizzen zeigen zugleich die sanfte Rundung aller Oberflächenformen, von der oben schon die Rede war. Das beinahe völlige Fehlen von Anschwemmungstiefländern und von feinerem, sandigen Detritus läßt sich aus der großen Wassertiefe unmittelbar am Ufer und aus der steilen Böschung des untermeerischen Teiles der Insel hinreichend erklären, da sich die Schuttmassen bekanntlich nach der Korngröße anordnen; dies zeigt sich tatsächlich darin, daß nächst dem Ufer der gröbste Schutt lagert, während die Ankergründe, wie aus der Seekarte und den Segelhandbüchern hervorgeht, recht oft sandige Ablagerungen aufweisen, dunkle oder graue, aus Basalten hervorgegangen und Korallensand und -Kalk. Andererseits könnte aber jener oben erwähnte Mangel auch auf rezente, ganz allmählich vor sich gehende Hebungen der Insel zurückzuführen sein, auf die einige oben schon erörterte Anzeichen hinzudeuten scheinen. Wenig wahrscheinlich dagegen dürfte die Annahme *Hartungs*[10]) sein, die er im Anschluß an *Darwin* gewinnt, daß die Gebirge der Gruppe schon seit langen Zeitabschnitten in einer allmählichen Senkung begriffen sein müssen. Die Landverluste, die dabei für ihn ein wichtiges Beweismittel sind, erklären sich auch ohne Zuhilfenahme einer positiven oder negativen Bewegung. Anzeichen einer Landsenkung fehlen, dagegen sind solche einer Hebung seit langem einwandfrei festgestellt. Auch müßte sich eine Landsenkung, mit der eine ständige Erhöhung der Erosions- und Denudationsbasis verknüpft ist, irgendwie im Innern der Insel bemerkbar machen. U. E. trifft die Voraussetzung *Hartungs* nicht zu, daß unter den örtlichen Bedingungen die zerstörende Tätigkeit der Wellen bei 5—6 Faden Tiefe aufhöre [10a]).

Trotz des ausschließlich jungvulkanischen Ursprungs unserer Insel bildet deren Oberflächengestalt vom geröllbedeckten Vorstrand bis hoch hinauf zu den bizarren Formen der Felshörner in der Gipfelregion ein ungeheuer bunt zusammengewürfeltes Mosaik morphologischer Elemente. Dieses, durch anthropogene Kulturterrassen um einen weiteren Bestandteil vermehrt, wird dank verschiedenartiger klimatischer Bedingungen durch eine reiche und farbenprächtige Vegetation belebt, die, teils naturgegeben, teils durch menschlichen Eingriff erst geschaffen, der Insel die treffende Bezeichnung „Blume des Ozeans“ eintrug.

III. Klima und Wetter.

Eine wissenschaftlich fundierte eingehende Klimakunde Madeiras zu bieten ist heute noch unmöglich, da die erforderlichen Grundlagen zum Teil ganz fehlen, zum Teil noch unzugänglich sind. Zwar hat die Insel eine meteorologische Station, aber diese liegt 1) in Funchal, an

10) a. a. O. S. 18. 10a) Vgl. Anm. S. 22.

der Küste, während Madeira durchweg gebirgig ist und über 1800 m Höhe erreicht, 2) an der S ü d küste, in Lee des sommerlichen Passats, geschützt nach Westen, Norden und Osten, aber zugänglich kräftigen lokalen Einflüssen. Auf den Daten dieser einzigen, zudem exzeptionell gelegenen Station allein kann keine Klimakunde aufbauen. Andererseits dürfte ein Vergleich mit den andern ozeanischen Inseln der Nachbarschaft, namentlich den Canaren, Capverden und Azoren ein unzutreffendes Bild ergeben, da diese Inseln zum Teil erheblich anderen Bedingungen unterliegen. So z. B. sind die Canaren und Cap Verden bedeutend südlicher und völlig im Bereich kräftigen Passats gelegen, Madeira nur in dessen Wurzelregion. Die Canaren werden zudem klimatisch entschiedener beeinflußt durch das nahe Afrika und die kalten Auftriebwasser an der Küste Marokkos. Die Azoren wiederum liegen nördlicher und zugleich westlicher im Bereich eines außerordentlich konstanten Aktionszentrums. Alle drei Gruppen weisen zugleich gegenüber Madeira größere Höhen auf, die genügen, um in Luv und Lee des Passats d e u t l i c h unterschiedene Landschaften zu erzeugen. Die Azoren (Ponta Delgada) empfangen im Gegensatz zu den andern genannten Gruppen schon beachtliche Sommerregen u. dgl. m.

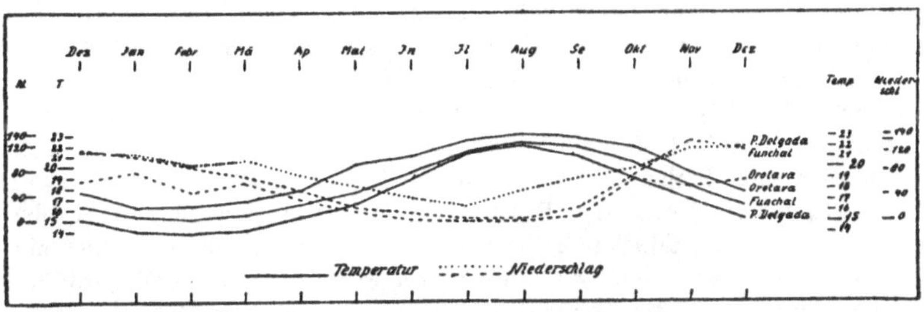

Fig. 9. Temperatur- und Niederschlagskurven von Funchal und den Azoren.

Unter solchen Umständen können klimatische Eigenschaften der einen Inselgruppe nicht ohne weiteres auf die andere übertragen werden, wenn hier Beobachtungen fehlen; mögen jene auch sonst vielfach miteinander verwandt sein.

Im Jahre 1895 hatte die Regierung auf dem Pico Areeiro in 1700 m Seehöhe eine meteorologische Beobachtungshütte gebaut, für die immerhin 12 000 Goldmark aufgewendet wurden. Aber benutzt wurde diese Station, die außerordentlich wertvolles Material hätte beibringen können, leider nicht, weil bei den maßgebenden Gouverneuren und anderen Regierungsstellen nicht genügendes Interesse für wissenschaftliche Fragen vorhanden war. 1920 wurden die Bauten durch Stürme teilweise zerstört. So sind wir auch heute noch einzig auf die Beobachtungen der Funchaler Station in der alten Festung S. Lourenço (21,2 m ü. M.) angewiesen.

Leidlich bekannt sind die seit 1865 beobachteten Wetter- und Klimaverhältnisse Funchals, die wohl für die gesamte Südküste Gültigkeit besitzen. Einige Angaben meteorologischer Art liefert die praktische Schiffahrt in den Segelhandbüchern. Wo alle direkten Beobachtungen fehlen, da lassen gelegentlich die Vegetationsverhältnisse durch die Pflanzenökologie gewisse Rückschlüsse zu, wenigstens im großen. So gewährt z. B. die waldreichere Nordhälfte der Insel gegenüber der Südseite einen landschaftlich anderen Aspekt, der seinem Wesen nach nur klimatisch bedingt sein kann.

Temperatur. Wenn es vom Klima Madeiras heißt, daß es eine mittlere Jahrestemperatur von 18,3° (1926: 19,21°) und eine mittlere jährliche Niederschlagsmenge von 684 mm (1926: 719,7 mm) aufweist, so besagen diese Zahlen nicht mehr, als daß es in Madeira genau ebenso viel regnet wie etwa auf Borkum oder in Ratibor [1]), Königsberg und anderen deutschen Städten, und daß es dort durchschnittlich über doppelt so warm ist als hier. Diese Tatsache verleitet dann leicht zu der irrigen Annahme, daß es im Sommer auf Madeira ungeheuer heiß sei. Doch reicht die Mitteltemperatur des heißesten Monats, des Augusts nicht über 22,3° hinaus und entfernt sich damit im Hinblick auf die fast 20° südlichere Lage Madeiras nicht allzusehr von dem entsprechenden Wert für Heidelberg (19°), Stuttgart, Prag, Frankfurt a/M., Bromberg, Ratibor (18,5°). Demgegenüber aber bleiben die mittleren jährlichen Höchsttemperaturen Madeiras mit 29° hinter dem entsprechenden Wert beinahe aller süd-, mittel- und norddeutschen Stationen unter 500 m Höhenlage sogar um etwa 3° zurück. Da nun die Höhe der mittleren Jahrestemperatur nicht auf allzu heiße Sommer zurückzuführen ist, muß deren Ursache in sehr milden Wintertemperaturen erblickt werden. In der Tat zeigt der kälteste Monat der Insel, der Februar, eine mittlere Wärme von 15,2°, ein Wert, der fast völlig dem des heißesten Monats von Helgoland entspricht. Der jährliche Temperaturgang Madeiras zeichnet sich also durch warme Winter und sehr warme, aber nicht sonderlich heiße Sommer aus, zugleich aber auch durch eine äußerst geringe Jahresschwankung von nur 7,1° zwischen 15,2° Februar- und 22,3° Augusttemperatur. Diese letzte Tatsache ist noch von einer besonderen Be-

1) Jahresmittel der täglichen Maxima bzw. Minima: 25,3° und 12°.

deutung. Mit Rücksicht auch auf andere klimatische Faktoren, namentlich den Niederschlag, bezeichnet man Madeiras Klima als ein Mittelmeer- oder Etesienklima. Diese Bezeichnung aber muß eben um der sehr geringen Temperatur - Jahresschwankung willen eine Einschränkung erfahren. Ein „Mittelmeerklima“ gibt es nur an wenigen Stellen auf der Erde: vom europäischen Mittelmeer abgesehen nur an den Westküsten Kaliforniens, Mittelchiles, des südlichen Afrikas und Südaustraliens. Bezüglich seiner Temperaturverhältnisse aber kennzeichnen das Mittelmeerklima zwar milde Winter, aber meist sehr

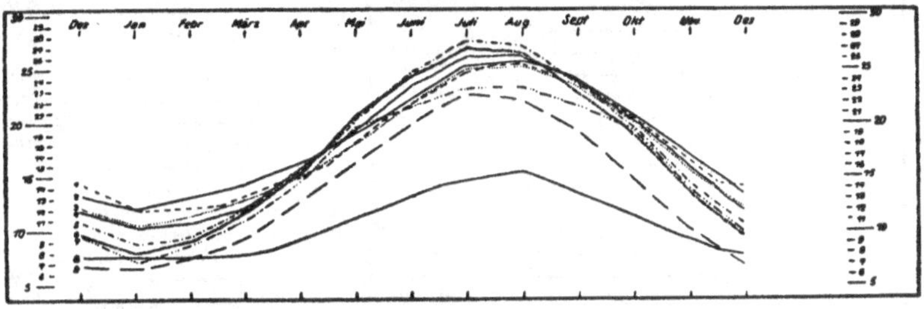

Fig. 10. Kurven der Monatsmitteltemperaturen im Mittelmeergebiet. (Die Ziffern bedeuten folgende Stationen: 1 Malta, 2 Algier, 3 Palermo, 4 Korfu, 5 Athen, 6 Smyrna, 7 Jerusalem, 8 Valencia, 9 Marseille. Grade in Celsius.)

heiße Sommer, wobei die mittlere Jahresschwankung in der Regel mindestens 15° beträgt. Umstehende graphische Tabelle von über 100 Stationen erläutert diese Verhältnisse näher. Sie läßt auf den ersten Blick hin schon die auffallende Abweichung des jährlichen Temperaturganges Madeiras, aber auch der entsprechenden Stationen Kaliforniens, Südafrikas und Südaustraliens von dem des „normalen“ Mittelmeerklimas mit wesentlich stärkeren Jahresschwankungen erkennen. Dieser Umstand macht sich, wie wir noch sehen werden, in pflanzengeographischer Hinsicht deutlich geltend. *W. Köppen*[2]), der auf *Hanns* klassischen Arbeiten fußende Begründer der modernen Klimakunde, trennt von dem eigentlichen „klassischen Klima der Mittelmeerküsten“, dem Olivenklima Csa ganz richtig die ozeanische Form des Etesienklimas als Erikenklima Csb ab, ohne jedoch auf den wichtigen Unterschied beider, das verschiedene Ausmaß der Temperaturjahresschwankung hinzuweisen.

2) *W. Köppen:* Die Klimate der Erde, 1923, S. 153f.

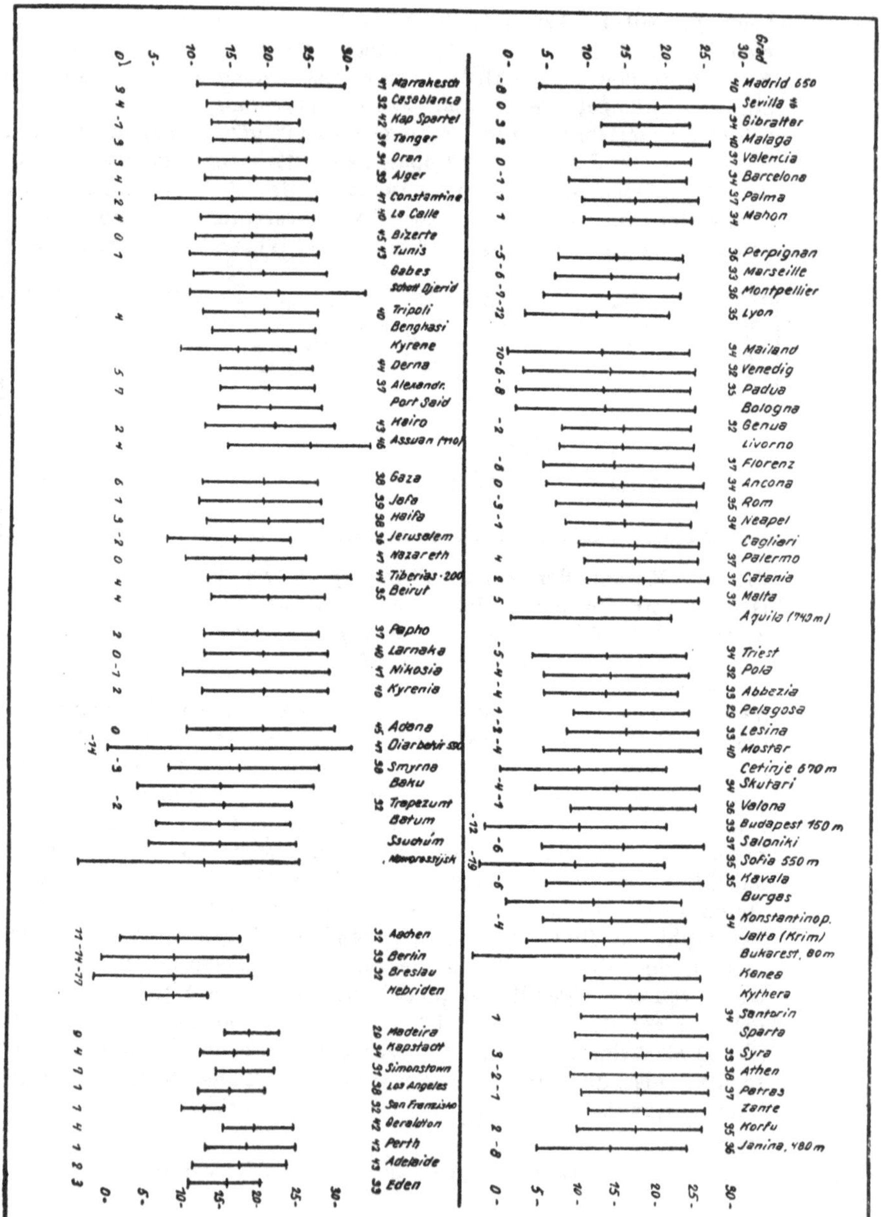

Fig. 11. Graphische Darstellung der Temperatur-Jahresschwankungen (lange Striche), Jahresmitteltemperaturen (kurze mittlere Querstriche) und mittleren Extreme (Zahlen in Celsiusgraden für den Sommer über, den Winter unter den langen Strichen) für Stationen im Bereiche der „Etesienklimate der Erde (Madeira ist die neuntletzte Station). Dazu einige kontinentale Vergleichsstationen.

Die mittleren Monatstemperaturen[3]) zeigen, wie die zusammenfassende Tabelle auf S. 46 erkennen läßt, ebenfalls nur geringe Differenzen; und der tägliche Temperaturgang endlich weist ein Maximum um 2 Uhr nachmittags, also mit zweistündiger Verspätung gegenüber dem Sonnenhöchststand auf, und eine Tagesamplitude von i. D. 3°, im Höchstfall von 6°, oft aber unter 1°, so daß also eine große Ausgeglichenheit für den täglichen (und jährlichen) Temperaturgang auf Madeira charakteristisch ist[4]). Solcher Ausgleichung der Sommer- und Wintertemperaturen aneinander ist auf die insulare Lage Madeiras zurückzuführen, insonderheit auf den Einfluß von Meeresströmungen, die sich vor allem auf das Sommerklima in thermischer Benachteiligung geltend machen: Da die Passate in den Äquatorialgegenden eine nach W gerichtete Meeresströmung veranlassen, so werden die abfließenden Wassermassen kompensiert einmal durch Auftrieb kalten Tiefenwassers im Rücken dieser Bewegung, also an der Küste Marokkos, sodann durch Zustrom von Wassermengen von Norden her, der sich vornehmlich in einer Spaltung der sog. Golfstromtrift äußert, deren südlicher Zweig als Canarenströmung über SO nach SW gerichtet ist, um dann in die westliche allgemeine Bewegung überzugehen. Dieser Canarenstrom erscheint als aus nördlicheren Gegenden kommend relativ kühl. Während Wasser- und Lufttemperatur sich im Winter ausgleichen, drücken Canarenstrom und der westlichste Saum der kühlen Auftriebszone an der Westküste Marokkos mildernd auf die Sommertemperaturen und gleichen Winter- und Sommertemperaturen einander mehr an (s. Tabelle auf S. 44).

Dänische ozeanographische Untersuchungen haben überdies kältere und salzärmere Wassermassen festgestellt, die im Januar bei den

3) Die mittleren Temperatur-Maxima und Minima der einzelnen Monate möge folgende Tabelle (nach *Wattier*) zeigen:

	Max.	Min.		Max.	Min.
Januar	21°	10°	Juli	26,6°	16,1°
Februar	22°	10,05°	August	27,7°	17,7°
März	23,8°	10,05°	September	29,4°	17,2°
April	24,7°	11,6°	Oktober	26,6°	14,4°
Mai	25°	11,1°	November	24,6°	11,1°
Juni	26,6°	14,4°	Dezember	22°	11,6°

4) Die Werte der Tabelle auf S. 178 stehen scheinbar im Widerspruch zu diesen Angaben. Aber jene stellen erst die Mittelwerte von knapp 3/4 Jahren dar, diese dagegen von mehrjährigen Mitteln.

Salvages-Inseln, im Mai nördlich von Madeira und im Juni endlich am Eingang der Biskaya auftreten [5]).

	Lufttemperatur über dem Wasser	Temperatur des Oberflächenwassers
		(Salzgehalt 36,5—37 ‰)
Februar . . .	15°	17°
Mai	18°	18,5°
August	21°	22,5°
November . .	18°	20,5°
Jahr	18°	19,6°

Niederschlag. Es wurde schon betont, daß die jährliche Niederschlagsmenge von 684 [6]) mm Madeira mit einer ganzen Reihe anderer, nicht im Bereich des Etesienklimas gelegenen Stationen teilt; in dieser Höhe der Niederschläge liegt auch keine Eigentümlichkeit des Madeiraklimas, als vielmehr in deren jahreszeitlicher Verteilung, die Madeira voll mit den Stationen des Mittelmeerklimas teilt: die wärmste Zeit ist — im Gegensatz zu unsern mitteleuropäischen Verhältnissen — zugleich die trockenste, die Hauptniederschläge fallen in der kühlen Jahreszeit, beginnen, zunächst noch schwächer, im Oktober, erreichen aber im November schon ihr Maximum und flauen dann allmählich ab bis Mitte März, um dann im April höchstens noch spärlich zu fallen. Über die Hälfte des gesamten Jahresniederschlags fällt allein in den 3 Monaten vom November bis Januar, denen Juni, Juli und August mit fast absoluter Trockenheit (16 mm) gegenüberstehen. Den trockenen Sommer bilden die Monate Mai, Juni, Juli, August und September.

Die Zahl der Regentage beträgt 76,3 (nach Wattier 79), von denen nur 6,6 Gewittertage sind. Diese verteilen sich vornehmlich auf Winter und Herbst mit 3,3 bzw. 2,1 Gewittertagen, während von solchen auf den Frühling nur 1,2, auf den Sommer gar keiner kommt. Die Niederschläge fallen meist am Nachmittag, und zwar vornehmlich bei Winden aus Süden und Westen, fehlen dagegen völlig bei Ostwinden. Als Niederschlagsextreme führt Wattier 1200 mm an 101 und 332 mm an 52 Regentagen des Jahres an.

5) *Ed. le Danois,* Remarques hydrographiques. Procès-verbaux des séances du Cons. perman. intern. pour l'explor. de la mer, Bd. 40, 1925, S. 36—60.

6) nach *Wattier* 638 mm.

Von besonderen Formen der Niederschläge, insonderheit Nebel- und Wolkenbildung, wird unten (S. 50 ff.) noch die Rede sein.

L u f t f e u c h t i g k e i t. Ist der Hochsommer auf Madeira auch niederschlagstrocken, so fehlt in dieser Jahreszeit doch nicht, namentlich auf der Nordseite der Insel und in deren höher gelegenen Teilen, eine gewisse Luftfeuchtigkeit, die bei Funchal mit 66,5 % im Mittel (1926: 57,2 %) kaum hinter der des Winters zurückbleibt (63,4—69 %). Auch in dieser Hinsicht zeichnet sich Madeira vor den Canaren aus, wo von Juli bis September ein Feuchtigkeitsgehalt der Luft von 80 % eine wahrhaft treibhausmäßige Atmosphäre schafft. Das tägliche Maximum der Trockenheit fällt zusammen mit dem Temperaturmaximum des Tages.

Folgende Tabelle möge über die Werte der wichtigsten klimatischen Elemente zusammenfassend unterrichten (S. 46).

Madeira (Funchal) zeigt also einen warmen, fast niederschlagslosen Sommer, ganz kurzen Herbst, der im Oktober ziemlich unvermittelt vom Winter abgelöst wird, der seinerseits warm und niederschlagsreich, in einen warmen, langen Frühling übergeht.

Diese in stärkstem Gegensatz zu den mitteleuropäischen stehenden Klimaverhältnisse Madeiras, besonders die jahreszeitliche Niederschlagsverteilung ist auf die mit dem Wechsel des Sonnenstandes zusammenhängende Verschiebung des Wärmeäquators und damit des ganzen terrestren Windsystems der Erde zurückzuführen. Im Frühjahr rückt der Wärmeäquator nordwärts und steht im Nordsommer am weitesten nördlich; damit rücken auch die Zonen der Passate und Roßbreiten nach N, so daß Madeira im Sommer schon in der Wurzelregion [7]) des NO-Passates liegt und dessen Eigentümlichkeiten teilt, insonderheit das stets heitere Wetter und die Trockenheit. Im Herbst aber verschiebt sich das ganze Windsystem mit dem Wärmeäquator nach Süden, Madeira gerät in den südlichsten Saum der z. B. Mitteleuropa das ganze Jahr hindurch beherrschenden Zone der Cyclonen mit vorherrschenden, regenbringenden Süd- bis Westwinden.

L u f t d r u c k u n d W i n d e. Eine ähnlich große Gleichmäßigkeit wie im Temperaturgang zeigt Madeira auch in der Verteilung des Luftdrucks über das Jahr, der im Mittel 762,3 mm (1926: 763,96 mm) beträgt; von diesem Normalwert weichen die mittleren der einzelnen Monate unbeträchtlich ab [8]); in den auf S. 46 wiedergegebenen Zahlen

7) Die durchschnittliche Grenze des NO-Passats liegt im Sommer bei 27°, im Winter bei 24° nördl. Br., erreicht ausnahmsweise im Sommer auch Madeira (Segelhandb. S. 42).

8) 1926 absolutes Maximum: 774,9, Minimum 741,8.

Mittlere Werte von	Dez.	Jan.	Febr.	März	April	Mai	Juni	Juli	Aug.	Sept.	Okt.	Nov.
Temperatur	16,3	15,8	15,7	15,9	16,8	17,7	19,4	21,2	22,4	21,9	20,1	18,3
(nach *Brown*)	16,6	15,7	15,7	16,0	16,9	18,0	19,5	21,4	22,3	21,9	20,3	18,3
(nach *Wattier*) . . .	17,4	16,1	15,6	15,8	17,0	18,3	19,8	21,6	22,4	22,0	20,3	18,7
(nach *Hann*)	16,3	15,5	15,2	15,5	16,5	17,7	19,5	21,4	22,3	21,9	20,3	18,2
(nach *EM*[9]) (1901—09)	15,8	15,0	14,9	15,4	16,2	17,3	19,2	20,8	22,2	21,5	20,0	17,5
Niederschlag	102	109	152	64	62	22	10	4	9	12	43	130
(nach *Brown*)	104	117	67	72	44	27	12	2	2	19	58	122
(nach *Hann*)	115	103	84	72	50	22	12	2	2	19	73	130
(nach *EM*[10])(1901—09)	85	78	80	59	33	21	16	3	7	20	97	138
Regentage	10,4	11,4	12	9,6	9,9	4,7	2,1	1,7	0,9	3	8,7	13,3
(nach *Brown*)	10,7	12,0	6,7	8,4	7,0	5,7	2,2	0,9	0,9	3,5	8,7	10
(nach *Hann*)	10,9	10,6	8,4	9,0	6,6	5	2,2	0,9	0,9	3,5	8,2	10,1
Rel. Luftfeuchtigkeit	64,6	62,2	62,7	57,5	61,3	61,5	65,1	66,3	63,0	62,3	63,4	65,3
in %	64,8	65	68,4	59	63,5	62,6	63,4	67,4	62.0	63,6	60,9	67,1
(nach *Brown*)	68,2	69	66	63,4	65,9	65,5	—	—	—	—	66.0	68,3
Luftdruck	762,6	765,3	764,1	762,2	761.6	761,4	763,9	765,8	762,3	762,4	760,7	757,7
S. Lourenco (1901—09)	763,6	765,7	765,5	763,6	762,8	762,8	763	764	763,4	763,5	761,9	761,9
Für Porto Santo												
Temperatur	18,6	17,3	17,4	17,9	19,0	20,1	21,4	22,5	24	23,8	21,7	20
Regentage	5	15	15	16	11	4	5	7	2	8	17	19
Rel. Luftfeuchtigkeit	76,1	—	—	—	—	—	70,2	72,2	67,3	71,1	70	76
Luftdruck	761,2	—	—	—	—	—	763,5	763,2	761,6	762,3	762,3	763,1

9) EM = Elucidario Madeireuse. S. Lit.-Verz. Nr. 94. 10) Für S. Lourenço gültig.

drückt sich deutlich die vorwiegende Zugehörigkeit Madeiras zu dem Randgebiet des überaus beständigen Aktionszentrums des Azorenhochs aus. Nur in die Zeit des Beginns und Maximums der Hauptniederschläge fällt der relativ niedrige Barometerstand des Oktobers und Novembers, offenbar hervorgerufen durch das Südwärtsrücken der cyclonalen Zone der mittleren Breiten.

Über die Häufigkeit der Winde aus den verschiedenen Richtungen, ihre Stärke und namentlich Verteilung auf die einzelnen Jahreszeiten ist kaum Material zu erlangen. Mir liegen drei ungleichmäßig zustandegekommene Angaben vor, die hier nach einer Ausgleichung zusammengestellt sein mögen.

Windhäufigkeit in ‰ der Beobachtungen.

	N	NNO	NO	ONO	O	OSO	SO	SSO	S	SSW	SW	WSW	W	WNW	NW	NNW	Calmen
1827/28 (von 1000 Winden)	113		444		95		36		7		21		206		78		
1852/53 (ohn. Sommerbeobacht.!) (von 1000 Winden)	256	68	88	29	4	4	1	8	8	8	24	35	77	54	170	166	
1926 (amtl.) an Tagen des Jahres	193	23	332	6	74	6	43	9	28	3	54	0	79	0	133	17	0

Trotz aller verschiedenen Grundlagen und Methoden der drei Tabellen ergibt sich aus ihnen ein genügend klares Bild: zu 69 % herrschen die Winde aus N (d. h. NW bis NO) vor, auf alle andern von ONO bis WNW entfallen demgegenüber nur 31 %, auf den östlichen, südlichen und westlichen Quadranten also je nur 10 %, d. h. während 8 Monaten des Jahres herrschen nördliche Winde vor und von diesen wieder zu 71 % die nordöstlichen. Dieses aus Beobachtungen gewonnene Bild stimmt so sehr mit dem theoretisch zu erwartenden überein, daß an seiner Richtigkeit im großen jedenfalls nicht zu zweifeln ist.

Die Einzelbeobachtung von 1827/28 ergibt für die Verteilung der

Windrichtungen auf die Jahreszeiten folgendes. Von 1000 beobachteten Winden entfielen nach ihren Richtungen auf

	N	NO	O	SO	S	SW	W	NW
Winter . . .	221	332	66	55	22	28	221	55
Frühling . .	125	353	141	33	5	27	207	109
Sommer . .	36	690	65	11	0	0	141	57
Herbst . . .	71	401	110	44	0	28	253	93
Jahr	113	444	95	36	7	21	206	78

Deutlich prägt sich das Vorherrschen des NO, im Winter und Frühling auch der nördlichen Winde aus, nächst denen die westlichen Winde zu allen Jahreszeiten stark zurücktreten und im Sommer ihr Minimum zeigen, wogegen in derselben Jahreszeit der NO-Passat eine fünffache Überlegenheit zeigt. Die Windstärken sind im allgemeinen auf Madeira schwach; gelegentlich sind die frühjahrlichen NW-Winde (März) sehr stark und bringen den Höhen noch Schnee; der Januar kennt auch Stürme aus SW, der Februar Gewitterstürme aus O und OSO. Daß die westlichen Winde in der Regel für Madeira die heftigeren und rauheren sind, macht sich auch in der Pflanzenwelt deutlich bemerkbar: auf den gen Westen geschützten Talflanken ist die Vegetation dichter und steigt höher hinauf als auf den nach Westen blickenden; das zeigt sich, wie *J. M. Ziegler* hervorhebt, selbst in den dem Nordwind weit geöffneten Tälern der Nordseite wie den Tälern von Sao Vicente und Boa Ventura. Und da die Laurazeen und Kastanien heftigen Wind nicht lieben, so bilden sie die schönsten und dichtesten Waldungen in den gegen Westen geschlossenen Talungen wie im Medadetal. In noch höherem Maße tritt diese Tatsache bei empfindlicheren Kulturgewächsen in Erscheinung, u. a. bei der Dattelpalme und Banane.

Die vorherrschenden Passatluftströmungen erfahren auf Madeira mancherlei Modifizierungen, einmal durch besondere Verhältnisse im Osten der Insel, sodann durch Ausbildung einer lokalen cyklonalen Windzirkulation thermischen Ursprungs, ferner durch Land- und Seewinde und die ihnen verwandten Berg- und Talwinde.

1. Im Osten der Insel sollen sich die vom afrikanischen Kontinent her wehenden Winde eigenartig bemerkbar machen. In der Höhe zwischen 300 und 600 m hat hier *Wattier* eine ausgeprägte Trockenheitszone festgestellt, deren unteres Niveau nach Westen hin abnehmen und bei Funchal bis zur Küste reichen soll. Über untere, im

Abb. 9. Im Hafen von Funchal. Im Mittelgrunde die Stadt Funchal und die Höhen nordöstlich der Stadt. Im Vordergrunde links unter der Mauer der Quinta Vigia Aufschluß in Lavaströmen und Agglomeratmassen.

Abb. 10. Südküste Madeiras mit der Kirche S. Martinho. Deutlich erkennbar die Grenze des säulenförmig abgesonderten Basalts. Der Verlauf der Levada durch die Vegetation gekennzeichnet. Links vorne die Thunfischkonservenfabrik von Ponta da Cruz.

Abb. 11. Nordküste Madeiras östlich Sao Vicente. Kräftige Passatbrandung. Gewaltiger Geröllstrandwall mit z. T. ansehnlichen Blöcken. Steiles Felskliff.

Abb. 12. Nordküste Madeiras westlich Sao Vicente mit Blick auf Seixal. Passatbrandung. Steiles Kliff. Stufenmündung.

Kontakt mit dem Meere befindliche feuchtere und kühlere Luftschichten gleiten warme, trockene afrikanische Kontinentalwinde nach Westen hin, besonders, wenn über der Sahara oder dem Atlasgebiet ein ausgeprägtes Hoch und über Madeira ein relatives Tiefdruckgebiet lagert. Jene warmtrockenen Strömungen erreichen die Ostseite Madeiras in 300 bis 600 m Höhe und verursachen hier jene oben erwähnte Trockenheitszone. Uns will dagegen mehr scheinen, daß diese Zone eine Windbahn des Nordostpassats darstellt, der in solch niedrigem Niveau austrocknende Wirkung zeigt. Auch *M. Vahl* kommt auf Grund seiner Vegetationsuntersuchungen zu einer solchen Annahme. Infolge Ablenkung durch das Gebirge soll jener selbe von Afrika kommende Wind nach Wattier bei Funchal bis zur Küste herabgehen und gelegentlich in der Bucht von Funchal eine leichte Kräuselung des Meeres verursachen, während gleichzeitig im Osten der Insel die See ruhig ist. Ein derartiges Absteigen heißer, trockener Luft muß jedoch bezweifelt werden; vielmehr wird die Kräuselung der See unter den gegebenen Umständen die Folge einer leichten

2. zyklonalen Windzirkulation thermischen Ursprungs um die Insel sein, wie sie *P. Perlewitz* vom 11. Juni 1924 beschrieben hat. Zur Zeit stärkster Insolation, also im Hochsommer, und zwar in den ersten Nachmittagsstunden scheint die heiße Luft über der Insel emporzusteigen und am Boden bzw. über dem benachbarten Meere eine Druckerniedrigung, damit aber auch eine zyklonale Windzirkulation von der Windstärke 3—4 zu verursachen; diese ist im Osten der Insel der Richtung des Passats entgegengesetzt und ruft daher nahezu Windstille hervor, im Westen der Insel dagegen ist sie gleichsinnig mit dem NO-Passat und vermag diesen bis zum Sturm zu verstärken. Diese lokale Zyklonalzirkulation scheint die Ursache für die von *Wattier* mitgeteilte Erscheinung zu sein, daß bei OSO-Wind im Osten der Insel Meeresstille herrscht, während gleichzeitig die Bucht von Funchal eine leichte Kräuselung der See aufweist. Im O muß aus dem Zusammenwirken des Passats mit dem durch die Insel erzeugten zyklonalen Wind nahezu Windstille resultieren, da beide Strömungen einander entgegengesetzt sind; im S dagegen, in der Bucht von Funchal muß aus Passat und zyklonalem Wind ein solcher aus nordwestlicher Richtung resultieren, wie er auch von *Perlewitz* tatsächlich beobachtet ist.

3. Wo größere Land- und Wassermassen aneinander grenzen, da bilden sich neben den planetarischen Winden in regelmäßigem Wechsel Land- und Seewinde aus, indem über dem bei Tage stärker als das Meer erwärmten Lande die aufsteigende Luft in mäßiger Höhe

gegen das Meer hin abfließt, während zur Kompensation der abströmenden Luftmassen und infolge Steigens des Luftdrucks über dem Meere der Seewind als Unterströmung gegen das Land hin weht, das er in den Vormittagsstunden trifft. Am Abend setzt nach kurzer Windstille die umgekehrte Bewegung ein, da sich nachts das Land stärker abkühlt als das Meer: die Oberströmung führt zum Lande hin, nahe der Erdoberfläche zeigen sich ablandige Winde [11]). Dieser halbtägige Wechsel von Land- und Seewinden macht sich auch auf Madeira sehr stark geltend, aber vornehmlich auf der Südseite, die im Windschatten des Passats liegt. An der Nordküste vermag sich dieses Windsystem gegen den Passat nur durchzusetzen, wenn dieser sehr schwach ist. Im übrigen aber unterliegen diese Verhältnisse häufigerem Wechsel, da ja Madeira nur in der Wurzelzone des Passats liegt und nicht von diesem ausschließlich beherrscht wird. In ihrer Wirkung sind die Land- und Seewinde für die Insel gleichwertig mit den

4. Berg- und Talwinden, jener bei Nacht, dieser bei Tage. Solch täglicher Wechsel beruht auf der ungleichmäßigen Erwärmung der Talniederungen und Hänge und der damit verbundenen Störung der Flächen gleichen Drucks, die tagsüber eine Neigung gegen den Berghang zeigen, nachts eine umgekehrte. Verstärkt wird dieses halbtägige Windsystem durch das gleichzeitige und ihm gleich gerichtete der Land- und Seewinde. Beide zusammen verursachen zugleich mit dem Passat die eigenartigen

Bewölkungsverhältnisse und die verschiedengradige Verteilung der Niederschläge im weiteren Sinne auf der Insel.

See- und Talwind beginnen auf der Südseite der Insel im Windschatten des Passats am frühen Vormittag und führen an der Südflanke des Gebirges bzw. in den Tälern feuchtere Luft empor, deren Wasserdampf sich zu Nebel kondensiert. Dieser setzt Sommers etwa gegen 10 Uhr vormittags in 600 bis 700 m, im Winter schon unterhalb 500 m ein und schützt während des ganzen Tages die höheren Teile der Südflanke sowie den größeren Teil des Hochlandes gegen zu starke Insolation; die Luft ist hier mit Wasserdampf gesättigt. Gegen Abend aber führen Land- und Bergwind die feuchtere Luft nach unten in wärmere Regionen, es tritt sehr schnell Sättigungsdefizit und Auflösung des Nebels ein. Die Nacht ist sternenklar, die Ausstrahlung daher ungehindert. Da See- und Talwind den Nebel

11) Der Seewind wird *Embate* genannt und beginnt, an der Südküste meist aus Südwesten, gegen 8—9 Uhr morgens; der Landwind oder *Terral* beginnt, meist aus Nord oder Nordost, gegen 9—10 Uhr abends und dauert bis zur Morgendämmerung. Zwischen beiden Winden ist Windstille.

längs der Täler aufwärts führen, so zeigen diese häufig eine Beschattung, während andererseits die Zwischentalrücken über den Nebel hinausragen und der ungeminderten Insolation ausgesetzt sind. Demgegenüber werden Land- und Bergwind am Talboden gehemmt, wo durch Wärmeausstrahlung Boden und Luft abkühlen und der Wasserdampf zu Nebel kondensiert wird, der die Nacht über am Talboden liegt. Anders dagegen auf der N o r d s e i t e, in Luv des Passats. Dieser hat in der Regel ein bedeutendes Übergewicht über jene Winde mit halbtägiger Periode und verstärkt den täglichen See- und Talwind, so daß die nördlichen Luftströmungen der Nordflanke aus drei Komponenten resultierten und daher recht kräftig sind, was man, von Süden kommend, beim Überschreiten der Pässe besonders deutlich empfindet, indem man zuzeiten genötigt ist, sich gegen den starken und feuchten Wind, welcher einem feinen Sprühregen ins Gesicht peitscht, kräftig vorwärts zu arbeiten. Nachts dagegen vermögen der vereinte Land- und Bergwind gegen den Passat anzugehen, wenn dieser, nun auf sich selbst angewiesen, nicht kräftig genug ist. Das ist aber keineswegs immer der Fall; oft wird der nächtliche Passat nur abgeschwächt; dann aber sind Land- und Bergwind nicht in der Lage, die feuchte Luft von den Höhen herabzuführen, die Nacht ist dann nicht klar, die Ausstrahlung geringer und die „Sträucher können unter dem Einfluß der Wärmeausstrahlung von Wasser triefen“ *(Vahl)*. So ist also die Nordflanke allgemein atmosphärisch feuchter und der Nebel setzt Sommer wie Winter unter Umständen schon in 200 m Höhe ein.

Der Passat nun überwindet das ihm entgegenstehende Hindernis des madeirensischen Gebirges auf doppelte Weise, einmal, indem er es im Westen und Osten umgeht,. sodann, indem er den zentralen Gebirgskamm an den tiefsten Stellen überschreitet. Auf der Südflanke fallen diese Luftströmungen nach unten ab, wobei sie sich dynamisch erwärmen, aber auch den aufwärtsstrebenden See- und Talwinden begegnen, ü b e r die sie nach Süden hinweggleiten. Mit stärkerem Fallen setzt auch wieder Auflösung der Wolken ein. Dieses Zusammentreffen von Passat und Talwind auf der Südseite unterhalb der Zentralgebirgspässe hat lokal besondere Bedeutung, indem es den obersten Talpartieen der Südseite Feuchtigkeit zuführt. *M. Vahl* hat in seiner trefflichen Arbeit über die Vegetation Madeiras hierauf aufmerksam gemacht. „Am Tage streicht der Passat über den Paß (Encumeada de Sao Vicente), vereint sich mit dem Talwinde der Südseite und biegt, mit Dampf gesättigt, ostwärts und streicht durch die Seitentäler von Serra d'Agua empor, wo seine Nebel auf dem Gebirgsrücken, der Pico Grande mit Terra de Fora verbindet, mit den Nebeln zusammentreffen, welche durch Curral das Freiras hinaufsteigen. Es ist ganz eigentümlich, auf dem genannten Rücken zu stehen und zu beobachten, wie die Nebel zusammenstoßen, um vom Winde gegriffen, südwärts geschleudert und aufgelöst zu werden.“

Die obere Grenze all dieser Wolken schwankt i. a. zwischen 1200 und 1400 m Meereshöhe, so daß nicht unbeträchtliche Teile der Insel in eine über den Wolken und in deren oberem Teil, der trocken ist,

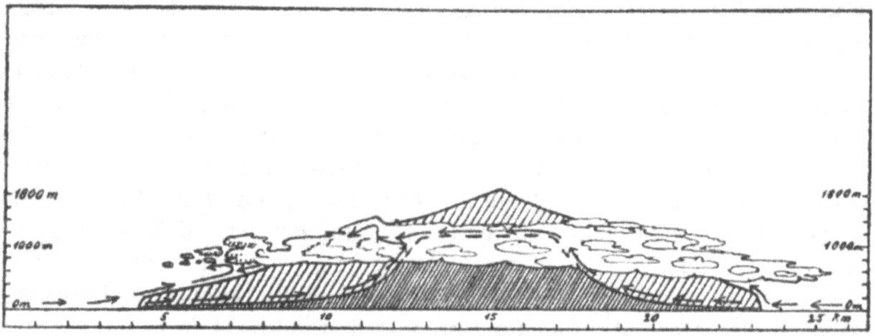

Fig. 12. Wolkenbildung auf Madeira.
Die Pfeile geben die Richtung der Luftströmungen an. Durch die Linie an der Grenze der engen Schraffur ist das Niveau der Talsohlen und Pässe markiert.

gelegene höhere Zone der Trockenheit hinaufragen. Hier bildet sich also ein Übergangsgürtel zwischen der ständig nebeligen und der fast ebenso ständig wolkenlosen Region aus, der pflanzengeographisch ebenso hervortritt.

L o k a l e E i n f l ü s s e. Die vorangehenden Ausführungen haben uns schon mitten in die Beantwortung der Frage hineingeführt, inwieweit das durch die Lage der Insel auf unserer Erde bedingte Klima Madeiras durch lokale Einflüsse vor allem Bodengestaltung und, wie noch gezeigt wird, Meeresströmungen abgewandelt wird. Gerade die Bodengestaltung verhindert ja die Übertragung der Funchaler meteorologischen Beobachtungswerte auf die g a n z e Insel.

Der Einfluß der B o d e n g e s t a l t u n g auf das Klima Madeiras äußert sich in einer klimatischen Höhengliederung. Leider fehlen für deren genauere Kenntnis fast alle Aufzeichnungen. *Power's* Guide (S. 19) teilt einige *Temperatur*-Werte für die verschiedenen Höhen mit, doch ist deren Quelle nicht bekannt.

	Meeres-niveau	600 m	1200 m	1800 m
August/September Max. . .	27,8	24,5	21,1	20,0
„ „ Min. . .	21,1	18,9	17,2	15,6
Januar/März Max. . .	21,1	18,3	15,6	14,5
„ „ Min. . .	12,8	10,0	7,2	4,5
Mit Schnee im Gebirge . .	8,5	5,6	— 1,1	— 2,2

Menezes vermittelt die Kenntnis einiger Temperaturmittel aus größerer Höhe; jene betrugen am Poisohaus in 1400 m Höhe im Juni bis November 1894: 13,4 °, am Pico Arieiro in ca. 1700 m Höhe im Juni bis Oktober 1895: 12,2 °. Die Luftfeuchtigkeit betrug in der gleichen Zeit am Poiso 58,8 %, am Areeiro 65,6 %.

Für das über dem Wolkengürtel gelegene Hochland Madeiras berechnet *M. Vahl* die Mitteltemperaturen für den kältesten und wärmsten Monat unter Zugrundelegung einer Temperaturabnahme von 0,6 ° auf 100 m. Er ermittelt auf solche Weise für 1200 m Höhe: 8,5 ° für den kältesten, 15,5 ° für den wärmsten Monat, für 1900 m Höhe: 4,3 ° und 11,3 °. Es muß aber erwogen werden, ob die stärkere Insolation bei Tag die überaus starke nächtliche Ausstrahlung kompensiert und diese letzte das tägliche 24stündige Temperaturmittel nicht noch herabdrückt. Nach Elucidario Madeirense soll das Thermometer in Paul da Serra, wenn Funchal 14 ° hat, auf 0 ° oder unter 0 ° zeigen.

White machte 1850 folgende Beobachtungen in Machico und Santo da Serra:

Machico:		S. Antonio da Serra (700 m)		
	Temp.		Temp.	Luftfeuchtigk.
Juni	19,35	Juni	17,03	76%
Juli	21,10	Juli	18,03	76%
August	21,16	August	18,40	72%
September	21,12	September . . .	—	—

Dankenswerterweise hat der deutsche Konsul in Funchal, Herr *E. Gesche,* seit dem 24. August 1928 in seiner 278 m hoch gelegenen Quinta Olavo tägliche Temperaturbeobachtungen angestellt, d. h. 24stündige Maxima und Minima aufgezeichnet, leider ohne gleichzeitige Messungen in der Stadt selbst. Wenn auch diese erst vor kurzem begonnenen Aufzeichnungen nicht auf mehrfachen täglichen Ablesungen beruhen, und obgleich ich nicht weiß, ob das benutzte Thermometer gegen Strahlungs- und andere Einflüsse geschützt ist, so halte ich es doch für angebracht, *Gesches* Angaben zu verwerten und die ermittelten Resultate unter Vorbehalt mitzuteilen. Für die Zeit vom 24. August 1928 bis 17. März 1929 ergeben sich folgende Temperaturwerte für 278 m Höhe:

	Monatsmittel	Mittlere 24-stünd. Schwank.	Mittl. Maxim.	Mittl. Minim.	Absol. Max.	Absol. Min.
August[12]) . .	19,6°	6,5°	23 °	16,4°	25	16
September . .	19,5°	5,4°	22,2°	16,8°	26	15
Oktober . . .	18,3°	5,2°	20,7°	15,7°	24	14
November . .	17,0°	6,9°	20,5°	13,6°	25	12
Dezember . .	14,8°	6,8°	18,2°	11,4°	22	10
Januar	14,6°	4,9°	17,0°	12,2°	22	10
Februar . . .	13.8°	6 °	16,8°	10,7°	22	9
März[12]) . . .	14,2°	4,7°	16,0°[12])	11,2°	20[12])	10

Der Einfluß der Bodengestalt auf die *Niederschläge* im Sinne von Regen ist weniger bedeutend. Oben, auf S. 50, war die Rede nur von atmosphärischer Feuchtigkeit und Nebel, also von Kondensationsformen, die nicht eigentlich mit Niederschlag im Sinne von Regen identisch sind. Dieser letzte wird durch die Bodengestaltung zwar beeinflußt, aber offenbar — soweit man darüber ohne genaues Zahlenmaterial urteilen kann — nicht entfernt in ähnlichem Maße wie in unseren Breiten, wo z. B. schon im Regenschatten des nur 850 m hohen Rheinischen Schiefergebirges, in Waldeck, die jährliche Niederschlagsmenge auf 50 % der des Gebirges herabgemindert wird. Ganz anders auf Madeira, wo die vorherrschenden nördlichen bis nordöstlichen Winde (Passatwurzeln) einen über 1800 m hohen Kamm zu passieren haben. Die im Luv gelegene Nordseite ist nach Ausweis der Vegetation im Sommer fast ebenso regenarm wie die südliche Leeflanke; nur im Winter fällt dort eine etwas höhere Regenmenge als hier [13]). Denn der sommerliche Passat ist namentlich in der Nähe des die Neigung zur Trockenheit in sich tragenden Luftdruckmaximums der Azoren als seiner Ausgangsregion ein trockener Wind, der nur wenig Regen liefert, zumal in ihn auch andere, aus dem Norden kommende Winde übergehen, deren Sättigungsköeffizient infolge der Erwärmung größer wird. Aber da der Passat an der Luvseite zum Aufsteigen gezwungen wird, findet mit wechselnder Abkühlung eine Kondensation des Wasserdampfes als z. T. starke Wolken- und Nebelbil-

12) August und März nur teilweise; daher der niedrige Wert für mittl. und absolutes Maximum.

13) Vgl. *W. Koeppen,* Klimate der Erde, 1923, S. 294.

dung statt, deren untere Grenze stark wechselt, auf der N-Seite schon bei 200 m liegen kann, i. a. aber etwa 400 m seltener unterschreitet, auf der S-Seite bei etwa 700 m liegt; auch empfangen dadurch die höheren Regionen zweifellos mehr Feuchtigkeit. Weitaus am häufigsten fallen die Niederschläge in den verschiedensten Formen bei 1000—1100 m Höhe, wie sich besonders gut im Winter beobachten läßt, wo in diesem Niveau Schnee und Hagel größte Mächtigkeit und längste Lebensdauer haben, mehr als in den noch höher gelegenen Teilen. Wie die Temperaturtabelle der S. 53 zeigt, sinkt bisweilen auf den Höhen des Gebirges die Temperatur unter den Gefrierpunkt, so daß Niederschläge in dieser Zeit als Schnee fallen; dieser bleibt jedoch nicht lange liegen. Unterhalb 750 m am Nordhang und unterhalb 900 m am Südhang kennt man überhaupt keinen Schnee. [Die untere Grenze ewigen Schnees würde auf Madeira bei etwa 3500 m liegen.] Nach andern Quellen liegt die Zone, in der Schnee fällt, zwischen 1200 und 1500 m Höhe. Nach *Wattier* soll Schnee unterhalb von 1200 m noch nie beobachtet worden sein, wohl Hagel, der sogar bis 600 m herabreicht (Monte Palace Hotel).

Es ist bezeichnend, daß die Hauptschnee- und -hagelregion nach oben hin nicht über 1400 m hinaufreicht; hier beginnt mit der Gipfelregion bereits wieder eine über den Wolken gelegene höhere Zone der Trockenheit, deren Existenz auch pflanzengeographisch durch die „obere Maquisregion" belegt ist.

Mithin läßt sich höhenklimatisch Madeira in vier bis fünf Regionen gliedern: zu unterst das periodisch trockene, sommerheiße Küstenland, etwa bis in 300/400 m Höhe. Aber auch im Winter müssen hier Zeiten stärkerer Luftfeuchtigkeit und Niederschläge mit recht trockenen Perioden wechseln, wie der Vegetationscharakter lehrt; denn die einjährigen Kräuter der Andropogontrift, die hier nie einen Sommer durchleben, zeigen die den xerophilen Pflanzen eigentümlichen Schutzeinrichtungen gegen Trockenheit. Als zweite Zone folgt eine ebenfalls periodisch trockene, thermisch etwas gemäßigtere Region bis in 600 m Höhe. Hieran schließt sich drittens ein Übergangsgebiet stärkerer Befeuchtung an, das nicht scharf abzugrenzen ist gegen die vierte, Cumbre-Wolkenregion mit Niederschlägen zu allen Jahreszeiten; das Kerngebiet dieser Region liegt bei 1000—1100 m. Nach oben hin geht sie spätestens bei 14/1500 m Höhe über in die fünfte, die obere Trockenzone.

Diese klimatische Gliederung in verschiedene Höhenregionen, deren Grenzwerte nicht linear scharf und auch nur für die Südseite gültig sind, prägt sich pflanzen- und kulturgeographisch überraschend deutlich aus, wie spätere Kapitel zeigen werden. Hierin liegt die stärkste Beeinflussung des Klimas Madeiras durch die Bodengestaltung.

Diese führt weiter, wenn auch weniger stark hervortretend zur Ausbildung lokaler Winde, so einer Art *Föhn,* der als relativ trockener warmer Passat von N bis NO kommend etwaige Feuchtigkeit am Nordhang der Insel niederschlägt und sich nach Überschreiten oder Umgehen des Kammes beim Herabfallen nach S dynamisch erwärmt und als trockener, heißer (Sommer-)Wind nicht selten heftig in Lee des Passats weht[14]). Dieser Föhn ist nicht zu verwechseln mit einem andern ähnlich erscheinenden, aber anders gearteten, dem *L'Este,* der als afrikanischer Wüstenwind betrachtet wird, sehr heiß (26—32° im Schatten) und trocken (Luftfeuchtigkeit nur 13 %), von einer gleichmäßig blauen, reinen Atmosphäre begleitet ist und über 8 Tage anhält, nach *Hann* namentlich Sommers. Ihm nahe verwandt ist der *Harmattan*[15]), ein sehr trockener, östlicher Wind mit 5- bis 6tägiger Dauer, von unsichtiger Luft begleitet, der Wüstenstaub (Passatdunst oder -staub) und Insekten mitführt und meist im Februar, selten im August auftritt. Staubfälle, die dabei auf den Canaren und Cap Verden häufig sind[16]), treffen Madeira höchst selten und auch dann nur in geringstem Maße. Diesem Wind folgt meist Regen. Der L'Este und Harmattan werden auch als *Scirocco* bezeichnet und dürften in der Tat mit dem echten Scirocco des Mittelmeergebietes verwandt sein, der hier als Süd-, auf Madeira dagegen als Ostwind auftritt. In beiden Fällen kann er von Staubfällen begleitet sein, der je nach der Farbe als „Blut"- oder „Milchregen" bezeichnet wird, auf Madeira aber selten ist[17]). Die Schilderung, die *A. Philippson*[18]) von ihm für das Mittelmeergebiet gibt, stimmt genau mit der *G. Schotts*[19]) für die westafrikanischen Inseln überein. Wie *Philippson* nun u. E. mit Recht den „freien" Scirocco des Mittelmeergebiets nicht lediglich als einen Wüstenwind, sondern als einen über der Sahara in freier Atmosphäre herabstürzenden, sich dynamisch erwärmenden föhnartigen Fallwind betrachtet, so scheinen ganz ähnliche Bedingungen auch

14) Vgl. *J. Hann,* Handbuch der Klimatologie, Bd. III, 3. Aufl., 1911, S. 55.

15) Handb. d. nordatl. Inseln, 1914, S. 42f.

16) Vgl. sehr ausführlich: Segelhandbuch für den atlantischen Ozean, hrsg. v. d. dtsch. Seewarte, 3. Aufl., 1910, S. 128—145.

17) Ebda.

18) *A. Philippson:* Das Mittelmeergebiet, 4. Aufl., 1922, S. 97.

19) *G. Schott,* a. a. O., S. 230.

für den l'Este Madeiras und der westafrikanischen Inseln vorzuliegen, da er sowohl wie die Staubfälle nach Ausweis der synoptischen Wetterkarten stets mit starken atmosphärischen Störungen über der Sahara verbunden sind. Ein Mittel- und Südwesteuropa überlagerndes Hochdruckgebiet zeigt an seinem Südrand östliche Winde, die den L'Este (und Staub) von O nach W zu führen vermögen. Weiter südlich geht dieser dann in die kräftigere NO-Passatbewegung über. Das erklärt auch, daß weniger Madeira als vielmehr die Canaren und Kap Verden von diesen Vorgängen betroffen werden. Auch eine Verlagerung des Azorenmaximums nach O ruft gleiche Bedingungen für den l'Este hervor, theoretisch auch ein südlich Madeira gelegenes Tiefdruckgebiet; da aber ein solches meist mit Regen verbunden ist, ändern sich die Voraussetzungen.

Der sogen. „*Madeirasturm*“ [20]) ist selten und über seinen Verlauf ist nicht viel mehr bekannt, als daß die Wirbel unter lokalem Hin- und Herschwanken sich lange in derselben Gegend aufhalten und bei steigendem Luftdruck hohe, wilde See, Blitzen, St. Elmsfeuer, starke Regen und unbeständige, oft flaue Winde zeigen, auf die dann orkanartiger Sturm aus südlichen Richtungen folgt.

Endlich sind kurze, aber heftige, aus NO und O wehende Gewitterböen, sog. *Tornados* [21]) der westafrikanischen Gewässer zu erwähnen, die gegen den zur Zeit herrschenden, meist südlichen Wind heraufziehen und sich lange vorher ankündigen. Ihr erster Windstoß ist zugleich der stärkste. Sie treten meist vormittags von Februar bis Mai und im November auf. Ihre Ursachen können verschiedener Art sein wie Temperaturanomalien, Wärmeüberschußwirbel in flachen Luftdruckrinnen an der Grenze der großen Windsysteme oder beim jahreszeitlichen Wechsel, vielleicht auch Temperaturunterschiede (Golfstrom!) nebeneinanderher fließender Luftströmungen u. dgl. [22]). Andere wieder, vielleicht die meisten, nehmen ihren Anfang aus Stücken größerer Wirbel, die sich auf den nördlich vom Gebiet liegenden Zugstraßen bewegen, und entwickeln sich zu großer Stärke [23]).

Alle diese Depressionen sind meist auf die Zeit von Mitte Oktober bis Mitte Dezember beschränkt und unterdrücken oft den Passat in dieser Zeit, indem sie westliche Winde erzeugen. Sie treten durchaus nicht immer als Sturm auf, sondern zeigen oft nur Windstärken von 4—6.

20) Handb. d. nordatlant. Inseln, 1914, S. 32 ff. 21) Ebenda S. 43 f.
22) *G. Braun*, Physiogeographie, 2. Aufl., 1917, Bd. I, S. 45.
23) Segelhandb. S. 202.

IV. Der Boden.

Die bei allen Einzel-Unterschieden im ganzen doch große Gleichartigkeit der Gesteine und des Klimas Madeiras haben einen nach seinem ganzen Charakter, insonderheit seiner chemischen Zusammensetzung ziemlich gleichmäßigen Boden entstehen lassen, dessen Gründigkeit durch die Oberflächengestaltung bestimmt ist. Der große Mangel an ebenen, flachwelligen oder nur sanft geneigten Oberflächenformen ist der Entstehung von Eluvialböden nicht günstig; die klimatischen Verhältnisse wieder verhindern in weiten, und zwar gerade den verhältnismäßig flachgeböschten Teilen der Insel das Aufkommen einer dichten, den ganzen Boden verhüllenden und zusammenhaltenden Pflanzenbedeckung, so daß das gegenseitige Verhältnis zwischen Verwitterung (Gesteinsaufbereitung) und Abtransport nicht gerade zugunsten der Bodenbildung steht. Auf den steilen Böschungen der Talflanken, der Kurrals wie überhaupt der zentralen Teile der Insel erreicht die Gesteinsaufbereitung kein höheres Ausmaß; der Schutt wird in gröbster Form abtransportiert und nackter Fels immer neu exponiert. Nirgends erreicht hier die Zerstörung der Gesteine größere Tiefe. Die ganze Insel ist noch sehr intensiv in „aufsteigender Entwicklung" begriffen, die Gewässer zeigen bis zum Meer ein Gefälle, wie es die Alpenflüsse selbst in ihrem Oberlauf nur ausnahmsweise aufweisen [1]); daher ist ihre Fähigkeit, Schutt zu transportieren, außerordentlich groß, wenigstens im Winter. Ein Blick in die sommerstrockenen, von gewaltigsten Gesteinstrümmern erfüllten Flußbetten beweist dies zur Genüge. So erklärt es sich auch, daß Schuttkegel und -halden bisher auf Madeira nicht eine noch größere Rolle spielen. Wohl macht die Gegend westlich von Funchal den Eindruck, als ob sie eine einzige riesige Schutthalde wäre, die den Fuß des zentralen Gebirgslandes völlig verhüllte; aber auch hier fehlt eigentlich tiefgründiger Boden. Mehrere Meter tief gehende regionale Verwitterung zeigt nur der Nordwesten der Insel im Bereich des Janellatals und westlich davon, wo die oberflächenbildenden Lavadecken vollständig zersetzt sind. Leidlich tiefgründigen Boden weisen im übrigen nur — von den Kulturterrassen abgesehen — lokal engbegrenzte Gebiete auf, wie die kleine Hochebene von San Antonio da Serra, die Gegend von St. Anna u. a. Die Macchien gedeihen vornehmlich auf flachgründigem Boden, meist auf felsiger Unterlage; auch in der Airopsistrift zeigt sich oft ein flacher Boden mit nur wenig Erde. Und

---

1) *J. M. Ziegler*: Physikalisch-geographische Skizze der Insel Madeira. Pet. Mitt. 2, 1856, S. 146ff

gerade diese Vegetationsformationen nehmen, wie unten gezeigt wird, ein recht beträchtliches Areal der Insel für sich in Anspruch.

Feinkörnige alluviale Böden sind höchst selten auf Madeira. Die Küste kennt sie überhaupt nicht bis auf den winzigen Sandstrand der „Praia Formosa" (= Guter Strand) zwischen Camara de Lobos und Funchal am Rande einer mit Basaltblöcken übersäten Bucht und in der Nähe der Fossil beds, am Fuße der Kirche Nossa Senhora da Piedade auf der Halbinsel Sao Lourenço. In geringem Maße finden sie sich in einigen Tälern und auf höheren Flußterrassen. Sandhügel und Dünen zeigt nur die Einsenkung der Sao Lourenço-Halbinsel östlich von Caniçal, die, fast völlig vegetationslos, eine ausgesprochene Windbahn des Nordostpassats darstellt. Sonst aber sind die alluvialen „Böden" durch grobes bis gröbstes Material gekennzeichnet wie in den Flußbetten und am Meeresufer.

Charakteristisch für die Zusammensetzung des Bodens Madeiras ist einmal die schwache Humusbildung, die ja auch anderen heißen Gebieten eigentümlich ist, und der geringe Kalkgehalt. Tuffe, Laven und Breccien verwittern zu lockerem, rotgelblichem Ton und Lehm, der namentlich im Winter, zur Zeit der stärksten Niederschläge, von Wasser durchtränkt plastisch-schmierig wird und Anlaß zu Bodenbewegungen gibt, sei es, daß er selbst in Bewegung gerät oder als Gleitfläche für darüberlagernde Gesteinsmassen dient und so Bergstürze veranlaßt, wie sie gegenwärtig gerade, gegen Ende des Winters 1928/29 die Gegend von Sao Vicente in katastrophaler Weise betroffen haben. Bewegungen dieser Art werden sich gerade auf der Nordseite Madeiras und hier wiederum in den tiefer gelegenen Zonen am meisten bemerkbar machen, welche die heftigen Regengüsse mit größerer Gewalt treffen als die in die Wolken hinaufragenden Teile des Gebirges, wo meist eindringlicherer, aber feinerer Rieselregen herrscht[2]). In den niederen Zonen macht sich der Einfluß des halbtrockenen, warmen Klimas in dem Zurücktreten der Humussubstanzen zugunsten der Eisenoxydhydrate geltend, so daß hier die ockerfarbigen, braunen, ja oft zinnoberroten Böden vorwalten, die selbst in der Ackererde arm an organischen Bestandteilen sind. In den höheren Lagen fehlt nennenswerte Rohhumusbildung auch, und der Boden zeigt auch hier die rote oder ockerige Farbe des verwitterten Tuffs oder der Lava, die an der Oberfläche durch Auswaschung geschwächt ist; aber immerhin häufen sich hier, soweit die Böschungsverhältnisse die Bildung kulturfähigen Bodens überhaupt gestattet haben, infolge kühlerer Temperaturen humose Substanzen doch etwas mehr an und lassen

2) *Hartung* a. a. O. S. 35 f.

als färbende Stoffe auch braune, selbst schwärzliche Böden entstehen; namentlich innerhalb der Wolkenregionen entsteht Mull. Nach den neuesten Bodenanalysen [3]) des Lissaboner agronomischen Instituts, die auch von *Wattier* genau mitgeteilt werden, ergeben sich für die verschiedenen Bodenproben aus fast allen Teilen Madeiras im einzelnen starke Unterschiede nach ihren chemischen Bestandteilen, je nach ihrer Herkunft. Im allgemeinen aber zeigen sie bei mehr oder minder gutem Eisen- und Phosphorsäuregehalt eine Dürftigkeit an Kali und Armut an kalkigen Substanzen. Es ist eigenartig, daß in der Tat beinahe alle die Pflanzen, die *Warming* und *Graebner* als angeblich kalkfliehende anführen [4]), auf dem kalkarmen Boden Madeiras Bestandbildner sind wie Erica-Arten, Genista, Pinus maritima, Ulex, Castanea, Pteridium aquilinum. Obere Grenze des Gehalts an kohlensaurem Kalk für diese Pflanzen soll 0,02 bis 0,03 % sein. Auf Porto Santo liegen die Verhältnisse völlig anders, hier herrscht ein Überreichtum an Kalkgehalt. 94 Bodenproben der verschiedensten Kantone ganz Madeiras zeigten folgende Verhältnisse:

	Gewicht v. 1 l Erde in g	Gehalt in % an			
		Stickstoff	Kali	Kalk	Phosphorsäure
Im Durchschnitt	1127	0,130	0,098	0,336	0,143
Extreme Werte	1530	0,508	0,791	1,375	0,489
	875	0,008	0,024	0,016	0,009

Der Grad der Fruchtbarkeit, soweit hierfür der Gehalt an Nährstoffen bestimmend ist, möge aus folgender Tabelle erschlossen werden, deren

		I. Sehr arm %	II. arm %	III. mittel %	IV. gut %	V. reich %
Stickstoff	a)	0,05	0,05—0,1	0,1	0,1—0,2	0,2
	b)	0,02—0,03	0.03—0,06	0,06—0,1	0,1—0,2	0,2—0,3
Phosphorsäure	a)	⟨ 0,01	0,01—0,05	0,05—0,1	0,1—0,2	⟩ 0,2
	b)	0,02—0,04	0,04—0,07	0,07—0,1	0,1—0,15	0,15—0,25
Kali	a)	⟨ 0,05	0.05—0,1	0,1—0,15	0,3	0,5
	b)	0,02—0,03	0,03—0,06	0.06—0,1	0,1—0,15	0,15—0,22
Kalk	a)	Spuren	0,05	0,1—1	1—2	⟩ 2
	b)	0,05—0,10	0,1—0,25	0,25—0,5	0,5—1,5	1,5—3,0

3) Bull. Inst. agron. de Lisbonne, **1911**, Nr. 6.

4) *E. Warming* u. *P. Graebner*: Lehrbuch der ökologischen Pflanzengeographie. 3. Aufl. 1918, S. 120.

unter a verzeichnete Werte z. T. für Madeira zutreffen; zum Vergleich haben wir entsprechende Werte für anspruchsvolle Kulturpflanzen Mitteleuropas nach *Wohltmann*[5]) unter b hinzufügt.

Die Verteilung der 94 Proben nach ihrem verschiedenen Nährstoffgehalt auf die fünf Fruchtbarkeitsklassen ergibt folgendes Bild:

Bodenklasse	Von 94 Bodenproben entfielen auf die verschiedenen Bodenklassen nach dem Gehalt an			
	Stickstoff	Phosphorsäure	Kali	Kalk
I	8	1	16	2
II	30	20	49	25
III	16	20	23	65
IV	25	31	4	2
V	15	22	2	—

Bonitiert man statt in 5 nur in 2 Gruppen, reich und arm, so sind von 94 Proben gleichzeitig r e i c h an *allen* Bestandteilen 0, an *3* (dabei stets Stickstoff) Bestandteilen: 13, an *2* : 38, a r m an *3* Bestandteilen: 35, an *allen:* 8[6]).

5) *Wohltmann:* Nährstoffkapital westdeutscher Böden. Bonn 1901.

6) Von den 55 stickstoffreichen der 94 analysierten Böden sind gleichzeitig

arm an allen andern Bestandteilen 19
reich „ „ „ „ 0
„ „ Phosphorsäure, arm an andern Bestandteilen 13
„ „ Kalk, „ „ „ „ 9
„ „ Kali, „ „ „ „ 1
„ „ Phosphorsäure und Kalk, arm an andern Bestandteilen 10
„ „ „ „ Kali, arm an andern „ 2
„ „ Kalk „ „ „ „ „ „ 1

Von den 53 phosphorsäurereichen Böden sind gleichzeitig

arm an allen andern Bestandteilen	13	reich an Pottasche	3
reich „ „ „ „		„ „ Kalk und Stickstoff . .	10
„ „ Stickstoff	13	„ „ Kali und Stickstoff . .	2
„ „ Kalk	12		

Von den 35 kalkreichen Böden sind gleichzeitig

arm an allen andern Bestandteilen	3	reich an Phosphorsäure . . .	12
reich an Stickstoff	9	„ „ Stickstoff u. Phosphors.	10
„ „ Kali . i	0	„ „ Kali und Stickstoff . .	1

Von den 7 kalireichen Böden sind gleichzeitig

reich an Phosporsäure. . . .	3	reich an Stickstoff u. Phosphors.	2
„ „ Stickstoff	1	„ „ „ „ Kalk . .	1

Hieraus ergibt sich, wie außerordentlich individuell der Boden Madeiras in bezug auf Düngung überhaupt, besonders aber für die verschiedenen Kulturpflanzen zu behandeln ist.

V. Pflanzen- und Tierwelt.

Pflanzengeographie. Der flüchtige Reisende, dem etwa zum Abschluß einer Mittelmeergesellschaftsreise noch ein Blick in die Wunderwelt Madeiras geboten wird, muß in der Regel ein festes Besichtigungsprogramm erledigen, das in einer Fahrt auf den Monte „gipfelt". Solch am Schnürchen sich abwickelnder, schon tausendmal erprobter und immer wieder den Eintagsreisenden in ewiger Monotonie gebotener Reiseplan ist zweifellos raffiniert ausgedacht: er sieht die Besichtigung der schönsten, elegantesten, farbenprächtigsten und paradiesischsten Teile der Insel vor, deren Besuch eine Fülle unvergeßlicher Eindrücke weckt und Erinnerungen schafft so zauberhaft schön, daß sie immer wieder eine tiefe Sehnsucht, ein Südweh wecken, auch wenn der Reisende seit Jahr und Tag wieder in seiner rauheren nordischen Heimat weilt. Zweifellos ein prächtiges Fleckchen Erde, das man da bestaunt hat, aber — nicht Madeira, wie es von Natur ist, sondern wie es der Mensch mit seiner Kultur geschaffen hat. Das Auge, das tiefer dringen, der Geist, der forschen will, darf sich nicht scheuen, das Paradies seines künstlichen Schmuckes zu entkleiden, um es in seiner natürlichen Reinheit sehen zu wollen. Freilich, das ist nicht leicht. All die künstlich bewässerten herrlichen Gärten und Parks, die Madeiras (Funchals) schönsten Schmuck bilden, muß man sich fortdenken, all die Zuckerrohr- und Bananenpflanzungen, die Weingärten, die die Insel berühmt gemacht haben, Agaven und Opuntien, viele Obstbäume, — kurz, man muß das Paradies verwandeln in eine Steppe, eine Steinsteppe, dann sieht man — wenigstens die unteren, heute am intensivsten kultivierten Teile der Insel — so, wie sie Gott geschaffen hat. Freilich, ein ganz anderes, nüchternes Bild, aber nicht minder mannigfaltig und eigenartig als das, welches die moderne Kulturlandschaft bietet, die bis in 800 m Höhe die natürliche Vegetation verdrängt hat.

Pflanzengeographisch und floristisch ist Madeira trotz seiner Kleinheit in mehrfacher Hinsicht recht interessant; einmal floristisch wegen seiner Zugehörigkeit zum makaronesischen Übergangsgebiet, dem auch Canaren, Cap Verden und Azoren einzuordnen sind, sodann aber bieten seine mannigfachen öko-biologischen Verhältnisse vom natürlich-trockenen, regenarmen Außenstreifen über feuchtneblige Gebirgsteile bis zu wiederum trockeneren Hochgebirgszonen verschiedensten Vegetationsformationen günstige Lebensbedingungen; und schließlich ermangelt auch die Umgestaltung der natürlichen Pflanzendecke durch die Kultur nicht lebhaften Interesses. Floristische Schilderungen können im folgenden nur ganz ausnahmsweise gegeben werden, nämlich nur dort, wo die Eigenart der Flora zugleich die Physiognomie der Landschaft mitbestimmt. Eine Florenliste der auf Madeira wildwachsenden Pflanzen bringt *M. Vahl* in seiner ausführlichen Bearbeitung der Vegetation Madeiras, die vielfach der hier gegebenen Darstellung zugrundegelegt wurde. Dagegen schien es ratsam, innerhalb der einzelnen Höhenzonen, in denen verschiedene Formationen nebeneinander in einer gewissen Menglage auftreten, die bestandbildenden Leitpflanzen hervorzuheben.

Allgemeine Einführung. Die klimatischen Verhältnisse Madeiras bedingen für das Pflanzenleben auf der Insel besondere Eigentümlichkeiten. Im allgemeinen pflegt der kräftigste Trieb des Pflanzenlebens einzusetzen zu einer Zeit, wo das Erwärmungsoptimum mit den Niederschlägen zusammenfällt. Dies ist der Fall in den Tropen und in unseren Breiten mit Niederschlägen zu allen Jahreszeiten, also auch im Sommer. In Teilen der Subtropen aber liegen die Verhältnisse umgekehrt; da fallen die Hauptniederschläge im Winter, während der heiße Sommer ganz oder nahezu trocken ist. In solchen Gebieten, zu denen u. a. die Mittelmeerlandschaft und Madeira gehören, ergeben sich aus den dargelegten klimatischen Erscheinungen einschneidende Folgerungen für das Pflanzenleben: dessen erhöhter Lebensreiz [7]) beginnt zwar auch mit dem Einsetzen der Hauptniederschläge, aber zu einer Zeit, wo die Wärme im Sinken ist bzw. ihren niedrigsten Stand erreicht. So sind einmal stark wärmebedürftige Pflanzen zu einer gewissen, wenn auch nur kurzen und untergeordneten Winterruhe, andererseits niederschlagsbedürftige Pflanzen zu einer sommerlichen Trockenruhe bzw. zum Sterben genötigt, während die kräftigste Entwickelung in den Frühling fällt; dieser Umstand begünstigt das starke Überwiegen einjähriger Kräuter in den trockensten Zonen Madeiras, andernorts, z. B. im Mittelmeergebiet auch die reiche Beteiligung von Zwiebel- und Knollengewächsen an der Zusammensetzung der Flora. Daneben aber hat sich in solchen Gebieten die Pflanzenwelt auf das Ertragen sommerlicher Dürre durch Schutzvorrichtungen verschiedenster Art eingestellt, die alle in der Hauptsache neben gleichzeitig anderen Funktionen, die der Regulierung der Verdunstung ausüben. In

7) *A. Grisebach:* Die Vegetation der Erde, II, 1872, S. 506.

gewissem Sinne gehört hierher auch das Vorherrschen einjähriger, nach der Samenreife absterbender Pflanzen in einigen Zonen Madeiras: die Pflanze selbst lebt im Samen weiter, und das Absterben ist nichts anderes als ein Abwerfen aller stark verdunstenden Teile zu Beginn der Trockenzeit, also eine Verminderung der verdunstenden Oberfläche, mit naheliegenden Einschränkungen vergleichbar dem Laubabwerfen in den Trockenwäldern. Jene Regulierung der Verdunstung, durch die zwar nicht ausschließlich, wohl aber zum größten Teil der Charakter der Vegetation Madeiras bestimmt wird, wird bekanntlich bald durch den anatomischen Bau, bald durch Verminderung der verdunstenden Oberfläche, bald durch [Bekleidung mit] besonderen Schutzorganen oder auch das Zusammentreten mehrerer dieser Einrichtungen bewerkstelligt. Es sei hier zum besseren Verständnis für die Pflanzenwelt Madeiras nur auf einige wichtige Einrichtungen dieser Art hingewiesen, zunächst solcher, die im anatomischen Bau begründet liegen. Hier ist an erster Stelle der xerophytische Blattbau zu nennen, bei dem dicke, stark cutinisierte Wände der Epidermiszellen die Verdunstung einschränken, durch die die Blätter lederartig, hart werden (Hartlaub); oft sind sie zugleich glänzend, damit ein Teil des Lichts reflektiert werden kann. Auch die Fähigkeit, Wachs oder Harz, das oft aromatisch ist[8]), auszuscheiden, setzt die Verdunstung herab; unter anderen Verhältnissen, etwa im niederschlagsreichen Winter, schützt solche Ausscheidung gegen zu vielen Regen; in beiden Fällen nimmt sie der Pflanze aber das frische Grün und verleiht ihr einen bläulichen Reif[9]) oder eine graue Decke. Ätherische Öle dagegen, wie sie die Labiaten auszeichnen, setzen die Verdunstung höchstens indirekt herab, indem sie die Bestrahlung vermindern; zugleich aber schützen sie gegen pflanzenfressende Tiere. Einige Pflanzen (Halbsträucher der Küstenregion) Madeiras führen auch Milchsaft[10]), der u. a. die Funktion hat, eine Austrocknung zu verhindern. Verdunstung hemmende Korkbildung findet sich vor allem bei der Korkeiche. Die zweite Gruppe der Regulierungserscheinungen umfaßt ebenfalls verschiedene Möglichkeiten. In dieser Hinsicht wurde von den einjährigen Pflanzen schon gesprochen. Im allgemeinen, wie z. B. im Mittelmeergebiet, pflegen die Pflanzen auch durch Zwiebel- und Knollenbildung die ver-

8) z. B. bei den Halbsträuchern der Küstenregion: Psoralea bituminosa, Sempervivum glutinosum, ferner bei Saxifraga maderensis.

9) So bei perennen Kräutern der Küstenregion: Silene inflata, Fenchel (Foeniculum officinale) und bei der zugleich Milchsaft führenden Tolpis pectinata, ferner bei Silene intricata.

10) Euphorbia piscatoria, Muschia aurea, Tolpis pectinata.

Abb. 13. Cabo Girao von Westen aus. Camara de Lobos, peripherisch in Einzelsiedelungen an den steilen Hängen emporklimmend Die Straße nach Ribeira Brava muß den Sattel rechts (nördlich) vom Cabo Girao in etwa 520 m Höhe durch weite Umwege überwinden. Trockenes Flußbett der Rib. do Vigario. Links oben am Cap alte Brandungskehle in etwa 500 m Höhe. Landhebung!

Abb. 14. Blick von Westen auf die Felsklippen Baixa Larga und Pontinha am Hafen von Funchal. Im Vordergrund ein Drachenbaum, im Hintergrund (Mitte) Cab Garajao, rechts Dezerta Grande.

Abb. 15. Das alte Fort Pico dos Frias im NW von Funchal vom Hotel Bella Vista aus nach N gesehen. Im Vordergrunde links das durch Mauern eingefaßte Flußbett der Ribeira de Sao João. Im Hintergrunde starke konsequente Zertalung mit abgerundeten Zwischentalscheiden.

Abb. 16. Tal von Santo António von der Brücke gleich nordwestlich von Funchal aus. Tiefe Schluchten im Bergland. Einzelsiedlungen. Vegetation.

dunstende Oberfläche zu vermindern; derartige Gewächse aber fehlen Madeira beinahe völlig und hierin liegt ein beträchtlicher Unterschied der Vegetation dieser beiden sonst so nahe verwandten Gebiete. Am deutlichsten aber äußert sich das Bestreben der Verkleinerung der verdunstenden Oberfläche bei den Pflanzen in ihrer Belaubung, in ihrer Blattbildung, die schon im anatomischen Bau besonders hervortrat. Wenn auch auf Madeira eine laubwechselnde Region fehlt, da trotz der Sommertrockenheit keine strenge Periodizität extremer jahreszeitlicher Klimate besteht, und die immergrüne Belaubung durchaus vorherrscht, so gibt es doch einige Pflanzen, die in der Trockenzeit das Laub abwerfen, z. B. Genista virgata in bestimmten Regionen, Salix canariensis, Rosa canina, Sorbus ancuparia. Andere Blätter zeigen die Fähigkeit, sich einzurollen; das gilt vor allem von den perennierenden Gräsern; selbst einige einjährige Kräuter, die die sommertrockene Jahreszeit u. a. gar nicht erleben, zeigen Rollblätter [11]), ein Umstand, der auch darauf hinweist, daß sogar in der feuchten Jahreszeit Luftfeuchtigkeit und Niederschlag gering sein können. Vor allem aber tritt in den Winterregengebieten die Blatt f o r m durch ihre relative Kleinheit hervor, die hier mit der oben schon erwähnten immergrünen Hartlaubigkeit zusammenfällt. Derartige Blätter sind i. a. auch ganzrandig, ungeteilt und zeigen die Form des langen, spitzen, linealischen Nadelblatts, des verkehrt eiförmigen, länglichen, elliptischen, myrtoiden oder den häufig kurzen, ericoiden Typ eines mit den Rändern umgerollten Blattes. Oft nimmt, um wenigstens auch diesen Typ zu erwähnen, der blättertragende Sproß die Form der aufrechten, schlanken verzweigten Rute an (Rutensproß), wie bei Leguminosen, besonders Genisteen. Was die Blattgröße betrifft, so weichen die Hartlaubblätter großer Teile Madeiras auch beträchtlich von denen des Mittelmeergebietes ab; hier sind sie durchweg klein, auf Madeira aber größer und auch breiter. Nur in den beiden trockensten Regionen, der Küsten- und Hochregion, herrscht auch auf Madeira Kleinblättrigkeit [12]).

Auch fast völlige Reduzierung der Blätter und dauernde Blattlosigkeit, wie man sie bei manchen Leguminosen, besonders Genisteen und bei Kakteen findet, bedeutet nichts anderes, als Verminderung

11) Nadelförmiges Rollblatt zeigen einige Halbsträucher der Küstenregion, so die Labiaten, Frankenia Phagnalon, Polygonum maritimum, Plantago maderensis.

12) Außerdem zeigen mediterrane Blattgröße Myrica Faya und Visnea Mocanera.

der verdunstenden Oberfläche; in solchem Falle hat der Stamm die Funktionen der Blätter übernommen.

Endlich dient noch die Bekleidung mit besonderen Schutzorganen u. a. der Verdunstungsregulierung, so die Haarbekleidung [13]), die die Spaltöffnungen schützt, die meist ein-, aber auch doppelseitige Grau- oder Weißfilzigkeit [14]) und Wollhaarigkeit der Blätter, durch die zugleich die Temperaturgegensätze ausgeglichen werden.

Auch in anderer Hinsicht prägt sich die periodische Trockenheit des Klimas Madeiras teils im Bau der Pflanzen, teils im Vegetationscharakter deutlich aus, wie z. B. in rosettenblättrigen Sprossen mancher Pflanzen zum Aufsammeln, in Blatt- und Stammsukkulenz [15]) zum Aufspeichern von Wasser, in stärkerer Verholzung [16]) solcher Pflanzen, die keine Wasserspeichergewebe besitzen, in dem kleinen Wuchs der meisten Bäume [17]), im Zurücktreten von Epiphyten, Fehlen einer geschlossenen Pflanzendecke in den Trockenregionen infolge Weitständigkeit der Stauden u. a. m.

Nicht alle oben angeführten Erscheinungen sind charakteristisch für die wiederholt angeführte Hartlaubvegetation; diese zeichnet vielmehr der Umstand aus, daß sie immergrün und gegen die Gefahr des Vertrocknens in erster Linie durch den oben erläuterten anatomischen Bau ihrer Blätter, der die „Hartlaubigkeit" bedingt, und durch deren Form gesichert ist und im allgemeinen der anderen Schutzmittel wie Haarbekleidung, Wasserspeichergewebe, Dornbildung, Fiederblättrigkeit entraten kann. Dadurch unterscheidet sich die xerophile Hartlaubvegetation von andern xerophilen Pflanzen. Zu den charakteristischen Eigenheiten der Hartlaubvegetation gehört auch der immergrüne Zustand der Belaubung, dessen Nutzen bzw. klimatische

13) Bei perennen Kräutern der Küstenregion: Plantago lanceolata, Salvia clandestina, Poterium verrucosum, Thrincia hispida, Matthiola maderensis; des Hochlandes: Andryala varia, Cerastium vagans, Calendula maderensis.

14) Bei Halbsträuchern der Küstenregion: Achyranthes; Pedrosien, Helichrysa, Echium nervosum.

15) Sukkulent: 1. Crassulaceen, Sinepidendron, Suaeda; — 2. Phyllis nobla, Tolpis fructicosa, Chrysanthemum pinnatifidum, Plantago lanceolata an der Nordküste; — 3. Chrithmum maritimum, Umbilicus intermedius, Beta maritima, Sonchus ustulatus, sämtlich Felspflanzen. — 4. Sedum farinosum, Sempervivum glandulosum, Umbilicus, ebenfalls Felspflanzen.

16) nach *M. Vahl* ein Trockenschutz?

17) andererseits werden hier einige Sträucher zu Bäumen wie Erica arborea.

Bedingtheit *M. Vahl* und *Schimper*[18]) in gleicher Weise deuten: während Bäume und Sträucher mit Laubfall im Winter unter den gegebenen klimatischen Bedingungen zwei Unterbrechungen ihrer Vegetationsperiode erfahren (Blattlosigkeit im Winter, Spaltschließung im Sommer durch die Dürre), ermöglicht der wintergrüne Zustand bei den milden Temperaturen und reichlicher Rohstoffzuführung eine beinahe lückenlose Fortsetzung der Assimilationstätigkeit, die zwar häufiger, aber nur unregelmäßig und nur für kurze Zeit unterbrochen werden braucht. So beschränkt sich dann die vegetative Ruhe der Hartlaubvegetation im wesentlichen auf die sommerliche Trockenruhe.

Es zeigt sich also, daß hier im Gebiet der Winterregen nichts so entscheidend den Charakter der Vegetation bestimmt wie die Trockenzeit. Solches gilt freilich in gleicher Weise für das Mittelmeergebiet und alle unter ähnlichen klimatischen Verhältnissen stehenden Erdräume wie für Madeira. Aber für die Pflanzenwelt dieser Insel ist es wichtig, daß ihre Hartlaubvegetation zwar mit der des Mittelmeergebietes deutlich verwandt, aber von ihr auch wieder deutlich unterschieden ist. Denn größere Luftfeuchtigkeit und wesentlich günstigere Wintertemperaturen verlängern auf Madeira die Vegetationszeit. Hieraus resultieren Unterschiede zwischen der mediterranen und madeirensischen Hartlaubvegetation, die sich besonders deutlich in der Ausbildung der Macchien geltend machen. Wohl sind in der Macchie Madeiras mediterrane Arten vertreten wie Erica arborea und Erica scoparia; aber in der Hauptsache sind diese von denen Madeiras verschieden, insonderheit durch die Blattgröße: wohl gehören die Macchien Madeiras zum Hartlaubtypus, aber die Blätter ihrer immergrünen Sträucher sind mittelgroß und breiter, nur in den beiden Trockenregionen nahe der Küste und oberhalb der Nebelregion sind sie mediterran-klein. Weiter aber fehlen in dieser Formation Madeiras — wohl, wie *Vahl* und *Rikli* meinen, infolge der langen Vegetationsperiode — fast völlig alle Knollen- und Zwiebelpflanzen, die für die mediterranen Macchien geradezu charakteristisch sind. Und weiter sind auf Madeira innerhalb der trockenen Küstenregion und auf trockenen Felsen der Hang- und Hochregion die mediterranen Stauden durch Halbsträucher ersetzt, wie *Vahl* meint, entsprechend den milden Wintern und den mehr regenlosen Sommern. Daher trennt man die an sich ähnlich gearteten Hartlaubgebüsche des Mittelmeergebietes und Madeiras sowie aller westafrikanischen Inseln auch hinsichtlich der Namengebung, indem man eine makaronesische von der mediter-

18) *Schimper, A. F. W.:* Pflanzengeographie auf physiologischer Grundlage. 1898. 2. Aufl. 1908.

ranen Macchie unterscheidet. Der makaronesische Hartlaubtyp zeigt also in der Blattform schon eine Annäherung an die entsprechenden Typen des subtropischen Regenwaldes.

Die Vegetationsformationen. Überaus klar passen sich auf Madeira die verschiedenen natürlichen Vegetationsformationen, wie sie in der Zeit vor der Kultivierung die Insel beherrscht haben, den in der Vertikalen sich sukzessive folgenden Klimazonen an, unter denen im großen zwei Trockenzonen hervortreten, die eine unterhalb, die andere oberhalb der Nebel- und Wolkenregion, welche ihrerseits den mittleren, großen Hauptgürtel mit größerer atmosphärischer Feuchtigkeit bestimmt. Entsprechend diesen klimatischen Großregionen finden sich auf Madeira zwei Triftzonen, je eine unten und oben: die Andropogontrift bei 0—400 m, die Airopsistrift bei 1400—1800 m. Diese schließen zwischen sich die innerhalb der atmosphärisch feuchteren Region gelegenen Zonen der Macchien und des Lorbeer-Heidewaldes ein. Hierbei aber macht sich deutlich der Unterschied zwischen Nord- und Südseite der Insel geltend. Am klarsten tritt auf dieser letzten eine drei- bis vierzonale Höhengliederung hervor, der auf der Nordseite eine nur zwei- bis dreizonale entspricht.

	Höhenstufen in m		
	Südseite	Nordseite	Ostseite (Machico)
I. Küstenregion	**0—400**	—	**0—300**
a) reine Andropogontrift .	0—200	—	—
b) Andropogontrift mit eingestreutem Buschgehölz	200—400	—	0—300
II. Hangregion	**400—1200**	**0—1300**	**200—800**
a) *Untere Hangregion* (Untere Buschgehölz- oder Macchienzone) mit eingestreuten Pflanzen der Küstenregion	*400—600*	*0—300*	*200—400*
b) *Obere Hangregion*	*600—1200*	*300—1300*	*400—800*
1. Lorbeerwaldzone . .	600—1100	300—1200	400—800
2. Übergangszone zu III.	1100—1200	1200—1300	—
III. Hochregion (Gipfel- und Hochflächenregion)	**über 1200**	**über 1300**	—
a) Untere Hochregion: Vacciniumstufe	1200—1400	1300—1500	—
b) Gipfelregion: Airopsistrift	1400—1800	1500—1850	—

Es bedarf kaum eines Hinweises darauf, daß alle diese Zonen nicht linear scharf gegeneinander abgegrenzt sind; vielmehr verzahnen sie sich miteinander, indem bald — an geschützteren Stellen — die Formationen der tieferen Zone höher hinauf, die der oberen Regionen auch bis zu mehreren hundert Metern tiefer hinabgreifen, sei es in geschlossenen Verbänden wie z. B. die Waldzone in den Tälern, sei es in einzelnen oder gruppenweise angeordneten Vorpostenbeständen. So gesellen sich z. B. auf der Südseite schon in 200 bis 400 m, ja selbst in 1000 m Höhe zu der Andropogontrift Arten des Hochlandes, wenn auch erst vereinzelt an günstigen Standorten; aber von 400 bis 600 m Höhe an gewinnen die Hochlandarten allmählich Übermacht über die Steinsteppe. Auf solche Weise ergibt sich eine Verzahnung der Vegetationsformationen, vergleichbar etwa den Fingern von gefalteten Händen.

Die Tiefland- oder **Küstenregion** Madeiras vom Meeresufer an bis beiläufig 400 m Höhe hinauf ist ein an sich nicht großes (s. d. Karte Taf. 1) Gebiet mit ausgeprägter Sommertrockenheit, dessen Naturzustand der einer Steintrift ist, in ihrer Physiognomie einer Steinsteppe nicht unähnlich. Freilich ist gerade dieser Außenstreifen in ganz besonderem Maße durch den Menschen in Kultursteppe umgewandelt worden, jedoch nicht so völlig, daß sein Naturzustand nirgends mehr in Erscheinung träte. Vielmehr hat er sich einmal in den bodenfreien Felspartien der Küstenregion erhalten, sodann ist er auch noch im unbewässerten Getreideland (s. S. 112) zwischen den Kulturterrassen hinreichend klar zu erkennen, besonders im Sommer. Die ganze Region kann man als eine Steintrift bezeichnen und innerhalb derselben bestehen vor allem zwei charakteristische mehr oder weniger xerophile Pflanzenvereine nebeneinander: die Felsformation und die von *Vahl* und nach ihm auch von *Engler* und *Rikli* so genannte Andropogontrift, nach der mehrjährigen Leitpflanze Andropogon hirtus bezeichnet, einem hohen, weitständige Polster bildenden steifen Gras mit schmalen, einrollbaren bläulichen Blättern und stark entwickeltem Wasserspeichergewebe. Diese Andropogontrift nahm den größten Teil der Küstenregion vor der Urbarmachung ein, ist an trockene, sonnenoffene geneigte Standorte geknüpft und umfaßt vorwiegend Kräuter, dann Stauden, Halbsträucher und verwilderte Kakteen, die — ähnlich wie in einer Steppe — keinen allseitigen Zusammenhang zeigen; überall schaut der blanke Boden hervor. Mit voller Deutlichkeit tritt in der Organisation des Pflanzenlebens und der Physiognomie dieser Zone deren periodischer Trockencharakter auf den ersten Blick sichtbar zutage, nicht allein dadurch, daß sie von charakteristischen Sukkulenten bevorzugt wird, sondern schon durch ihre Farbe: ihr fehlt das frische, saftige Grün, da die Pflanzen gegen zu starke Verdunstung in der Trockenzeit mit einem Wachsüberzug oder durch einen Haarpanzer geschützt sind, der das Grün dämpft. Wie sehr dieser Außensaum Madeiras der Verbreitung der Sukkulenten günstig ist, mag die Tatsache kennzeichnen, daß einige moderne Charakterpflanzen Madeiras wie der mit scharfen Stacheln bewehrte Feigenkaktus mit blattartig verdickten Zweigen (Opuntia Ficus indicia), ferner die großblättrige Agave (Agave americana), die baumartige Blütenschäfte emporschießen läßt, sowie eine Aloë (Aloë vera) ursprünglich als Kulturpflanzen aus Amerika eingeführt sich ganz ebenso wie im übrigen Makaronesien und im Mittelmeergebiet völlig eingebürgert haben und wild wachsen. Überhaupt prägt sich die klimatische periodische Trockenheit in dem ganzen Habitus dieser Zone aus: einmal durch die nicht unbeträchtliche Menge von Halbsträuchern, in deren Verholzung ein Trockenschutz zu erblicken ist. Alle diese Halbsträucher sind xerophil und zeichnen sich vielfach durch nadelförmige Rollblätter oder ein- bzw. zweiseitig weißfilzige Blätter aus, andere wieder durch Führung von Milchsaft oder Ausscheidung aromatischer Harze als Verdunstungsschutz. Sodann treten die perennierenden Kräuter (14 %) gegenüber den ziemlich xerophilen annuellen Kräutern (86 %) und Halbsträuchern, die allein 78 % der Gesamtartenzahl der Andropogontrift beanspruchen und auf Porto Santo die überhaupt höchst bekannte Zahl erreichen, außerordentlich stark zurück, weil jenen die Sommerdürre weit ungünstiger ist als diesen. „Im Sommer fehlen vollständig Pflanzen mit großen, wagerecht ausgesperrten Blättern, die den Erdboden decken können. Alle vegetativen Teile der Pflanze sind senkrecht und geben keinen Schatten, die Sonnenglut trifft den nackten Erdboden" *(Vahl).* Da diese gegen Dürre in verschiedener Weise geschützten, in großen Zwischenräumen voneinander lebenden mehrjährigen Pflanzen an Zahl gering sind, die vielen einjährigen Kräuter aber ihre Vegetationsperiode mit Eintritt der Trockenzeit abschließen, so tritt der steppenähnliche Charakter dieser Zone, der übrigens im Gegensatz zur echten Steppe mit kurzer Vegetationsperiode die Zwiebelgewächse gänzlich, Knollengewächse fast gänzlich fehlen, am deutlichsten im Sommer zur Zeit der Trockenruhe hervor, wenn überall der nackte Boden zutage tritt. Nur wenige einjährige Pflanzen halten sich bis zum Spätsommer, so die sukkulenten oder stark haarigen liegenden Arten und einige andere, die selbst im August noch blühen wie das häufig auftretende Bilsenkraut Hyoscyamus albus und der stark sukkulente Plantago Coronopus. Sonst aber ist die Florula der Annuellen im Sommer tot. Aber bald nach Beginn der winterlichen Regenzeit, um Weihnachten herum, verwandelt sich die „Steppe“ in einen bunten, prächtig blühenden und duftenden Garten, reich an Arten und Individuen [19]). Das Vorhandensein der mehrjährigen Kräuter und Halbsträucher charakterisiert übrigens nach *M. Vahl* floristisch die echte Andropogontrift auf fortwährend unbebautem Gebiet gegenüber der Ruderalflora verlassener Felder in dieser Region.

Innerhalb der Andropogontrift lassen sich zwei *Vegetationsetagen* trennen, eine aus niederen Stauden und Halbsträuchern aufgebaute *Untervegetation,* besonders von einem endemischen xerophilen Wegerich (Plantago maderensis) mit nadelförmigem Rollblatt, der stark aromatischen mediterranen Leguminose Psoralea bituminosa, dem subtropischen mehrjährigen Federborstengras Pennisetum cenchroides, der seltener und meist auf Breccienfelsen gedeihenden Micromeria varia und der immergrünen, aromatischen Labiate Lavandula viridis; sodann das aus etwa 1 m hohen Pflanzen aufgebaute *Stockwerk* aus Andropogon hirtus, dem mehrjährigen, aber nur einmal fruchtenden Fenchel (Foeniculum officinale), dem endemischen Natternkopf-Halbstrauch Echium nervosum mit beiderseits weißfilzigen Blättern und der zerstreut zwischen Kräutern und Halbsträuchern wachsenden strauchigen Globularia salicina mit kleinen lederartigen, drüsigen Blättern, welche ein aromatisches, gegen Verdunstung schützendes Harz ausscheiden.

Nicht unbedingt identisch mit der Andropogontrift, wenn auch mit ihr oft nahe verwandt, ist ein eigenartiger, ursprünglich nicht natürlicher Pflanzenverein in unbebauten Teilen der Küstenregion, der auf weite Strecken die Physiognomie dieser Zone bestimmt; wir wollen ihn Opuntiengebüsch nennen, nach der in ihm vorherrschenden, zur Kakteengattung gehörenden charakteristischen Opuntia tuna, der Feigendistel, die durch ihre flachen langen und

---

19) Unter solchen sind hervorzuheben Silene gallica, Dianthus prolifer, Rapistrum rugosum, Scorpiurus sulcata, Galactites tomentosus, Hedypnois rhagadioloides, Echium plantagineum, das Steppengras Stipa tortilis mit zusammenrollbaren Blättern, das Hasenschwänzchen Lagurus ovatus mit in zarte Wolle dicht eingehüllten Ähren, die Trespe Bromus madritensis, der schmalblättrige Klee Trifolium angustifolium und procumbens, der Lein Linum Gallicum, Luzernenklee Medicago minima, Lotusklee Lotus hispidus, das narkotisch-giftige Bilsenkraut Hyoscyamus albus, Kammgras Cynosurus echinatus, Euphorbia exigua, Plantago lagopus, P. coronopus, Torilis nodosa, T. neglecta u. a. m.

breiten Glieder auffällt und undurchdringliche Gebüsche bildet. Diese finden sich in der Nähe des Kulturlandes, wo der Boden etwas mehr Feuchtigkeit aufweist, und zwar am dichtesten in schmalem Streifen am Rande von sonst berieselten Tuffabhängen gegen einen Abgrund hin. Hier dominieren neben Opuntien eigentlich nur Granatäpfel (Punica granatum) und Myrten (Myrtus communis) in dem dichten Gestrüpp. Auf Breccienfelsen ist dieser Pflanzenverein nicht so dicht und es stellen sich noch einige offene Plätze bevorzugende Pflanzen ein, besonders die leuchtend rot blühende Geranie Pelargonium inquinans mit strauchigem, dickem Stengel, die Cassia bicapsularis, Genista virgata u. a.

Wie *M. Vahl* annimmt, ist die Andropogontrift ursprünglich und nicht etwa eine Sekundärmacchie. Floristisch gehört sie zum Mittelmeergebiet; denn hier kommen auch 52 % der Spezies Madeiras vor; 33 % aller Triftarten teilt die Insel mit dem Mediterrangebiet und Mitteleuropa, 2 % mit den nordafrikanischen Steppen; der verbleibende kleine Rest verteilt sich auf allgemein-makaronesische und endemische Arten.

Neben der Andropogontrift steht als besonderer Pflanzenverein in der Küstenregion die *Felsenvegetation*, wo infolge Erschwerung der Konkurrenz der gewöhnlichen Arten der Endemismus am stärksten ist. Hier treten die stark xerophilen Halbsträucher hervor, ausgezeichnet durch Sukkulenz [20]), weißfilzige Blätter und bei einigen Kräutern und Sträuchern sogar durch Sommerlaubfall. So steht Genista virgata im Juli blattlos, während dieser Ginster in höheren Teilen auch im Sommer reichlich Laub behält. Besonders zahlreich finden sich die sukkulente, mit aromatischem Harz ausgestattete Rosettenpflanze Sempervivum glutinosum, Phagnalon saxatile, Tolpis pectinata, mit Milchsaft und feinteiligen, blaubereiften Blättern, Sedum nudum, die aromatische Myrtus communis, die schöne, gelbblühende, milchsaftführende Campanulacee Muschia aurea, das selbst im August noch blühende, kleine einjährige Kraut Gnaphalium luteoalbum, ferner halbstrauchige, stark haarige Levkojen (Matthiola maderensis), Chrysanthemumarten, die sukkulente Sonchus ustulatus, der sukkulente Sinapidendron angustifolium und Crambe fructicosa; die fünf letztgenannten beherrschen die Küstenklippen.

Von der mediterranen ist die Felsenvegetation Madeiras durch das besonders starke Vorherrschen der Halbsträucher und wiederum durch den Mangel an Zwiebel- und Knollengewächsen unterschieden.

20) Crithmum maritimum, Umbilicus intermedius, Beta maritima und Sonchus ustulatus unter den perennen Kräutern.

Als dritter, für die Küstenregion aber weit weniger charakteristischer Pflanzenverein bedarf hier der hydrophile wenigstens einer kurzen Erwähnung. Ihm bieten sich nur wenige Standorte, die Quellen und Levadas; denn, abgesehen von den Zisternen und Teichen auf jeder Besitzung fehlen stehende Gewässer, immerfließende sind fast nur die Levadas; denn die Flußbetten liegen im Sommer trocken, weil das ihnen tributäre Wasser des Hochlandes bereits in diesem durch die Levadas fortgeführt wird; im Winter dagegen sind die Flüsse außerordentlich reißend. Die Ränder der Wassergräben schmückt auch im Sommer ein frischer Pflanzenflor, darunter die schöne, weißblühende südafrikanische Liliacee Nothoscordum fragrans, die blaue kriechende Commelina agraria und die kniehohe rotblumige Mirabilis jalapa. Wo auf den Talflanken oberhalb 100 m ü. M. Wasser aus dem Felsen hervorquillt, da gedeihen üppige Farne wie das Frauenhaar (Adiantum capillus veneris) mit seinen hellgrünen Wedeln auf zarten, schwarzbraunen, glänzenden Stielen, oder Schildfarne (Aspidium) u. a., ferner eine ganze Anzahl von Moosgewächsen. Immerfeuchte Abhänge zeigen dichteren Pflanzenwuchs von Gräsern und Cyperaceen, oft auch Gebüsche von Salix canariensis.

Aber nicht die ganze Tieflandzone wird ausschließlich von den genannten Formationen beherrscht; vielmehr wurde sie vor der Urbarmachung vielfach unterbrochen durch Waldungen in den Tälern, bis hinab in das Meeresniveau.

Die reine Andropogontrift beherrschte die Küstenregion nur auf der Südseite und auch hier nur bis in 200 m Höhe. Oberhalb dieses Niveaus bis zu 400 m Höhe stellen sich schon, zunächst ganz sporadisch, allmählich aber immer mehr Macchiensträucher der Küstenregion ein, welche in den Klüften sogar bis 100 m ü. M. hinabreichen. In dieser an felsigeren Boden geknüpften „Küstenmacchie", einer gemischten Region herrschen die Sträucher vor, besonders die sehr häufige, aromatische Myrte (Myrtus communis), spärlicher Genista virgata. Jasmin (Jasminum odoratissimum), Olive (Olea europaea), Juniperus phoenicea, der Eisenbaum oder Murmulano (Sideroxylon Murmulano) und, als Baum, der Barbusano (Apollonias canariensis) und Drachenbaum (Dracaena Draco), dieser unterhalb 300 m als Strauch, oberhalb als Baum. Drachenbaum und Murmulano sind zwei im Aussterben begriffene Arten. Jener, einst — namentlich auf Porto Santo — allgemein verbreitet [21]), existiert nur noch in ein paar, als Kuriosität gezeigten Exemplaren nahe dem Meere, so bei Machico und

21) Hierauf weist auch der Name der kleinen Insel Dragoeiro bei Porto Santo.

in Ribeira brava; der Murmulano dagegen, ein 1 bis 2½ m hoher immergrüner Strauch mit glatten großen, eiförmigen Blättern, findet sich, wenngleich auch er schon selten geworden ist, doch noch etwas häufiger auf der Nordseite in den Ribeiras da Janella, da Seixal u. a. a. O. sowie auf der Insel Cima. Er ist der einzige Verwandte des Eisenbaumes Marokkos und der einzige Sideroxylon Madeiras, existiert nicht auf den Canaren und Cap Verden, auch wenn sein Name hier auf gewisse Sträucher übertragen ist (Myrsine Canariensis und Sapota marginata).

Etwa bei 400 m Höhe treten zu den Tieflandsarten der gemischten Küstenregion, die jetzt mehr und mehr auf trockene Felsen verdrängt werden, schon Sträucher der höheren Macchien hinzu: Erica arborea, Myrica Faya, Ilex canariensis, Laurus canariensis, wodurch die obere Grenze der Küsten- gegen die Hangregion gegeben ist.

Solche „Küstenmacchie", wie sie auf der Südseite — und hier kommt wegen der Geländegestaltung hauptsächlich die Umgebung von Funchal in Betracht — bei 200—400 m oberhalb der reinen Andropogontrift besteht, kennzeichnet auf der Ostseite der Insel, namentlich im Gebiet von Machico die gesamte Küstenregion, deren obere Grenze sich aber hier schon auf 300 m gesenkt hat. Auch diese Grenze ist als untere Grenze der Hangregion einigermaßen klar bestimmt durch das niedrigste Auftreten von Erica arborea und Myrica Faya. Auf der feuchteren Nordseite fehlen Andropogontrift und „Küstenmacchie" überhaupt. An ihre Stelle tritt gleich die nächsthöhere Formation, welche die untere Hangregion kennzeichnet.

Die **Hangregion** gliedert sich zwischen die oben charakterisierte Küstenregion und die Region der Hochflächen und Gipfel ein und umfaßt auf der Südseite die Zone zwischen 400 und 1200, auf der Nordseite zwischen der Küste und 1300, im Osten zwischen 200 und 800 m, also recht beträchtliche Teile der Insel. Ihr Kern ist die an die feuchtigkeitsspendende Nebel- und Wolkenregion geknüpfte „Lorbeerwaldzone", an die sich nach unten und oben hin Übergangszonen zur Küsten- bzw. waldfreien, von Triften beherrschten Hochregion anschließen. Jene Übergangszonen grenzen sich keinesfalls scharf gegen den Kernstreifen ab, sind aber, namentlich nach unten hin, von einer doch so beträchtlichen Ausdehnung und überdies durch bestimmte Wuchsformen ausgezeichnet, daß es ratsam schien, wenigstens eine untere Hangregion auszuscheiden, in der sich vor allem der Übergang von der Küstenregion zu jenem Kernstreifen der Hangregion vollzieht.

Die ganze Hangregion, ja auch die Hochregion ist Macchie, eine aus vorwiegend immergrünen Bäumen, Zwergbäumen, Gebüschen, Sträuchern, Halbsträuchern und Kräutern zusammengesetzte klimatisch bedingte Hartlaubformation, deren Pflanzen zu Gebüschen oder Wäldern zusammentreten, wobei der Begriff „Wald" insofern eine Einschränkung erfahren muß, als unter ihm in der Regel kein Hochwald in unserm mitteleuropäischen Sinne, überhaupt kein wohlentwickelter Wald verstanden werden darf, sondern mehr ein höherer Gebüschwald, dessen Bäume etwa 15 m Höhe erreichen. Denn die vegetationsfeindliche Sommertrockenheit läßt große Bäume in den Gebieten mit Winterregen nur selten oder wenn, dann nur an bevorzugten feuchteren und beschatteten Stellen aufkommen. Dem gegenüber soll unter Macchie schlechthin mehr das entsprechende Gebüsch niederer und mittlerer (3—5 m) Wuchsformen (Buschgehölz oder Hochsträucher) verstanden werden. In solchem Sinne läßt sich dann auf Madeira eine untere Macchie (untere Hangregion) von einer oberen (Hochregion) unterscheiden, die durch die Lorbeerwaldzone getrennt werden. Dies hervorzuheben schien deshalb ratsam, weil in der Literatur i. a. die Lorbeerwaldzone [22]) mit zur unteren Mâquisregion gerechnet wird, was vom Standpunkt des Botanikers aus vollauf gerechtfertigt sein mag; denn das Charaktergewächs Laurus canariensis dominiert i. a. in „Macchie" und „Lorbeerwald". Der Geograph aber kann an der Tatsache nicht vorübergehen, daß dieselbe sehr variable Pflanze in der einen Region vorwiegend als niedriger Baum oder Strauch, in der andern mehr als größerer Baum erscheint und somit die Physiognomie der Landschaft bestimmt.

Die untere Hangregion beginnt auf der Südseite, dort, wo einige Pflanzen der höheren Regionen („Hochlandsarten" *Vahls*) ihre tiefste Grenze zeigen, vor allem die schmalblättrigen Sträucher Erica arborea und Myrica Faya, die in höheren Regionen die Wuchsform kleiner, in geschützter Lage z. B. im Tal von São Vicente, am Hang von Paul da Serra, auf Encumeada Alta sogar großer Bäume annehmen, ferner Ilex canariensis und die Strauchform von Laurus canariensis, die ganz vereinzelt an den begünstigsten Stellen sich schon unterhalb 400 m in die Andropogontrift vorschieben; zwischen 400 und 500 m setzen dann Erica scoparia, Ocotea foetens und Persea indica ein und die Macchie gewinnt allmählich die Überhand über die Andropogontrift und geht mehr und mehr in höheres (5—6 m) immergrünes Buschgehölz [23]), schließlich, ohne

---

22) *Rikli* scheidet sie in seiner kurzen Skizze ebenfalls aus.

23) der Klebsame (Pittosporum coriaceum), ein Strauch oder kleiner Baum mit glänzendgrünen, lederartigen Blättern, glatter, aschgrauer Rinde

scharfe Grenze, aber etwa bei 600 m in den Lorbeerwald über. Im Osten Madeiras liegt die untere Grenze dieser Zone beträchtlich tiefer, auf der Nordseite sogar an der Küste, wo bei Ribeira die São Jorge die Myrte (Myrtus communis), Globularia salicina, Myrica Faya und Ilex canariensis kleine Gestrüppe bilden und 100 m höher auch Laurus und Erica aufnehmen. Auch der Übergang in die Lorbeerwaldzone vollzieht sich im Osten und Norden in einem um einige hundert Meter tieferem Niveau als im Süden, nämlich bei 400 bzw. 300 m Höhe. Einige der Pflanzen, die am Aufbau des Vereins der Küstenregion beteiligt sind, dringen auch noch nach oben hin vor in die untere Hangregion, werden hier aber auf meist felsige Standorte beschränkt; Andropogon selbst dringt bis 600 m vor, Globularia salicina an der Nordküste in Felsspalten bis 200 m, im Nordosten bis 400 m, oberhalb Funchal bis 600 m, Myrtus communis sogar noch höher, im Norden bis 300 m, im Süden bis 700 m.

Einen Übergangscharakter tragen auch die „Weiden“ auf sanftgeneigtem Boden in den Tälern der Nordseite unterhalb 200 m: hier herrschen noch, ähnlich wie in der Andropogontrift die einjährigen Gräser und Kräuter vor, daneben finden sich perennierende, besonders Holcus lunatus (Holcustrift); aber neben den Tiefland-Sträuchern von Globularia und Myrtus stehen solche des Hochlandes wie Laurus und Myrica. Würden diese Sträucher nicht immer wieder zu Brennmaterial abgehauen, so würden hier statt der „Weiden“ dichte Macchien bestehen.

So ist also diese ganze Zone als ein regelrechtes Übergangsgebiet gekennzeichnet, in dem die Macchie vorherrscht, welcher Pflanzen der Küstenregion eingestreut sind.

Im Grenzgebiet zwischen unserer unteren und oberen Hangregion, in einem Gürtel zwischen 500 und 700 m soll, wie *M. Vahl* aus dem kräftigen Wuchs der Eiche, von Ocotea und Persea schließt, früher der Hochwald überwiegend geherrscht haben.

Da der Kulturbau bis 800 m Höhe, ja sogar noch darüber hinaus sich an den Hängen emporgearbeitet hat, ist auf der Südseite diese Macchie nur noch an wenigen Stellen vorhanden.

Wo in sanfter geneigten Teilen der Macchie der Lorbeer Gebüsche bildet, gesellt sich zu Laurus canariensis eigentlich nur Erica

---

und im April kleinen, grünlichweißen, nach Orangen duftenden Blüten findet sich wildwachsend nur noch selten, wird aber als Zierstrauch in den Gärten gezogen.

scoparia, ein großer, bis zu 2 m hoher, dichtes Gebüsch bildender Strauch; „von oben gesehen zeigt sich Laurus als eine Menge von blaugrünen, meterhohen Kuppeln, die aus dem grünen Ericateppich emporragen“. Der Boden unter solchem Gebüsch liegt in tiefem Schatten, ist mit Blättern bedeckt und zeigt fast keine Bodenvegetation. Zerstreut erscheinen in dieser Macchie Erica arborea (3—6 m hoch), Ilex canariensis und Heberdenia excelsa, von denen die erste in über 1000 m Höhe, die zweite mehrfach im Osten und die letzte auf dem Kamm von Fanal herrschend werden. Im Schatten des Zwergwaldes von Laurus und Erica arborea bildet sich auch nur eine spärliche, zerstreute Bodenvegetation von Gräsern, Farnen, Moosen und Flechten.

Die obere Hangregion nimmt auch insofern eine selbständige Stellung ein, als sie den Ring bildet, innerhalb dessen sich die Luftströmungen beim Aufsteigen abkühlen und so die Insel mit einem feuchten, nebel- und im Winter auch regenreicheren Mantel umhüllen, den man bei jeder Nordsüddurchquerung der höheren Teile Madeiras zweimal passiert. Seine Grenzen liegen auf der Südseite bei etwa 600 und 1200 m, auf der Nordseite dagegen bei 300 und 1300 m, im Osten bei 400 m. Diese Zone des eigentlichen Lorbeer- und Heidewaldes ist nicht etwa ein ununterbrochener Waldgürtel, sondern in ihr wechseln nebeneinander untere Macchie, die hier etwas höher wird (5—6 m), also die Formen eines Zwergwaldes annimmt, und Lorbeer-Heide-wald mit etwa 15 m hohen Baumbeständen ab. Der höhere Wald setzt auf den Abhängen etwa bei 650 m Höhe ein, greift dagegen, zuweilen in Form echten Hochwalds, in den quellenreichen Tälern bis weit nach unten, selbst in die Küstenregion hinab. Talwald und Hangwald unterscheiden sich auch durch Wuchsformen und hauptsächliche bestandblidende Bäume. Der Hangwald wird beherrscht vom Laurel (Laurus canariensis), aus dessen gelben Beeren Öl gewonnen wird und, über 1000 m, auch von der bis 14 m Höhe erreichende Baumheide (Erica arborea), deren rotes Wurzelholz, das bekannte Bruyèreholz, zu Schnitzereien verwendet wird. Dazu gesellt sich als wesentlicher Bestandbildner im Osten stellenweise Ilex canariensis und auf dem Kamm von Fanal die Myrsinacee Aderno (Heberdenia excelsa) mit lederartigen Blättern. Daneben stehen der Fayal (Myrica Faya) die Oleacee Notelaea excelsa, Prunus (Cerasus) lusitanica, mit cremeweißen Blütentrauben bedeckt, und Rhamnus glandulosa, die auch in der Macchie als Baum auftritt. Überhaupt gehen manche Bäume, ähnlich wie Galeriewälder, längs der Wasserläufe in die Macchie hinein, so z. B. Persea indica.

Im Schatten des Lorbeerwaldes hat sich zwischen dem Bodenlaub ein spärliches Unterholz von Farnen (Streifen-[24]), Wurm-[25]), Adlerfarn[26]), Hirschzunge[27]), Fingerkraut[28]) u. a. entwickelt. Wo auf terrassierten Abhängen mehr Licht zwischen die einzelnen Buschgehölze eindringen kann, da findet sich auch eine reichere Flora von Stauden und Zwergbäumchen wie Isoplexis Sceptrum und dem herrlichen Sonchus squarrosus mit riesigen feuergelben Blütenköpfen.

Reichhaltiger und größer ist der Talwald der Hangregion. In ihm verschwinden zwar die Eriken mehr, statt dessen aber treten als Bestandsbildner andere Bäume hervor, die im Hangwald nur verhältnismäßig spärlich vertreten sind, vor allem neben Laurus canariensis die andern großen Laurazeen Til (Ocotea foetens)[29]) und der Madeiralorbeer Vinhatico (Persea indica), dann die Ericacee Clethra arborea, die Laubheide. Andere treten spärlicher oder, wenn in größerer Zahl, wie z. B. Euphorbia mellifera als Zwergbaum, lokal hinzu. Der auf den Canaren ziemlich seltene Til, dessen hellgrüne Blätter wunderbar gegen den lichtgrauen Stamm kontrastieren, erreicht auf Madeira bis zu 25 m Höhe; er zeigte früher sicher weitere Verbreitung als heute, wo er immerhin noch im Tal des Ribeiro Frio Waldungen bildet; aber seines feinen, schwarzen, für Möbelbau sehr beliebten Holzes wegen ist er gleich einigen andern Laurazeen schon vielfach einem wahren Raubbau zum Opfer gefallen. Übrigens hat man Til in der Kathedrale von Funchal für die Sperrsitze und Teile der Sakristei verwandt. Alte Bäume mit mächtigen Stämmen finden sich im Boa Ventura-Tal und längs der Straße nach Sao Vicente. Ein anderer Gefährte des Til ist heute schon so gut wie ausgerottet, der Pao branco der Portugiesen (Picconia excelsa), der bis 17 m Höhe erreicht. Um seines wertvollen, harten, weißen Holzes willen, das für Bootskiele gerne verwendet wurde, ist auch er dem Raubbau verfallen. Der Vinhatico hat lorbeerartig duftende, rosettenartig an den Zweigspitzen sitzende Blätter, die arzneilich benutzt werden, während das tief-rote, mahagoniartige Holz gerne in der Kunsttischlerei verwendet wurde. Besonders schöne Bestände finden sich oberhalb Santa Anna, wo die Levada dos Vinhaticos nach ihm benannt ist. Verhältnismäßig häufig ist der kleine Baum Clethra arborea, die Laubheide, die in der Macchie als Strauch, als Baum aber mehr in den

24) Athyrium (Asplenium) filix-femina, umbrosum.
25) Aspidium (Nephrodium) filix mas, elongatum, aemulum.
26) Pteris aquilina (Pteridium aquilinum).
27) Scolopendrium vulgare. 28) Potentilla procumbens.
29) auch Oreodaphne foetens, Laurus foetens, Laurus cupuleris.

schwerer zugänglichen Schluchten auftritt, namentlich auf der Nordseite, wo sie auch längs der Wege und bei den Häusern wächst. Sie ist ein schöner, immergrüner Baum, mit lanzettförmigen, lederartigen Blättern und cremeweißen, maiglöckchenartigen Blütenähren (daher auch „Maiglöckchenbaum" genannt), die im Sommer, zur Zeit der Blüte die Luft mit ihrem köstlichen Duft erfüllen. Auch die Steineichen bilden namentlich in der obersten Talstufe der Ribeira da Janella ebenso wie der Lorbeer größere Waldungen.

In den Flußbetten trifft man mediterranen Ruscus hypophyllum und häufig, geradezu als Charakterpflanze die baumartige, bis 7 m hohe, dickstämmige Euphorbia mellifera, an feuchteren Stellen auch die schmalblättrige Kanarenweide (Salix canariensis), den einzigen Vertreter dieses sonst nordischen Geschlechts. Die quelligen Schluchten des Hochlandes zeigen als wichtigste Vertreter hydrophiler Formationen die Farne, besonders Woodwardia, aber auch einige Arten, die den Canaren fehlen [30]).

Der Lorbeerwald reicht selten höher hinauf als bis 1200 m, ein Niveau, das als obere Waldgrenze bezeichnet werden kann. Schon zwischen 1100 und 1200 m Höhe ändert sich der Charakter dieser Zone, ohne jedoch in ausgesprochener Weise die Formen der Hochregion anzunehmen; vielmehr ist jene — die Agrostistrift — ein Übergangsgebiet, das wir auf S. 81 noch näher kennen lernen werden.

Die F e l s e n v e g e t a t i o n der Hangregion ist nur leicht xerophil und umfaßt hauptsächlich Halbsträucher, die zur Blütezeit ein prächtig buntes Farbenbild ergeben wie die großen gelben Blüten von Hypericum grandifolium und H. glandulosum, die violetten von Cheiranthus mutabilis, die hellroten von Senecio maderensis und Tencrium betonicum; dazwischen wieder an Spalten die grünen Rosetten von Semperviven und, namentlich bei 900—1000 m Höhe, den schönen endemischen Steinbrech (Saxifraga maderense). Zwischen den Felsen und auf erdreicheren Felsabsätzen treten Halbsträucher zurück zugunsten perennierender Kräuter, Gräser und Farne. Selbst beinahe senkrechte Felswände tragen zuweilen zusammenhängendes, wenn auch nicht dichtes Macchiengebüsch, so in der oberen Ribeira da Metade und da Janella, wo die Stämme der Sträucher schräg aus den Felsen heraustreten. Hier treten auch hygrophile Arten hinzu wie Sonchus squarrosus und Woodwardia radicans.

30) Polystichum Webbianum, P. Drepanum, Dryopteris africana und der Becherfarn Dicksonia Culcita, eine Cyatheacee mit hohen Wedeln, erinnert an Baumfarne.

Der Kulturwald wird weiter unten (S. 124 f.) im Zusammenhang mit dem Kulturbau behandelt.

Macchie und Lorbeerwaldzone sind auf der Südseite Madeiras durch den Kulturbau, auch des Waldes, schon stark verdrängt. Sie finden sich hier nur noch an wenigen Stellen, wie auf dem Rücken zwischen Machicotal und Santo Antonio da Serra. Im übrigen aber zeichnen sich die tief eingeschnittenen Täler des zentralen Hochlandes sowie die Nordseite (Ribeira de Sao Jorge) und der überhaupt noch recht unberührte Westen und Nordwesten der Insel (Ribeira do Inferno) durch immergrüne Buschgehölze auf den Rücken und an den Hängen, durch immergrüne Wälder in den quellenreichen Schluchten und Tälern vor allem der Nordseite aus (Ribeira da Janella, da Metade, Ribeiro Frio, Ribeira de Sao Jorge). So beginnt in der unzugänglichen Ribeira do Inferno im NW der Hochwald schon unmittelbar oberhalb der Küste. Überhaupt ist eine gewisse Ursprünglichkeit der Vegetation in den schwer zugänglichen Tälern bewahrt geblieben, „wo man nur durch stundenlanges Balanzieren auf der kaum 10 cm breiten Kante der Wasserleitungen mit einem gähnenden Abgrunde von 300 m auf der einen, einer ebenso hohen Felswand auf der andern Seite hineindringen kann".

Die Hochregion. Jene auf S. 79 erwähnte „obere Waldgrenze" ist ein schwankender Begriff; denn sie wird bestimmt durch die Oberfläche der Passatwolkenschicht, entsprechend derem Schwanken zwischen 1200 und 1400 m sich auch der Übergang von der Lorbeer- und Heidewaldzone zur Hochregion vollzieht. Dabei ist zu berücksichtigen, daß weniger die Oberfläche der Wolken, sondern überhaupt deren obere Partien, die völlig trocken sind, für den Wechsel der Pflanzenvereine maßgebend sind. Diese obere Wolkenzone liegt also an der Grenze zwischen einem unterhalb gelegenen, ständig befeuchteten und einem oberhalb gelegenen, ständig trockenen Gebiet. Aber nicht nur die Befeuchtungsverhältnisse spielen hier für das Pflanzenleben eine Rolle, sondern auch der Grad der Insolation: oben herrscht kräftige, ungehemmte, unten durch die Nebel und Wolken gemilderte Insolation, die dort mit Trockenheit, hier mit Feuchtigkeit zusammenfällt. Dazwischen aber bildet jene obere Wolkenpartie eine kleine Trockenzone mit gemilderter Insolation. Indes scheint sich dieser kleine nebelige Trockengürtel in den Vegetationsverhältnissen nicht sonderlich auszuprägen, da er bald in das Gebiet wolkenfreier Trockenheit, bald in das nebeliger Feuchtigkeit fällt. Immerhin wird dadurch der Übergangscharakter der obersten Teile der Hang- und der untersten der Hochregion charakterisiert.

Abb. 17. Vegetationsbild einer Sukkulentenflora am Felsenkliff der Südküste Madeiras.

Abb. 18. Zuckerrohr- und Bananenpflanzung auf Madeira. Bei der Zuckerrohrernte Ende März. Das Mädchen im Vordergrunde zeigt in seiner breiten Nase und den wulstigen Lippen Einschlag von Negerblut (vgl. S. 87).

Abb. 19. Kulturbild aus der Küstenzone Madeiras: Zuckerrohrpflanzung, Weingärten, Oliven, Phoenixpalmen. Terrassenbau selbst in diesem flachen Gelände.

Abb. 20. Figueiras im Tale der Ribeira Brava. Terrassenkulturen auf konkaven Talflanken, Gartenbau auf der höheren Talsohle.

Diese entwickelt sich, aber nur zu einem Teile aus dem Unterholz der Lorbeerwälder bzw. aus der auch in der Lorbeerwaldzone vorhandenen Macchie i. e. Sinne heraus, indem einige der hier vertretenen Sträucher, besonders Baumheide und das endemische Vaccinium maderense, die höheren Teile der Gebirgsregion erklimmen.

Ein charakteristisches Element dieser Zone, nahe der oberen Waldgrenze, war früher eine für mediterrane Macchien recht bezeichnende rotbeerige Wacholder-Art, Juniperus oxycedrus, der „Cedro“ der Inselbewohner, ein heute recht seltener Baum, der wegen seines schönen Holzes, aus dem z. B. die Decke der Funchaler Kathedrale besteht, dem Raubbau zum Opfer gefallen ist. Während aber in der Zone unterhalb etwa 1100 m bis herab gegen 400 m die perennierenden Pflanzen gegenüber den einjährigen im Vorrang waren, nehmen diese oberhalb 1100 m wieder zu, zunächst in der hier einsetzenden *Agrostistrift*, benannt nach den vorherrschenden perennierenden Gräsern von Agrostisarten, aber ausgezeichnet schon durch sehr viel einjährige Kräuter und zerstreute Kleinsträucher der Macchie, besonders Erica. Diese Agrostistrift zwischen 1100 und 1200 m Höhe, der auch vereinzelte Laurus-Exemplare eingestreut sind, muß als der Abschluß der Lorbeerwaldzone bzw. schon als Übergangsgürtel zur Hochregion betrachtet werden. Bei 12/1300 m verschwinden die Agrostisarten.

Treten in der Agrostistrift zu den noch vorherrschenden Perennierenden schon zahlreiche Annuelle, so gewinnen diese Gräser und Kräuter, besonders Airopsis praecox, nunmehr die Alleinherrschaft zwischen Sträuchern von Adlerfarn (Pteridium aquilinum), Baumheide und Vaccinium maderense. Diese *Airopsis-Trift* wechselt oberhalb 1300 m bis in die Gipfelregion mit fast reinen, 2—3 m hohen, oft undurchdringlichen *Macchien von Vaccinium maderense* ab, deren Leitstrauch oben bis 1600 m, unten (nach Bornmüller) auf der Südseite bis 1100 m, auf der Nordseite dagegen bis zur Küste reicht. Die Vaccinium-Macchie bildet oft reine Bestände, zeigt aber auch vereinzelt Ilex canariensis und den dornigen Berberitzenstrauch Berberis maderensis, dessen Wurzel für Arzneien, zum Färben des Leders oder für Drechslerarbeiten geeignet ist. Auf der Nordseite dagegen bildet vornehmlich *Erica arborea-Gebüsch* reine Macchien, an deren Seite, aber untergeordnet, Airopsistriften treten. Wenn auch im allgemeinen in der Hochregion diese drei an ihrer Farbe schon von weitem kenntlichen Formationen, die hellgrüne oder goldgelbe Airopsistrift, je nach dem Vorherrschen von Adlerfarn oder einjährigen Gräsern, das dunkelgrüne, von rotbraunem Fels unterbrochene Erica arborea-Gebüsch und das vollständig schwarze Vaccinium-Gebüsch, vorwiegend nebeneinander auftreten, so ergibt sich doch auch eine gewisse sukzessive Folge in der Vertikalen, die durch die Feuchtigkeitsverhältnisse bedingt ist; denn Vaccinium bevorzugt quellige Abhänge, die Airopsistrift vollständig sommertrockene Gebiete bei flachem Boden mit wenig Erde.

Es sind vor allem vier größere Gebiete der Insel, die der Hochregion angehören: 1. Das „Poizo-Plateau" im Quellgebiet der Ribeiros do Porto Novo und da Metade bis über den Pico do Arieiro hinaus, 2. Terra de Fora zwischen Serra d'Agua und Grande Curral, 3. Paul da Serra und 4. der zentrale Kamm vom Monte Medonho über Encumeade de Sao Vicente, Pico Ruivo bis über Encumiada Baixa hinaus. Dieser steht mit den drei erstgenannten Gebieten in Verbindung, mit dem Poizo-Plateau durch die Torresfelsen, mit Terra de Fora durch die Pico Grande-Partie und mit Paul da Serra durch Pico da Fonte da Bica. Alle diese Bergmassen ragen über die Wolkenregion hinaus. Die drei erstgenannten zeigen, wie oben schon ausgeführt, eine relativ breite Entwickelung und flachwellige Oberfläche, die sanft gegen die höchsten Gipfel ansteigt, während der zentrale Gebirgskamm schmal und schroff ist. Der breite flache Kamm des Poizo-Plateaus zeigt die Airopsistrift mit viel Adlerfarn, die kleine Hochebene Feteiras Agrostistrift, ebenfalls mit Adlerfarn; aber alle Abhänge der Täler sind, da feucht, von undurchdringlicher Vaccinium-Macchie eingenommen. Im einzelnen ist der Wechsel zwischen den verschiedenen Formationen verwickelter, besonders auf dem Ostabhang, an dem der Passat frei vorbeistreicht; hier wechseln Erica scoparia-Macchie, gemischte Macchien von Laurus und Vaccinium und Airopsistrift. Auch Terra de Fora und Paul da Serra (Campo Grande) werden von Airopsistrift beherrscht, die auf dem Paul da Serra einen floristisch etwas abweichenden Charakter annimmt, da zu den annuellen Gräsern das perennierende Johanniskraut Hypericum linarifolium und der Halbstrauch Thymus hirtus hinzutreten. Allerdings findet sich auf den Hängen der nördlich den Paul da Serra überragenden Kuppen das Vaccinium-Gebüsch o b e r h a l b der Airopsistrift, wie *M. Vahl* annimmt, infolge der Schichtenneigung, durch die das Grundwasser südwärts geführt wird. Die Nordhänge deckt Erica arborea-Gebüsch. Ganz ähnlich liegen die Verhältnisse auch auf der zentralen Kette.

Eine laubwechselnde Region fehlt auf Madeira ebenso wie eine alpine Höhenstufe.

Am Schlusse dieser Übersicht möge kurz die Frage der Ursprünglichkeit der Formationen gestreift werden. Ist die Macchie vielleicht ein degenerierter Wald, die Airopsistrift und Andropogontrift eine degenerierte Macchie? Für diese letzte glaubt *M. Vahl* gerade aus grundlegenden Unterschieden gegenüber der Steppe feststellen zu können, daß sie eine Form der mediterranen Trifte sei, eine durch die klimatischen Verhältnisse wohlbegründete natürliche Formation. Und ebenso hält er auch die Airopsistrift in ihrer Gesamtheit nicht für einen sekundären Pflanzenverein, da sie selbst auf vollständig unzugänglichen Felsabsätzen genau ebenso vertreten ist. Unbestreitbar bleibt, daß sie sich auf Kosten der Macchien an manchen Stellen verbreitet hat. Die madeirensische Maccchie aber als einen degenerierten Wald anzusehen, dazu verleitet schon die bekannte Erzählung von der Waldzerstörung auf der Insel. Daß hier tatsächlich Wald vernichtet worden und als sekundäre Formation Macchie entstanden ist, steht unbedingt fest; ob aber in einem solchen Ausmaße, wie es die Erzählung glauben machen will, das muß doch stark bezweifelt werden. Auf keinen Fall kann das Vorhandensein eines Gebüschgürtels überhaupt als Beweis für die Präexistenz eines Waldes an dieser Stelle angesehen werden. Es wäre doch ein höchsteigenartiger Zufall, wenn alle die Stellen der Erde, deren Lebensbedingungen, insonderheit klimatische Verhältnisse, denen unserer Insel mehr oder weniger entsprechen, nur durch den Eingriff des Menschen dasselbe Gepräge erhalten haben sollten, ganz gleich, ob diese Gebiete — Mittelmeerländer, Makaronesien, West-Kapland, West- und Süd-Australien, Mittelchile und Kalifornien — stärker oder schwächer von der Kultur in Anspruch genommen sind. Überall hier tritt der Wald stark hinter der Macchie zurück und Vahl schließt daraus u. E. mit Recht, daß „mit der dominierenden Stellung des Mâquis in diesen dünnbevölkerten und von der Kultur zum Teil wenig beeinflußten Gegenden .... auch die Stellung der mediterranen Mâquis als ein natürlicher Vegetationstypus festgestellt" ist.

Als eine weitere, die Landschaftsphysiognomie in sehr erheblichem Maße bestimmende Vegetationsformation muß wohl auch die künstliche der Zierpflanzen aufgefaßt werden; doch soll sie erst in anderem Zusammenhange weiter unten (S. 125 ff.) behandelt werden.

Die Flora Madeiras umfaßt sehr viel mediterrane, ferner rezente atlantische und einige tropische Elemente, die auch in Westeuropa zur Tertiärzeit existierten, hier aber der diluvialen Temperaturverschlechterung zum Opfer gefallen sind. Madeira dagegen entsprach für jene dank seiner insularen Abgeschlossenheit und klimatischen Besserstellung einem Schongebiet, in dem sich jene tertiären Formen erhalten und entwickeln konnten, so von den immergrünen Laurazeen Laurus canariensis, Phoebe indica, Persea indica (Madeiralorbeer, Vinhatico), Apollonias Canariensis (Barbusano), von den Baum-Monocotyledonen der Drachenbaum (Dracaena Draco), kanarische Palme (Phoenix Jubae), von Sapotaceen der Murmulano (Sideroxylon murmulano). Ein endemischer Baum dagegen ist die Laubheide Clethra arborea, eine Erikazee. Floristisch ergeben sich so gewisse Verwandtschaften zwischen der rezenten Flora Madeiras, Afrikas und der tertiären Flora Westeuropas; die Beziehungen zur neuen Welt dagegen sind weit weniger eng, als um die Mitte des 19. Jahrhunderts noch *Unger* und *Heer* glaubten, die dann zur Erklärung dieser vermeintlichen Verwandtschaften den versunkenen Kontinent der Atlantis erfanden. Dem gegenüber sollen weit engere Beziehungen zwischen der pazifischen Küste Amerikas und Japan sowie Ostchina bestehen als zwischen der atlantischen Küste der neuen und alten Welt[31]). *Drude* und *Engler* sind dagegen der Auffassung, daß die nordische Tertiärflora bei ihrem Rückzug nach Süden zum Teil die Tropen erreichte und später nicht wieder nordwärts wandern konnte, weil sich nunmehr das lebensfeindliche Trockengebiet Nordafrikas einer solchen Bewegung hindernd iden Weg stellte. *Vahl* und mit ihm *Rikli* sind der Ansicht, daß das madeirensische Florenelement „eine südeuropäische Reliktenflora ist, die teils ursprünglich europäische Arten bewahrt, teils neue ausgebildet hat. Nichts spricht für eine direkte Einwanderung aus dem tropischen Afrika oder Amerika."

Weiter muß bezüglich der Frage der Entwickelung der madeirensischen Flora auf die zitierte Spezialliteratur verwiesen werden.

Tierwelt. Gemessen an der überaus großen Bedeutung der Vegetation für die Physiognomie der Landschaft und das Wirtschaftsleben tritt die der Tierwelt völlig in den Hintergrund. Nicht daß die Insel und ihre Nachbargebiete etwa arm an Arten und Individuen wäre; aber alle größeren Tiere — von den Haustieren abgesehen — fehlen; die „wilden Schafe" auf den Dezertas sind nur verwildert, haben aber durch jahrhundertelange Gewöhnung gewisse Instinkte schärfer ausgebildet. Auch die im Hochland von Madeira frei umherziehenden Ziegen zeigen gelegentlich Symptome der Verwilderung.

31) *A. Chevalier* in E. de Martonne, Traité de Géogr. physique III, 1927, S. 1328.

Sonst aber fehlen alle größeren Tiere; doch soll sich die sonst tropischen Gewässern eigene, etwa ¾ m große Karettschildkröte (Chelonia imbricata) finden, die ein braunes Schildpatt mit gelben Zeichnungen liefert. Schlangen fehlen völlig und an sonstigen Reptilien ist nur eine Eidechsenart bekannt. Verhältnismäßig reich ist die Artenzahl der Vögel, von denen 202 gezählt werden. Ihnen steht in der außerordentlich großen Zahl von 1404 Insektenarten, die Madeira aufweist, reichliche Nahrung zur Verfügung. Allein die Käfer nehmen für sich 555 species in Anspruch. Entsprechend den Gewässerverhältnissen der Insel ist die Zahl der Süßwassertiere gering: der einzige Fisch ist der Aal, von etwa 158 Moluskenarten leben nur 6 im Wasser. Reich dagegen ist wieder die Meeresfauna; so sollen in den Gewässern um Madeira über 250 verschiedene Seefische vorkommen, viele Individuen von Krebstieren, aber nur wenig Arten, 300—400 species von Meeresmollusken, 11 Tintenfische, 10 Seeigel, einige Seesternarten, 30 verschiedene Korallen und 10 Seeanemonen, 60 Foraminiferen und 70 Schwämme. Die Meeresfauna ist zugleich die einzige, die für Madeira auch einige wirtschaftliche Bedeutung gewonnen hat. Von ihr wird unten noch die Rede sein.

Die Befürchtungen mancher Inselbesucher, auf Madeira gäbe es Moskitos, sind unbegründet. Die Mücke, die dort existiert und einem beim Schlaf allenfalls lästig wird, ist Culex longiareolatus, deren Stich lediglich ein Jucken hervorruft, das bald wieder vergeht. Die gemeine Stechmücke, Culex pipieus, kommt wohl auf Porto Santo, nicht aber auf Madeira vor.

II. TEIL.

Anthropogeographie.

VI. Der Mensch.

In neuerer Zeit scheint Madeira erst seit seiner erneuten Entdeckung am Ende des zweiten Dezenniums des 15. Jahrhunderts [1]) dauernd besiedelt worden zu sein, da man damals angeblich keine menschlichen Siedelungen vorfand. Sicher war die Inselgruppe vordem schon bekannt; denn sie begegnet als „Porto S[an]to", „I[sôla] di [lo] legname" und „I. deserte" auf einer italienischen Seekarte aus dem Jahre 1351. Möglich, daß die Karthager schon die Insel gekannt und auf ihr eine Niederlassung besessen haben; *R. Hennig* [2]) identifiziert neuerdings sogar die Insel des Calypso mit Madeira. Mit all diesen und ähnlichen teils von philologischer teils von geographischer Seite aus behandelten, aber noch keineswegs zu einem unumstrittenen Ergebnis gekommenen Fragen können wir uns hier nicht auseinandersetzen, so interessant und phantasiebelebend sie auch sind. Wir stellen nur fest, daß auf Madeira im Gegensatz zu den Canaren Spuren einer älteren, dauernd ansässigen Bevölkerung ebensowenig gefunden worden sind wie Gesteine eines älteren kontinentalen Untergrundes. Dadurch ist des einen wie des andern frühere Existenz noch keineswegs völlig in Abrede zu stellen.

Die Besiedelung und Kultivierung der Insel muß ziemlich rasch erfolgt sein, da schon 1432 die erste Zuckermühle entstanden sein soll und man 1460 bereits begann, Wein aus Kreta anzupflanzen. Und um 1500, also kurz vor der Verleihung der Stadtrechte an Funchal, sollen schon 35 000 Zentner Zucker ausgeführt worden sein.

---

1) Angeblich durch die beiden portugiesischen Reisenden João Gonçalves Zarco und Tristão Vaz Teixeira am 3. Juli 1419.

2) *R. Hennig:* Die Lage des Phäakenlandes. Pet. Mitt. 1927, S. 67. — Vgl. auch die bibliographische Zusammenfassung in Bibliographie géographique XXXVI, 1926, 34.

Zu verstehen ist solch rascher Fortschritt der jungen Kolonie schon, da in der tiefer gelegenen, periodisch trockenen Zone von Madeira der Rodung von Steintrift und Macchie durch Brand keine nennenswerten Schwierigkeiten entgegenstanden. Daher mag auch die Überlieferung von der Waldverwüstung durch die ersten Ansiedler grundsätzlich zutreffen, wenn auch von einem räumlich weit ausgedehnten oder gar „jahrelangen ununterbrochenen Brand" schon deshalb keine Rede sein kann, da solcher stets durch eine Regenzeit im Winter unterbrochen worden sein mußte. Es bleibt dabei gleichgültig, ob die ersten Ansiedler zum Zwecke der Gewinnung von Kulturland nur das Ziel einer Beschränkung der Ur-Vegetation verfolgten oder das ihrer gänzlichen Vernichtung, um damit zugleich etwa vorhandene wilde Tiere auszurotten. Zweifellos ist die unbeabsichtigte Folge der Entwaldung, wie in den Mittelmeerländern auch eine „Entbodung" und eine Verschlechterung des Wasserhaushalts für weite Teile der Insel gewesen, vielleicht sogar eine gewisse Klimaverschlechterung; doch sind hierfür bisher noch keine bestimmten Anhaltspunkte gefunden worden.

Trotzdem scheint die dauernde Besiedelung durch portugiesische Einwanderer nicht in reibungsloser Kontinuität, ohne Rückschläge vonstatten gegangen zu sein; denn 1453 wandern auch Holländer, Spanier, Italiener, bald auch Engländer ein. Namentlich spielten die vlämischen und englischen Kolonien bis in das 17. Jahrhundert hinein eine bedeutende Rolle und vermischten sich mit den Madeirensern. Eine weitere Zufuhr fremden Volkstums erfolgte durch den Import von Mauren, Kanariern und Negern, die teils als Freie, teils als Sklaven auf den Zuckerrohrpflanzungen arbeiteten; der Sklavenimport ist erst 1775 verboten worden. Schließlich mögen auch die wiederholten, wenn auch z. T. nur kurzen Besetzungen der Insel durch die Spanier (1582—1640) und Engländer (1801/02 und 1807 bis 1814) zu weiteren Blutmischungen beigetragen haben, so daß die völkische Struktur der Madeirenser, obwohl diese als ursprüngliche portugiesische Einwanderer keine fremde Urbevölkerung auf der Insel vorgefunden hatten, mit der sie sich hätten vermischen können, keineswegs einfach ist. Solche bunte Bildungsgeschichte der madeirensischen Bevölkerung macht sich in deren äußerem Typ auch heute noch geltend; im allgemeinen gehört der Madeirenser wie der Portugiese des Festlandes zur mittelländischen Rasse mit hervorragender Langköpfigkeit, mittelgroßem, stämmigem Körperbau, dunkler Haar- und bräunlicher, ans Dunkle grenzender Hautfarbe. Im einzelnen aber weichen manche Individuen beträchtlich von diesem

Typ ab. Die Merkmale der Nordeuropäer wie weiße Haut, blondes Haar und blaue Augen finden sich namentlich beim weiblichen Geschlecht in 20—30 %, wenn auch nur in den ersten 6 oder 8 Lebensjahren. Auch unter den Männern, die meist mehr oder weniger brünett sind, haben einige den blonden Typ beibehalten. Brünette Hautfarbe besonders bei den Männern, schwarze, glatte Haare und Hakennase sind die Kennzeichen berberischen Mischblutes, das an der Ostküste noch häufiger anzutreffen ist. Unschwer ist auch der spanische Anteil am madeirensischen Volkstum herauszufinden, während sich der Negereinschlag heute nicht mehr stark bemerkbar macht. Aber noch 1870 sollen zahlreiche Negermischlinge im Curral das Freiras und im Norden der Insel gelebt haben. Heute kennzeichnen das gekräuselte dunkle Haar, die Negernase und Farbe der Augenbindehaut, zuweilen auch der Körperhaut, nur noch einige Individuen der untersten sozialen Schichten als Verwandte der ehemaligen Sklaven, von denen im 16. Jahrhundert über 3000 auf Madeira existierten, d. h. mindestens 10 % der Gesamtbevölkerung ausmachten.

Die Einwohnerzahlen Madeiras in den verschiedenen Jahren ( ) betrugen: (1500) 16 000, (1572) 19 172, (1580) 21 800, (1590) 29 548, (1614) 28 345, (1679) 40 000, (1750) 59 143, (1813) 92 382, (1851) 108 439, (1890) 132 088, (1900) 148 263, (1911) 167 601. Der Nationalität nach waren 1920 von den 179 002 Einwohnern 178 492 Portugiesen und 510 Ausländer.

Vielfach herrscht über den Volkscharakter die Ansicht, daß der Madeirenser faul sei und jedenfalls nicht mehr arbeite, als unbedingt zum Erwerb der notwendigsten Lebenshaltung erforderlich sei. Solche Auffassung ist zwar nicht ganz unbegründet, aber doch nur sehr bedingt zutreffend: ein Blick nur auf die Terrassenkulturen selbst an steilsten Gehängen und die gewaltigen Bewässerungsanlagen muß schon darüber belehren, daß in ihnen ein geradezu unerhörtes Maß von Arbeit investiert ist und immer wieder zur schwierigen Instandhaltung und Erweiterung sowie zur Bearbeitung des steinigen steilen Gehänges hineingesteckt wird. Dabei ist der Madeirenser ganz im Gegensatz zu den seine Insel besuchenden Fremden, denen er stets freundlich begegnet, fast völlig bedürfnislos. Freilich sind die hauptsächlichsten Kulturanlagen von den ersten Ansiedlern geschaffen worden und gegen diese dürfte die heutige Bevölkerung doch stark abstechen; denn diese ist primitiver, zum Teil sogar stark heruntergekommen. So sah ich in der Hauptstadt der Insel noch im Jahre 1928 eine Getreidehandmühle in Gebrauch, auf die nicht einmal mehr der Mensch des Neolithikums kätte stolz sein können. Aber auch der Organismus der Madeirenser ist vielfach stark zersetzt durch Seuchen wie die Choleraepidemie von 1856, die 7 % der damaligen Bevölkerung allein dahinraffte, oder wie der durch mangelhafte sanitäre Verhältnisse, Unsauberkeit, Mißbrauch rohen Obstes und Genuß des Levadawassers veranlaßte Typhus. Weit gefährlicher aber für den Organismus der Bewohner ist der von früher Jugend an gewohnheitsmäßig betriebene, unmäßige Genuß des Aguardente, des schauderhaften, starken Zuckerrohrschnapses, den, wie ich selbst mit ansehen mußte, vier- bis fünfjährige Jungens hinuntergossen, ohne eine Miene zu verziehen, als ob es Wasser wäre, während uns bei einer Kostprobe für einen Augenblick der Atem wegblieb. Solches Gebahren muß zumal bei der sehr weitgehenden Inzucht der Bevölkerung die Volksgesundheit untergraben und den Organismus für die Einschleppung von Krankheiten, besonders der Tuberkulose, geradezu disponieren. Dies wirkt sich um so unheilvoller aus, als der Madeirenser in der Regel vegetarisch lebt, Eier, Milch und Fleisch dagegen fast ausnahmslos verkauft und diese sich selbst nur einmal im Jahre, zu Weihnachten, gönnt. Der Heilbarkeit der Tuberkulose wirkt außerdem die Kalkarmut des Wassers entgegen. *Wattier* weist mit Recht auch auf die entkräftende Topographie der Insel und die Gefahren hin, die das Klima selbst in sich birgt für die Bauern und Gebirgsbewohner, die um ihrer Arbeit willen beträchtliche Niveauunterschiede überwinden müssen und aus einer subtropischen Zone nach anstrengendem Marsch ermüdet und schweißgebadet in die kalte, rauhe, durch heftige Luftströmungen ausgezeichnete neblige Gipfelregion gelangen. „Welchen Widerstand vermögen da die durch furchtbaren Schnapsgenuß entkräfteten Leiber noch so rauhen, so wechselvollen Verhältnissen entgegenzusetzen!“

Auch die sozialen Verhältnisse kennzeichnen einen sichtbaren Verfall madeirensischen Volkstums. Die Nachfahren der alten, freien Kolonisten sind in der Regel nicht mehr Eigentümer des Landes, das sie bewirtschaften; sie sitzen darauf als Pächter unter nicht übermäßig günstigen Bedingungen, während die eigentlichen Besitzer vom Ertrage ihrer Pflanzungen ein leidlich sorgloses, wenn auch nicht ganz ungetrübtes Dasein führen. Nur die weniger ertragsreichen höher gelegenen Bezirke weisen noch mehr Eigenkleinbesitz auf, der aber auch nicht immer frei, sondern oft durch Verschuldung gebunden ist. Was von der ländlichen Wirtschaft gilt, das trifft auch für die Industrie zu, und so fehlt auf Madeira gerade derjenige Stand, der allenthalben auf der Erde Symptom eines gesunden Volksorganismus' ist, der Mittelstand. Es gibt im wesentlichen nur Reiche und Arme, deren Kräfteverhältnis sich erschreckend deutlich in der hohen Zahl von fast 80 % Analphabeten [3]) bemerkbar macht, die sicher zu den Armen gehören. Und da trotz der schlechten sozialen Verhältnisse der Geburtenüberschuß noch immer groß ist, also auch alljährlich eine starke Abwanderung — meist nach Brasilien — stattfindet, muß es zu denken geben, daß bei dem hohen Prozentsatz der Analphabeten überhaupt sich unter den Auswanderern im Durchschnitt der Jahre 1925 und 1926 nur 50 % Analphabeten befanden, daß also ein verhältnismäßig größerer Teil der „gebildeten" Bevölkerung sich veranlaßt sieht, das Land zu verlassen. Dieser Umstand weist darauf hin, daß mit dem Prozentsatz der Analphabeten noch nicht der der minderbegüterten oder wenigstens mit den

Gewerbe	Vor dem Krieg		1924	
	Escudo	Pfg.	Escudo	Pfg.
Zimmermann	0,8—1	3,20—4,00	18—25	2,50—3,50
Maurer	0,7	2,80	18—20	2,50—2,80
Handlanger	0,5	2,00	10	1,40
Maler	0,8	3,20	19	2,65
Tischler	0,7	2,80	18	2,50
Schlosser	0,8	3,20	15	2,10
Tüncher	0,7	2,80	15	2,10
Klempner	0,7—0,8	2,80—3,20	15—16	2,10—2,25
Schmiede	0,8	3,20	18	2,50
Schneider	0,8—1,0	3,20—4,00	25—30	3,50—4,20
Schuster	0,8	3,20	25	3,50
Polierer	0,7	2,80	16	2,25
Stickerinnen	0,18—0,24	0,72—0,95	5—8	0,70—1,10
Plätterinnen	0,25—0,30	1,00—1,20	5—7	0,70—1,00
Landarbeiter	0,45—0,50	1,80—2,00	10—12	1,40—1,70
Scheuerfrauen	0,5	2,00	12—15	1,70—2,10
Monatslöhne:				
Setzer	18—20	72—80	400—500	56—60
Setzerlehrlinge	4,5—7	18—28	150—200	21—28
Bäcker		120	280	38
Köche	10—12	40—48	100	14
Mägde	3—5	12—20	60	8,40

3) 1920 von 179002 Einwohnern 140194 Analphabeten.

sozialen Bedingungen unzufriedenen Bevölkerung erfaßt ist. Solchen Verhältnissen gegenüber dürfen die relativ günstigen Ziffern der Handelsstatistik nicht einen Volkswohlstand vortäuschen.

Das im Voranstehenden gegebene Bild von den sozialen Verhältnissen in Madeira, namentlich dem Volkswohlstand, läuft leicht Gefahr, verzerrt zu werden, ganz besonders, wenn man in diesem Zusammenhang einmal die absolut niedrigen Löhne der Arbeiter betrachtet und mit den in Deutschland üblichen vergleicht. In der Tabelle auf S. 90 sind die mittleren, auf Madeira vor dem Kriege und 1924 in den verschiedenen Erwerbszweigen gezahlten Tagelöhne zusammengestellt (1 Escudo 1924 = 14 Pfg.).

Derartige Löhne, die uns heute sehr niedrig erscheinen müssen, sind aber in Anbetracht der Kaufkraft des Escudo auf Madeira wesentlich höher als sie absolut scheinen, wie ein Überblick über die auf Madeira zur gleichen Zeit üblichen Preise der wichtigsten Objekte der Lebenshaltung lehrt.

		Escudos	= ℛℳ			Escudos	= ℛℳ
Kartoffeln	kg	0,6	11	Eier	Dutzend	3,6	65
Bohnen	l	1,5	27	Milch	l	0,7	13
Kichererbse	l	2,0	36	Zucker	kg	3,6	65
Weizenbrot	kg	1,7-2,3	31—41	Reis	kg	2,2	40
Kl. Fische	100 Stk.	9,0	144	Speck	kg	6,0	108
Kabeljau	kg	5,4	97	Schmalz	kg	10	180
Gr. Fische	kg	2,6	47	Öl	l	6,1	110
Hammelfleisch	kg	3,5	63	Kaffee	kg	7,5	135
Frisches Schweine-				Seife	kg	4,0	72
fleisch	kg	4,7	85	Petroleum	l	2,0	36
Rindfleisch	kg	3,6	65	Wein	l	2,3	41
Wurst	kg	7,6	137				

Allerdings ist hierbei zweierlei zu berücksichtigen: einmal sind diese der Statistik entnommenen Angaben für die mittleren Preise für Funchal jedenfalls in der Regel nicht zutreffend, weil hier der starke Fremdenverkehr preissteigernd wirkt; sodann aber kommen gerade die teuersten Waren für den madeirensischen Bauern und Arbeiter in der Regel nicht in Betracht, weil er vornehmlich, wie oben schon gesagt, vegetarisch lebt und sein Gemüse, Obst und dgl. vielfach selbst baut und nicht kaufen braucht. So ist auch der Arbeiter, überhaupt der kleine Mann mit seinen geringen Ansprüchen in der Lage, von seinen scheinbar kläglichen Einkünften leidlich zu leben.

In diesem Zusammenhang bedarf noch ein weiteres Problem der Aufklärung und Begründung, die nicht ohne weiteres auf der Hand liegt: das Problem der Auswanderung von der Insel.

In den früheren Jahren war die Abwanderung in fremde Länder zu Zeiten weit stärker als heute, vor allem um 1840 herum, wo während 10 Jahren alljährlich 4000 Personen nach den Goldländern von Demerara auswanderten, was einer Verhältniszahl von 350 auf 10 000 Ew. entspricht. Im allgemeinen aber schwankt die Verhältniszahl um 100 herum, wie die folgende Übersicht zeigt. Den Ursachen

Zeit	Auswandererzahl gesamt	je Jahr	auf 10000 Einwohner
1872—79	6624	828	66
1882—89	13750	1720	132
1901—08	10036	1254	81
1909—16	17030	2130	130

des jeweiligen Anschwellens der Auswanderung in der älteren Zeit nachzugehen, ist hier nicht der Ort. Es sei lediglich darauf hingewiesen, daß die gelegentlichen Massenwanderungen nicht so sehr durch drückende Bedingungen in der Heimat, sondern mehr durch verlockende Aussichten bestimmter fremder Länder veranlaßt waren, was schon daraus hervorgeht, daß die einzelnen Massenwanderungen auch jeweils einem bestimmten Lande zuströmten, wie um 1840 Demerara und den englischen Kolonien in Westindien, um 1878 den Sandwichinseln, nach 1884 Afrika und um 1912 Nordamerika und Brasilien. Solchen mehr episodenhaften Erscheinungen steht die dauernde normale Auswanderung mit ihrer großen Stärke als wichtigeres Problem gegenüber.

Trotz der vielfach ärmlichen Verhältnisse und starker überseeischer Abwanderung nimmt die Bevölkerung Madeiras ständig zu (1768: 64 000, 1825: 100 000, 1920: 179 000 Einwohner), da der alljährliche Geburtenüberschuß durch die Auswanderung nicht kompensiert wird. So standen (1926) 7042 Lebendgeburten nur 3543 Todesfälle gegenüber; mithin betrug der Geburtenüberschuß 19,5 auf 1000 Einwohner, ein Satz, der von keinem Lande Europas mit Ausnahme Rußlands erreicht wird. Im gleichen Jahre 1926 wanderten demgegenüber nur 1293 Personen aus, also nur gut ein Drittel des Geburtenüberschusses. In den vorangehenden Jahren lagen die Verhältnisse ganz ähnlich, so daß also die Bewegung des Jahres 1926 als Norm für die gegenwärtige Entwickelung gelten kann. Solch stetige Bevölkerungszunahme auf Madeira steht in einem Widerspruch zu der starken Auswanderung. Denn deren Verhältniszahl von 100[4]) auf 10 000 Einwohner wird kaum von dem stärksten Auswanderungsgebiet Europas, nämlich Irland und Schottland, erreicht, aber nicht übertroffen; dagegen ist die alljährliche Auswanderung aus Madeira relativ siebenmal so groß als die aus Deutschland. Da der auf Madeira verbleibende Geburtenüberschuß rund doppelt so groß ist als die Zahl der Auswanderer, so muß auf der Insel an sich die potentielle Bevölkerungsdichte noch nicht erreicht sein und noch genügend Erwerbsmöglichkeit bestehen; d. h. die Zunahme der Bevölkerung bedeutet noch nicht Übervölkerung, steht noch nicht in einem Mißverhältnis zur Produktionsfähigkeit der Insel. Mithin dürften es nicht allein wirtschaftliche Gesetze sein, die hier zur Auswanderung führen; politische und religöse Gründe kommen z. Zt. nicht in Frage. Vielmehr scheint ein Hauptantrieb zur Auswanderung auf sozialethischem Gebiete zu liegen, in dem Verlangen nach Selbständigkeit, in dem Wunsche des Erwerbs eigener Scholle, der auf Madeira nicht mehr erfüllt werden kann, da beinahe nur noch die Pachtmöglichkeit besteht. Dieses Verlangen steht keineswegs in irgendeinem Verhältnis zur Bevölkerungsdichte, sondern ist allein oder doch vornehmlich bestimmt durch die Schwierigkeit des Erwerbs von Eigenland, durch die sozialen Verhältnisse, mit denen ein um seine äußere und innere Unabhängigkeit ringender Bewohnerteil unzufrieden ist. Solche Mentalität aber ist besonders bei den Menschen zu erwarten, die ganz allgemein, besonders in geistiger Hinsicht über den Durchschnitt ihrer Umgebung emporstreben. Und so erklärt sich denn die Tatsache, daß gerade der Prozentsatz der Analphabeten unter den Auswanderern geringer ist als ihr Anteil an der Gesamtbevölkerung. Einem interesselosen, mehr oder weniger stumpfsinnigen Menschen macht es nichts aus, ob er sein eigenes Land für sich selbst bewirtschaftet oder gegen einen Lohn, der ausreicht, um nicht verhungern zu müssen, das Land eines andern.

Solchem sozialethischem Antrieb zur Auswanderung mögen etwa 50 % aller Auswanderer unterworfen sein; für die andere Hälfte der Auswanderer liegt auch ein anderer, rein wirtschaftlich-spekulativer Antrieb vor: zeitlich begrenzter Wechsel der Arbeitsstätte zum Zwecke höheren Verdienstes, der Ersparnisse zu machen gestattet. Jüngere Männer gehen ins Ausland, namentlich das hochvalutarische, um dort

4) 1926: 72, 1925: 56, 1924: 81, 1923: 146, 1922: 99, 1921: 160.

bei einfachster Lebensweise Ersparnisse zu machen, mit denen sie dann nach einigen Jahren in ihre Heimat zurückkehren und sich womöglich ein Stück Land oder ein Haus, Geschäft oder dergl. kaufen. Da sich dieser Vorgang der Aus- und Rückwanderung in jedem Jahre mit einer gewissen Regelmäßigkeit wiederholt, strömt so auch regelmäßig neues Geld nach Madeira herein. Solch frische Geldzufuhr, deren Höhe statistisch nicht zu ermitteln ist, wird von maßgebender Seite[5]) als ein sehr bedeutender Faktor im Wirtschaftsleben Madeiras bezeichnet.

Als Auswanderer im engeren Sinne des Wortes kann man also nur etwa die Hälfte der statistisch erfaßten Zahl bezeichnen, und damit würde auch die überaus hohe madeirensische Verhältniszahl der Auswanderer erheblich verkleinert und der Europas mehr angepaßt.

Mit dem oben gestreiften Analphabetentum ist die Frage der allgemeinen Volksbildung angeschnitten. Wie schon der hohe Prozentsatz der Analphabeten, so vermag auch eine andere Tatsache ein grelles Schlaglicht auf einen wesentlichen Teil der Bildungsfähigkeit und des Bildungsbedürfnisses der madeirensischen Bevölkerung, besonders der von Funchal zu werfen: Funchal besitzt eine Stadtbibliothek mit 25000 Bänden; von diesen wurden 1926 ganze 431 ausgeliehen, und zwar an 211 Leser. Die allgemeine Unbildung — die Herzensbildung bleibt davon unberührt — trägt wesentlich zur Verstärkung der Macht des Klerus bei; denn oft genug ist in den Kirchdörfern der Pfarrer weit und breit der einzige Mensch, der lesen und schreiben kann. Eine Beeinflussung der Bewohner in irgendwelcher Hinsicht kann daher stets nur unmittelbar, von Mund zu Mund erfolgen. Was liegt da näher, als daß der Priester seine Gemeindeglieder ausschließlich in seinem Sinne religiös, wirtschaftlich und sozial beeinflußt. Eine politische Zeitung, obwohl deren mehrere erscheinen, vermögen die meisten gar nicht zu lesen. Auch hierin liegt eine Ursache für die weitgehende Indolenz des madeirensischen Volkscharakters. Heute freilich ist man bestrebt, dem erschreckenden Analphabetentum zu steuern; so besaß Madeira (1925/26) 106 offizielle Elementarschulen[6]), in denen 4617 Schüler von 98 Lehrkräften unentgeltlich unterrichtet wurden. Ob die Schulpflicht für die Kinder vom 6. bis 12. Lebensjahr immer streng durchgeführt wird, ist nicht gewiß; der oft weite Schulweg in schwierigem Gelände wird wohl manche Ausnahmen rechtfertigen.

5) Deutscher Konsularbericht vom 4. März 1925, S. 11.

6) Die fünf höheren Schulen Madeiras mit insgesamt fünf Lehrern werden von 280 Kindern besucht.

VII. Bevölkerungsdichte und Siedelungen.

Die genaue Größe der Landoberfläche von Madeira ist nicht bekannt; wäre die Insel eben, so würde sie ein Areal von 738,8 qkm einnehmen. Da sie jedoch auf geringe Horizontalentfernungen bedeutende Erhebungen zeigt, ist ihre wahre Bodenfläche bedeutend größer, nach vorsichtiger Schätzung etwa 830 qkm. Für eine Berechnung der relativen Dichte der (1920) 179 002 Köpfe umfassenden Bevölkerung möge aber der oben angegebene Projektionswert der Fläche zugrundegelegt werden. Der Wert von 242 Einwohnern je Quadratkilometer, der sich hieraus für die relative Bevölkerungsdichte ergibt, muß aber wie alle solche Werte unzutreffende Vorstellungen über die tatsächliche Verteilung der Bevölkerung erwecken. Andererseits fehlen mir aber exakte Unterlagen für die Anfertigung einer modernen Karte der Bevölkerungsverteilung nach der absoluten Methode. Diesem Mangel aber vermag in hohem Maße eine Siedelungskarte der Insel abzuhelfen, die wenigstens eine annähernd zutreffende Vorstellung von der Verteilung der Bevölkerung vermittelt; sie steht zu einer exakten Karte nach der Punktmethode in demselben Verhältnis wie etwa unter den orographischen Karten eine solche mit Isohypsen zu einer solchen mit Formlinien.

Wie nicht anders zu erwarten, zeigt der Siedelungscharakter Madeiras eine entscheidende Beeinflussung durch die physiogeographischen Faktoren, die die Insel beherrschen: durch Oberflächengestalt, Boden, Klima, Gewässernetz und vorhandene Rohstoffe. Derartige Beeinflussung drückt sich im Siedelungsraum, in der Anlage und Gestalt der Siedelungen und der Bauweise aus.

Von vornherein ist der Siedlungsraum der Insel stark beschränkt durch die Bodenplastik, insonderheit die übergroße Steilheit mancher Gehänge, die zudem die Gesteinsaufbereitung nicht bis zur Bodenbildung an Ort und Stelle gelangen läßt. Es gibt hier Gebiete der Siedelungsleere und solche der Zusammendrängung. Siedlungsfeindlich ist der weit größere Teil der Insel, nämlich zunächst das gesamte felsige Innere, einmal wegen seines schroffen, kahlen Gebirgscharakters, sodann aber auch aus klimatischen Gründen, wo, wie im Campo Grande (Paul da Serra), nebelreiche, moorige Hochflächen an Stelle der Gebirgszacken und -schroffen treten. Siedlungsfeindlich sind sodann beinahe alle Talböden der Insel bis herab zum Ufer des Atlantik; aber nicht, wie andernorts, z. B. im Mittelmeergebiet häufiger, infolge von Mückenplage. Vielmehr ist der Grund hierfür ohne weiteres einzusehen, wenn man einmal die ungeheuren

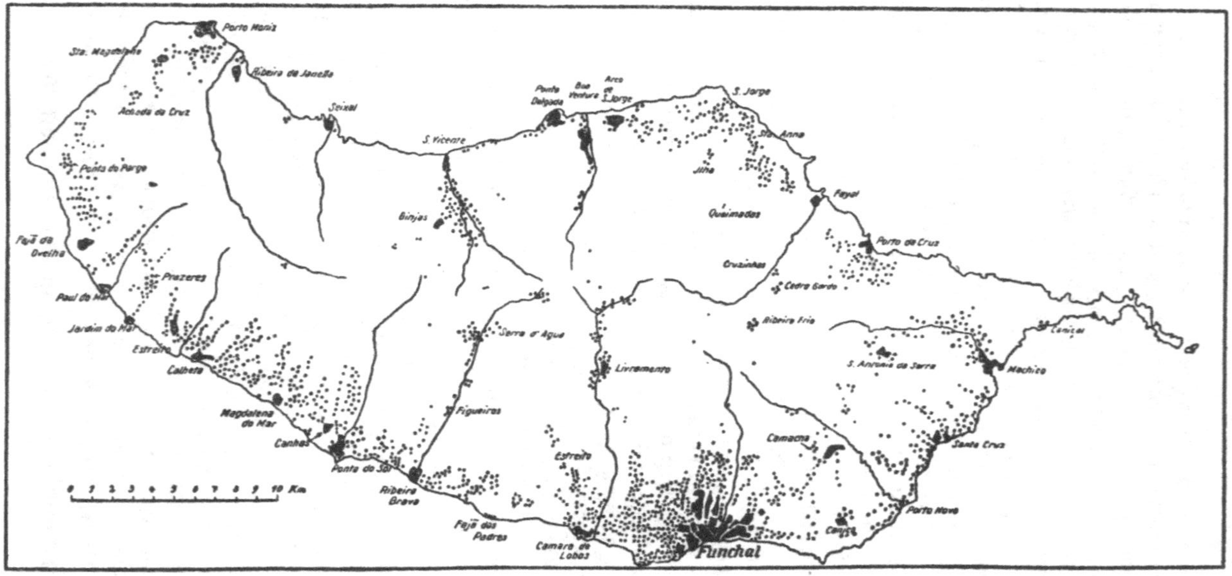

Fig. 13. Wohnplatzkarte von Madeira. Die Siedelungen bevorzugen die Küste, besonders an den Flußmündungen, und Höhenzüge der tieferen Region; meiden dagegen fast völlig die Talsohlen und das hochgelegene Innere der Insel.

Abb. 21. Im Tale der Ribeira Brava zwischen Figueiras und Serra d'Agua. Talsohle durch Schuttkegel vielfach versperrt, in die eine Miniaturschlucht eingeschnitten ist. Terrassenbau an steilen Hängen.

Abb. 22. Zur Autostraße ausgebaute Nationalstraße im Buschgehölz nördlich des Encumiadapasses. Talaufwärtsstrebende Nebel. Im Hintergrunde die Lombada das Vácas.

Abb. 23. Ausblick von der Straße unterhalb Encumiada auf das Tal von Sao Vicente mit konvexen Grenzformen und der scheinbaren Flußterrasse an der Talmündung. Vgl. Abb. 5, Fig. 8, Text S. 34. Im Vordergrunde niedriges Buschgehölz.

Abb. 24. Terrassenkulturen östlich vom Cabo Girao und Blick vom Cap auf das Gebiet der Schlackenhügel westlich von Funchal.

Schuttmassen selbst größter Flußgeschiebe in den sommers trockenen Gewässerfurchen gesehen hat, die den Talboden weithin bedecken. Sie zeugen von gewaltigen Massen reißender Wasser, für die das enge Bachbett keinen Raum hat. In Funchal ist der Unterlauf solcher Gewässer zum Schutz gegen Hochwasser durch starke, hohe Mauern eingefaßt. Die Einrichtung der Levadas allerdings hat den Wasserhaushalt mancher Flüsse grundlegend geändert. Wohl folgen die Siedelungen vielfach der Hauptgewässerrichtung, aber dann bevorzugen sie die Talflanken oder auch die höheren Schutthalden, mehr aber noch sanftere Zwischentalscheiden der Nebengewässer, wofür Serra d'Agua, oder höhere Talterrassen, wofür Sao Vicente oder das 615 m hoch gelegene Dorf Livramento im Tal des Ribeiro dos Soccoridos ein vortreffliches Beispiel ist. Nur auf wenigen bevorzugten Linien dringen die Siedelungen als Talsiedelungen in dem angedeuteten beschränkten Sinne weiter ins Innere vor, so noch — außer den genannten — in den Tälern der Ribeira dos Soccoridos des Grande Curral und nur wenig in deren Gegental auf der Nordseite, der Ribeira de Boa Ventura und dann allenfalls noch im Tal von Machico im Osten der Insel. Das große Tal der Ribeira da Janella dagegen im Nordwesten zeigt nicht eine Siedelung, einige Häuser portugiesischer Wasserbauingenieure bei Rabaçal ausgenommen. Derartige, der Direktion der Obras Publicas oder der Estaçao Agraria in Funchal unterstehende Unterkunftshäuser für die Ingenieure der Levadaverwaltung, Häuser, die oft nur zeitweilig bewohnt werden und manchmal in recht schlechtem Zustand sind, sind auch die einzigen „Siedlungen“ tief im Innern, so außer Rabaçal noch Estanquinhos, Caramujo, Lombo do Mouro, Bica da Cana, Poiso und Queimadas. Sie treten in ihrer Isoliertheit auf der Siedlungskarte klar hervor. Wohl ⅔—¾ der ganzen Insel ist unbesiedeltes und in der Hauptsache auch unkultiviertes Land. Es ist bezeichnend, daß in einem periodisch trockenen Land die menschlichen Siedelungen gerade die Gebiete meiden müssen, die von Natur die meiste Feuchtigkeit aufweisen.

Auch in der Anlage der Siedelungen prägt sich deutlich die Gebundenheit an die Oberflächengestalt aus, wodurch Siedlungsformen erzeugt werden, die andernorts, in ebeneren Gebieten i. a. ein Zeugnis für extensive Wirtschaft sind und so zu der intensiven Wirtschaft Madeiras in einem scheinbaren Widerspruch stehen: das zerstreute Wohnen. Wie vielfach bei Landbau treibenden Gebirgsvölkern herrschen auf Madeira die Einzelhöfe vor, die zwar aus verwaltungstechnischen Gründen zu Gemeindeeinheiten zusammengefaßt, aber keine eigentlichen Dörfer sind, sondern höchstens zu einem benachbarten wirklichen Dorf in nur ganz lockerer Verbindung stehen, die hauptsächlich durch den Fahrweg bewerkstelligt wird. Man könnte solche Form einer dirigierten, sehr weitständigen Streusiedelung mit gewisser Einschränkung als ein- oder zweiseitige Reihensiedelung bezeichnen, wobei die Richtung der Streusiedelung entweder der einer Zwischentalscheide, eines Bergkammes (Lombada) oder -rückens (Lombo) folgt, wie z. B. im Westen an der Lombada dos Cedros oder in Estreito, oder aber senkrecht zu diesen verläuft, indem beinahe jeder Hof einem andern Bergrücken angehört, wie es besonders nordöstlich von Paul do Mar der Fall ist, sowie längs der Straße Funchal—Camacha. Die erstgenannte Form der weitständigen „Lombo-Reihensiedelung" eignet in der Regel auch den wenigen, oben schon gekennzeichneten langgestreckten Talsiedelungen, wie ja zwischen beiden u. U. keine scharfe Grenze zu ziehen ist, wenn die Talsiedelung an den Talflanken höher hinauf oder die Lombosiedelung an den Hängen des Bergrückens tiefer hinabsteigt. I. a. dürften Tal- und Lombosiedelungen die älteren sein und die Entstehung entsprechender Verbindungswege veranlaßt haben, während umgekehrt der Bau von Wegen quer zur Tal- und Rückenrichtung erst solche übrigens nicht sehr häufigen Quersiedelungen hat aufkommen lassen.

Während sonst die Entstehung von Einzelhöfen in starker Streulage vielfach auf die schwierigen Rodungsverhältnisse bei der Urbarmachung eines Landes zurückzuführen ist, scheint dieser Fall für Madeira nicht vorzuliegen, weil die Rodung der Andropogontrift, der Macchia oder des Waldes durch Brand wenigstens in den tieferen, im Sommer recht trockenen Zonen Madeiras kaum Schwierigkeiten oder doch weit geringere bereitet haben muß als etwa in einem dauernd feuchten tropischen Regenwald. Vielmehr ist solche Form der Siedelungen zugleich mit der der Terrassenkultur vorwiegend geländebedingt; vorwiegend, nicht ausschließlich. Denn allein aus der Oberflächengestaltung und der Form der Terrassenkulturen erklärt sich die Wohnweise in Streusiedelungen nicht, da sie auch dort besteht, wo beide Voraussetzungen nicht oder nur in stark gemildertem Maße zutreffen, in der Küstenzone westlich von Funchal, im Gebiet von S. Amaro, S. Antonio und S. Martinho, wo in dem sanfteren Hügelland zwischen der Ribeira de S. Joao und dos Soccoridos der Besiedelung weitere Räume zur Verfügung standen. Hier wäre an sich, zumal bei der intensiven Bewirtschaftung dieses wichtigen Weingebietes, Raum für geschlossenere dörfliche Siedelungen gewesen, d. h. gedrängter Ansammlung ländlicher Wohn- und Wirtschaftsgebäude, die von ihrer siedelungsfreien Ackerflur umgeben werden. Aber auch hier findet sich zersplitterte Wohnweise in Streusiedelungen. Es scheint, daß die Neigung zu solcher Siedlungsweise, die *O. Quelles*[1]) atlantischem Siedlungstyp Galiziens entspricht, die portugiesischen Kolonisten schon aus ihrem Mutterlande mit nach Madeira gebracht und überall angewandt haben, auch wo sie die natürlichen Grundlagen nicht erforderten.

Unter den ungezählten Häusern und Häuschen innerhalb der Terrassenkulturen mögen auch manche nur die Stelle von Feldhütten einnehmen, d. h. nicht ständig, sondern nur in der Hauptarbeitszeit bewohnt sein, um den Bauern den Zeitverlust durch langen An- und Abmarsch von der Wohn- zur Arbeitsstätte zu ersparen.

Doch fehlen die geschlossenen Siedelungsformen nach Art der Haufendörfer und Städte keineswegs, nur treten sie stark zurück. Wie der Gesamtsiedelungsraum auf Madeira stark eingeengt ist, so sind in besonderem Maße die geschlosseneren Siedlungsformen durch die Oberflächengestaltung auf wenige günstige Flecke beschränkt, die sich fast ausnahmslos nur in Küstennähe, aber selbst hier selten genug befinden. Ganz besonders bevorzugt war der Raum von Funchal, wo sich die einzige größere Stadt entwickeln konnte, weil hier zugleich die Begünstigung einer klimatisch nach Ost und West geschützten Lage in geringem Niveau über dem Meere hinzukam. Die amphitheatralische Erweiterung der Stadt zu dem weiträumigen, hoch an den Bergen emporklimmenden modernen Bilde ist erst ein sekundärer Vorgang. An die enge Siedlungsweise, wie sie außer für Städte auch für viele Dörfer im Mittelmeergebiet charakteristisch ist, erinnert das Bild des malerisch vom Meeresufer aus auf Lava- und Schlackenfels emporkletternden Fischerdörfchens Camara de Lobos sowie das romantische Ribeira Brava. Überhaupt zeichnet gedrängtere Bauweise die unmittelbar in küstennahen Mulden gelegenen Siedelungen aus wie Paul do Mar, Fajã da Ovelha, Porto Moniz im Westen, Ponta Delgada im Norden, die ähnlich wie Funchal am Berge emporstrebenden Städte Machico und Santa Cruz im Osten. Im Innern aber findet sich mehr oder minder geschlossenere Bauweise seltener, so etwa in Camacha; in Santo Antonio da Serra dagegen tritt sie schon stark zurück.

---

1) *O. Quelle:* Anthropogeographische Studien aus Spanien. Mitt. Geogr. Ges. Hamburg XXX, 1917.

Die Bauweise namentlich auf dem Lande ist einerseits durch das vorhandene Rohmaterial, andererseits klimatisch bedingt und wechselt etwas mit der Höhenlage. Während in den größeren Siedelungen eine gewisse Bau- und Wohnkultur besteht, tragen die zerstreut gelegenen ländlichen Häuser noch oft genug den Charakter einer nur vorübergehend, zum Schutz gegen die nächtliche Ausstrahlungskühle benutzten Zufluchtsstätte (Abb. 25) und eines Geräte- und Proviantschuppens. Das Leben der Bewohner, selbst, wie in Camacha, der Handwerker spielt sich eben in viel höherem Maße draußen im Freien ab als in unseren klimatischen Breiten, die mindestens während drei bis vier Wintermonaten die menschliche Tätigkeit an das Haus fesseln und darum die Entstehung von Wohnräumen begünstigen. Auf Madeira aber fällt in den Hauptsiedelungsgebieten dieser Zwang fort und die klimatischen Verhältnisse begünstigen förmlich eine gewisse Unkultur im Wohnwesen, die sich — selbst in Funchal noch — bis zur Verwahrlosung steigern kann. Solchen Eindruck gewinnt man aber nicht bei einer flüchtigen Bereisung des Landes oder bei einem großen Überblick über Teile der Insel von einem erhöhten Punkte aus; denn fast alle Häuser sehen in ihrem leuchtenden Weiß mit dem roten Ziegeldach und den grünen Fensterläden aus der Entfernung geradezu schmuck aus, namentlich gegen einen blumenbunten Hintergrund oder vor der Staffage düsterer Zypressen.

Die meisten Häuser — von denen Funchals i. a. abgesehen — sind einstöckig und klein, haben, wie auch sonst im Süden, nur wenig Fenster, aber verhältnismäßig dicke Mauern; vielen fehlt das Charakteristikum der nordischen Wohnhäuser: der Schornstein. Sie alle zeigen eine weitgehende Anpassung an die klimatischen, wirtschaftlichen und bodenplastischen Verhältnisse. Da es sich in der Mehrzahl der Fälle um ländliche Bauten an steigungsreichen Wegen handelt, liegen, da das Einheitshaus vorherrscht, die Vorratsräume, Schuppen und dgl. unten, von der Straße aus unmittelbar durch ein Tor zugänglich. Dadurch werden, namentlich wenn die Steigung des Weges nicht sehr groß ist, die oben gelegenen Wohnräume förmlich emporgehoben und sind nur durch eine außerhalb des Hauses gelegene Treppe erreichbar (Abb. 26). Diese geht in einen Laubengang über, der von wundervollen, in leuchtenden Farben blühenden Zierschlingpflanzen oder von Wein überrankt und beschattet, selbst ärmlicheren Häusern ein behaglich-freundliches Aussehen verleiht. Ist die Bauweise dichter, so ändert sich zuweilen dieses freundliche Bild, und die Häuser zu beiden Seiten der Straße machen einen mehr festungsartigen Eindruck. Nicht daß sie düster schienen, das verhindert die helle Tünche ihrer Mauern; aber sie wirken drohend dadurch, daß sie im ganzen Unterhaus fensterlos sind. Ländliche Häuser der Wohlhabenderen, namentlich die Quintas, zeigen eine Trennung von Wohn- und Wirtschaftsgebäuden, wiewohl diese unter einem Dache, dann nebeneinander liegen können. In diesem Falle steht das Haus mit seinem First quer zur Straße und Böschung; der hangabseits gelegene Teil des unteren Hauses empfängt Licht und enthält Wohnräume, die unmittelbar vom Garten aus betreten werden; das hangaufwärts zu erwartende Unterhaus fehlt entweder ganz, an seine Stelle tritt der Fels, oder wird von nur spärlich Licht empfangenden Kellerräumen eingenommen. Die Hauptwohnräume liegen über dem Unterhaus, hangaufwärts zu ebener Erde, hangabwärts bilden dieselben das erste Stockwerk. Auch in diesem Falle führt zu ihnen eine höhere umrankte Treppe von der Seite her. Klimatische Anpassung zeigt sich im Steinbau als solchem, der, namentlich wenn die Mauern dick und die Fenster spärlich sind, im Sommer kühler ist als der Holzbau. Der weiße Anstrich reflektiert in erhöhtem Maße die Sonnenstrahlung und hemmt deren Absorbierung und Umsetzung in Wärme. Das meist mit roten Ziegeln gedeckte Dach zeigt im allgemeinen die Form des flachgeneigten Walmdaches, wobei der First bei oblongem Hausgrundriß vorhanden, bei quadratischem auf einen Punkt verkümmert ist. Bei kleinen, ärmeren Hütten findet sich auch das flache Sattel- oder Giebeldach. Wo die einzelnen Häuser einer Siedelung dicht zusammengedrängt sind, pflegen zum Schutz gegen die Sonnenbestrahlung die Gassen eng zu sein, eine offenbar nur überkommene Bauweise, die sich auf Madeira deshalb nicht praktisch auswirken kann, weil die Häuser alle niedrig sind und daher i. a. doch nicht den erwünschten Schatten spenden.

Das Baumaterial ist vornehmlich einheimisch. Die ersten Häuser auf Madeira waren, entsprechend dem ursprünglichen Holzreichtum der Insel, aus Holz gebaut, wahrscheinlich aus dem einer endemischen Ceder, die in Hülle und Fülle in den Macchien wuchs. Heute liegen die Verhältnisse nach den Waldbränden anders; Holzbauten, die nicht gänzlich fehlen, verbietet schon die Armut der Insel an hochstämmigen Bäumen, deren Holz sich zum Hausbau eignete. Daher herrscht bei weitem der Steinbau vor wie auch im waldarmen Mittelmeergebiet. Über die als Baumaterial dienenden Steine vgl. den Abschnitt Bodenschätze, S. 103 f.

Im folgenden geben wir eine Übersicht der Gemeinden Madeiras nach dem Census von 1911 mit Angabe der Kreiszugehörigkeit (concelho, in römischen Ziffern) und Einwohnerzahlen. Die verschiedenen Kreise sind die von I Funchal, II Camara de Lobos, III Ribeira Brava, IV Ponta do Sol, V Calheta, VI Porto Moniz, VII São Vicente, VIII Sant' Ana, IX Machico, X Santa Cruz.

Achadas da Cruz	VI	350
Agua de Pena	IX (z. T.), X (z. T.)	1 348
Arco de S. Jorge	VIII	617
Arco de Calheta	V	4 639
Boaventura	VII	1 667
Calheta [2])	V	4 665
Camacha	X	3 811
Camara de Lobos [2])	II	7 810
Campanario	III	3 692
Canhas	IV	3 882
Caniçal	IX	483
Caniço [3])	X	4 697
Curral das Freiras	II	1 430
Estreito da Calheta	V	2 300
Estreito de Camara de L.	II	6 200
Faial	VIII	?
Fajã da Ovelha	V	2 757
Funchal [1])	I^a	23 291
Funchal	$I^a + I^b$	50 330
Gaula	X	3 120
Jardim do Mar	V	278
Machico [2])	IX	7 154
Madalena do Mar [3])	IV	1 093
Nossa Senhora do Monte [5])	I^b	?
Paul do Mar [3])	V	1 586
Ponta Delgada [5])	VII	?
Ponta do Pargo	V	2 546
Ponta do Sol [2])	IV	5 973
Porto da Cruz [3])	IX	4 284
Porto do Moniz [2])	VI	1 880
Prazeres	V	1 251
Quinta Grande	II	996

1) die namengebende Siedlung ist Stadt (cidade).
2) die der Gemeinde den Namen gebende Siedlung ist Marktflecken (vila).
3) die der Gemeinde den Namen gebende Siedlung ist Ortschaft (logar).
4) Freguesias urbanas (Stadtgemeinde).
5) Freguesias suburbanas (Vorstadtgemeinde).

Ribeira Brava [2])	III	5 339
Ribeira de Janela	VI	748
Sant' Ana	VIII	3 107
Santa Cruz [2])	X	7 054
Santa Luzia [4])	I^a (fast ganz)	?
Santa Maria Mayor [4])	I^a (z. T.)	7 823
Santo Antonio [5])	I^b	8 839
Santo Antonio da Serra	IX (z. T.), X (z. T.)	2 130
São Gonçalo [5])	I^b (z. T.), I^a (z. T.)	2 987
São Jorge	VIII	2 142
São Martinho [5])	I^b (z. T.), I^a (z. T.)	6 556
São Pedro [4])	I^a	7 061
São Roque [5])	I^b	3 289
São Roque do Faial	VIII	956
São Vicente [2])	VII	5 462
Sé [4])	I^a	4 083
Seixal	VI	1 203
Serra d'Agua	III	1 580
Tabúa	III	2 235

VIII. Das Wirtschaftsleben.

1. Die natürliche Ausstattung. Nur ganz verschwindend klein ist die Rolle, die Madeira in der Weltwirtschaft spielt; daß es aber überhaupt einen immerhin noch meßbaren Anteil daran hat, ist um so erstaunlicher, als das Produktionsgebiet selbst äußerst klein, dessen natürliche Ausstattung vor Beginn der europäischen Besiedelung keineswegs üppig ist.

Die Bodenschätze Madeiras sind recht spärlich. Reichlich vorhanden und von guter Qualität sind lediglich die Gesteine, vor allem der Basalt in seinen verschiedenen Formen. Zunächst der in senkrechten Säulen von polygonalem Querschnitt abgesonderte kompakte Basalt, Alvenaria oder pedra viva genannt; er findet sich meist in der tieferen Region Madeiras und dient seiner Härte und sozusagen fertigen Form wegen für Bauzwecke aller Art. Die zweite Gruppe ist der poröse, blasenförmige Basalt bzw. Trachydolerit oder Cantaria rija, wie er in großer Menge bei Camara de Lobos vorkommt; auch dieser wird beim Hausbau auf der ganzen Insel verwandt zu Türpfeilern und -rahmen, Stufen, Schwellen u. dgl. Dagegen ist die dritte Form des Basaltes, der schlackige Basalt, welcher überall vorhanden ist, für Bauzwecke nicht geeignet. Besonders viel wird sodann ein anderes, mit dem Basalt wechsellagerndes Gestein technisch verwertet, die Cantaria Mole[1]), ein relativ weiches Agglomerat, das aus dunklen Aschen oder auch aus diesen und ganz feinen Lapilli sowie gelblich-tuffartigen Massen besteht und, durch Druck verfestigt, Quadersandsteinen körniger Struktur nicht unähnlich ist. Diese Cantaria Mole, in schönen Quadern am Cabo Girao gewonnen, benutzt man zur Herstellung von Herden, Öfen, Trögen, Filtern u. a. m. Dieselbe Bezeichnung wendet man auch für die kompakten roten Schlacken an, die gerne als Türrahmen in den Bauernhäusern verwendet werden.

An sonstigen Bodenschätzen sind von wirtschaftlicher Bedeutung nur die Kalke von Porto Santo und benachbarten kleinen Inseln. Die auf Madeira bei S. Vicente anstehenden Kalkvorkommen spielen weiter keine nennenswerte Rolle. Erzlagerstätten sind so gut wie gar keine vorhanden, wenn auch Eisen in mineralischen Zusammensetzungen massenhaft vorkommt; aber diese lohnen niemals eine Ausbeute. Nur in kleinen Mengen findet sich Eisenglanz an einem Felsvorsprung vom Kai von Ponta do Sol und in den Wänden von Lavakanälen. *Ackermann* hat der mineralischen Erschließung Madeiras eine eingehende Arbeit gewidmet; aber Technik und Wirtschaft werden seine Hoffnungen schwerlich erfüllen können. Freilich gibt es kaum ein wertvolles Metall u. dgl., das nicht in irgendeiner Form auf Madeira vorhanden wäre; so hat man Eisen, Aluminium, Mangan, Blei, Silber, Gold, Platin, ja auch Petroleum und Kohle feststellen zu können geglaubt und sogar amtliche Protokolle über diese „Funde" aufgenommen. Aber über das Entdecken von nur feinsten Spuren edler Metalle, die eine Ausbeute in keiner Weise rechtfertigen, ist man noch nicht hinausgekommen. Auch Schwefellager sind auf der Insel nicht vorhanden. Was an Bodenschätzen sonst noch eine Erwähnung verdiente, sind lediglich einige z. T. eisenhaltige Mineralquellen, deren bedeutendste die von Jamboto bei Santo Antonio und von Porto Santo sind sowie die kleinen Ton- und Kaolinlager der Insel, die die Grundlage einer kleinen keramischen Industrie bilden.

Unter den größeren Wirtschaftszweigen, die nicht auf ländliche Produktion zurückgehen, ist einzig die Fischerei von Bedeutung für die Insel, wiewohl der Fischreichtum des Ozeans bei Madeira und die Eigenart der Fische nicht derart ist, daß deshalb

---

1) Hartung wendet hierfür auch den Ausdruck Pedra Mole oder Vinoso (Weinrot) an; doch versteht man auf Madeira unter Pedra Mole den gelblichen Tuff, der zusammen mit Grand einen vorzüglichen Boden für Wein abgibt.

die madeirensische Fischerei der Konkurrenz etwa in den Küstengebieten der Mittelmeerländer unter allen Umständen standhalten könnte. Während in nahezu allen Meeren die Kontinentalschelfe und innerhalb dieser wieder deren seichteste Stellen, die Bänke, die ertragreichsten Fischgründe abgeben, fehlt ein solches Schelfmeer um Madeira herum völlig; steil fallen die Inselflanken zur Tiefsee ab und nur auf ganz kurze, einzig im Westen vor Ponta do Pargo auf etwas größere Entfernungen vom Ufer findet man Meerestiefen, die denen des Kontinentalschelfes entsprechen. Aber dessen günstige Lebensbedingungen beispielsweise für das Laichen der Fischschwärme bieten sie lange nicht in demselben Maße. Madeira ist ein isolierter Felspfeiler im offenen Meere und dieses ist bekanntlich auch erheblich ärmer an Plankton, der wichtigsten Fischnahrung, als etwa die Meeresteile in Festlandsnähe. Immerhin hat man in den Meeren von Madeira etwa 250 Fischarten festgestellt, von denen aber ein beträchtlicher Teil in größeren Tiefen, ja bis 1500 oder 2000 m Tiefe leben.

Die edelsten Fische, die bei Madeira gefangen werden, sind der Wrackfisch[1]), ein Schleimkopf Alfonsim[2]), Salmonete do Alto[3]), die Meeräsche[4]), der Heringskönig[5]), die Abrotea[6]) und der Hechtdorsch[7]); von ihnen sind einige teils durch Überfischung, teils durch Anwendung unheilvoller Explosivstoffe beim Fang im Gegensatz zu früheren Zeiten verhältnismäßig selten und daher recht teuer geworden, so Wrackfisch, Meeräsche bzw. Großkopf und der Kummel oder Hechtdorsch. Nur wenig stehen diesen edelsten Arten an Güte nach der Sägebarsch[8]), die Streifenbarbe[9]), eine Art Ringelbrasse[10]),

1) Polyprion cernium (port. Cherne), bis 2 m lang, häufig 25 kg schwer; infolge Überfischung heute schon seltener. Lebt in 300—900 m Tiefe.

2) Beryx splendens (port. Alfonsim), kleiner Tiefseefisch; häufig.

3) Polymixia nobilis, eine Makrelenart. Wertvoll.

4) Mugil corrugatus, M. cephalus (Großkopf), M. auratus (port. Tainha), ein Harder, 40—50 cm lang.

5) Zeus faber (port. Peixe galo), goldfarbener Hahnfisch von 1 m Länge, 15—20 kg schwer. Gilt als Delikatesse.

6) Phycis mediterranea, eine Schellfischart, häufig und im ganzen Jahr vorhanden.

7) Merluccius merluccius (port. Pescada), der Kummel oder Seehecht, lebt in 400—800 m Tiefe, 1,25 m lang, bis 16 kg schwer, seltener. Wird oft wie Stock- und Klippfisch zubereitet.

8) Serranus cabrilla (port. Garoupa), kleiner Fisch.

9) Mullus surmuletus (port. Salmonete), 30—40 cm lang, schon im Altertum sehr geschätzt.

10) Sargus Rondeletii, S. cervinus (port. Sargo), 20 cm lang, allgemein.

der Scharfzähner[11]), Pagel[12]), ein Lippfisch[13]), der farbenreiche Seepapagei[14]), der zu den Thunfischen gehörende Germon oder Albacora[15]), der Hornhecht[16]), Spada[17]), die Makrele[18]), der Stöcker[19]) und die Sardine[20]). Wenngleich diese Arten zu einem großen Teil ganz allgemein vorkommen, so haben sie doch ein feines Fleisch. Viele rühmen auch kleinen Fischen wie Ährenfisch[21]), Viperqueise[22]), einer Ulkfischart Requeme[23]), dem Petermännchen[24]) und Meerjunker[25]) sowie einigen größeren z. B. der Goldmakrele[26]) und Muräne[27]) ein schmackhaftes Fleisch nach. Da fast alle diese Fische in großen Massen gefangen werden, sind sie zugleich billig

11) Pagellus centrodontus (port. Goraz), kleine Seebrasse, allgemein.

12) Pagrus pagrus (port. Pargo), 50 cm lange Brasse, häufig.

13) Smaris insidiator (port. Boqueirão), 25—30 cm lang.

14) Scarus cretensis (port. Bodião), 40 cm langer, farbenreicher Lippfisch, häufig.

15) Thynnus alalonga (port. Atum voador), 1 m lang, bis 50 kg schwer. Wird seines feineren Fleisches wegen mehr geschätzt als die andern Thunfische.

16) Belone vulgaris (port. Agulha), aalförmiger Fisch, oft 1 m lang, gilt als Führer von Makrelen und andern Wanderfischen.

17) Aphanopus carbo (port. Espada Preta), Molchfisch der Tiefsee, wird ausschließlich von den Fischern von Camara de Lobos gefangen. Reichlich vorhanden. Der „pesce spada“ der Italiener hat mit diesem Spada nichts zu tun, ist vielmehr die Bezeichnung für den Schwertfisch (s. u. Nr. 36).

18) Scomber scomber (port. Cavala), 40—50 cm lang, findet bei Madeira seinen südlichsten Standpunkt im Nordatlantik.

19) Trachurus trachurus u. T. Cuvieri (port. Chicharro), kleiner Wanderfisch von makrelenähnlicher Gestalt, lebt in Schwärmen.

20) Clupea pilchardus (port. Sardinha).

21) Atherina presbyter (port. Guelro), klein, häufig, in dichten Schwärmen.

22) Trachinus vipera (port. Aranha), 12—15 cm lang.

23) Sebastes Kuhlii (port. Requeme), klein, nicht selten. In Camara de Lobos Chapado, in Porto Santo Vermelho genannt.

24) Trachinus draco (port. Aranha), 30 cm lang; bringt gleich der Viperqueise schmerzhafte Wunden und Entzündungen bei.

25) Coris giofredi (port. Peixe rei), bis 18 cm langer, äußerst bunter Lippfisch.

26) Coryphaena equisetis oder hippuris (port. Dourada), bis über 1 m lang, 15—20 kg, jagt fern von den Küsten fliegende Fische.

27) Muraena helena, M. augusti, M. anatina (port. Moreia pintada, M. preti, M. serpente), plumper Aalfisch, bis 1,5 m lang, bis 6 kg.

und für die Volksernährung von hoher Bedeutung. Das gilt am meisten für den Spada, den bei 1500 bis 2000 m Tiefe lebenden Fisch, der in großen Mengen auf den Funchaler Markt kommt und diesen seit einigen Jahren beherrscht. Dem gegenüber sind die Thunfische, früher ihrer Häufigkeit und Billigkeit wegen eine allgemeine Volksnahrung, stark zurückgetreten, zumal ihr Fleisch in den Konservenfabriken von Ponta da Cruz und Paul do Mar verarbeitet wird, was ein Anziehen der Preise und im Zusammenhang damit eine Verminderung des Verbrauchs durch die einheimische Bevölkerung zur Folge hatte. Immerhin trifft man den Bonito [28]), eine kleinere Thunfischart, noch häufiger an als den eigentlichen Thun [29]); aber beider Fleisch ist nur mittelmäßig. Den *Thunfisch*zügen stellen die Fischer besonders zwischen Madeira und Porto Santo nach, wo jene, von Westen kommend, angeblich dem Mittelmeer zustreben. Diese Frage der Thunfischzüge ist noch nicht hinreichend geklärt, obwohl gerade in den letzten Jahren viele Beobachtungen darüber namentlich im Mittelmeer angestellt sind. Darnach wird die alte Auffassung, daß der mittelmeerische Thunfisch aus dem Atlantischen Ozean komme, fallen gelassen zugunsten der Annahme, daß er stets im Mittelmeer bleibe, sich dagegen einen großen Teil des Jahres in größerer Tiefe aufhalte [30]). In welchem Zusammenhang die bei Madeira auftretenden Thunfischzüge mit den mittelmeerischen stehen, kann zur Zeit nicht gesagt werden. Eine ganze Reihe anderer Fische, deren Fleisch zwar recht grob ist, werden deshalb gefangen, weil sie in großen Mengen auftreten und so an Masse und Billigkeit ersetzen, was ihnen an Qualität fehlt. Das gilt von dem 3 m langen und bis 1 Zentner schweren blaßbraunen Seeaal [31]), der in dunklen Nächten reiche Beute bietet; ferner von einem 12 cm langen Riffisch [32]), der zudem sommers in nur geringer Tiefe an der Südküste massenhaft auftritt, von einer stets nahe der Küste wandernden Brassenart [33]),

28) Thynnus pelamys (port. Gaiado), 80 cm langer Thunfisch, jagt fliegende Fische, wird gesalzen und an der Luft getrocknet.

29) Thynnus thynnus (port. Atum rabil), der größte der Thunfische, 2—3 m lang, 150—300 kg schwer.

Thynnus obesus (port. Atum patudo) und Th. albacora (port. Atum albacora).

30) Vgl. darüber die zusammenfassende Behandlung bei J. Partsch: Geographie des Welthandels. 1927, S. 113 f.

31) Conger vulgaris (port. Congro), aalartiger Fisch, 3 m lang, bis 50 kg; je dunkler die Nacht, desto reichlicher wird er gefangen.

32) Heliastes limbatus (port. Castanheta Baia), 12 cm lang.

33) Box salpa (port. Salema). (Italienisch sarpa.)

vom Blöker[34]) u. a. m. Ähnliches trifft auch für den 1—1,5 m langen, harmlosen Sternhai[35]) zu, der relativ häufig bei Madeira erscheint. Weniger um des Fleisches willen fängt man den Gata[36]), eine Seehundart, die wirtschaftlich wertvoll ist, da aus ihrer Leber Tran gewonnen und die Haut in der Tischlerei als Schleifmittel (lixa de gata) verwendet wird. Tran gewinnt man ebenfalls aus der Leber des Hornrochen[37]), dessen rotes Fleisch aber hart und zäh ist. Dieser 5—6 m lange Fisch ist nicht gerade häufig in den Meeren um Madeira, er erscheint zuweilen im Sommer nahe der Küste; aber er gilt bei den Fischern als ein großer Unhold, der Menschen umschlingen und nicht eher loslassen soll, als bis sie tot seien. Ein ähnlicher, aber zweifellos weit gefährlicherer Feind der Fischer und Schiffer ist der 3—5 m lange Schwertfisch[38]), der sich viel in den madeirensischen Gewässern aufhält und, wie wiederholt einwandfrei beglaubigt ist, die Bootswände durchbohrt und so gelegentlich kleinere Schiffe zum Kentern bringt. Wohl aus diesem Grunde sucht man seiner habhaft zu werden, wo es nur geht; überdies aber ist sein weißes Fleisch keineswegs unangenehm, sondern erinnert an das des Thunfisches. Auch der Blauhai[39]) oder Menschenhai fehlt nicht in diesem Teil des Atlantischen Ozeans und wird getötet, wo immer es möglich ist. Wieder anderen Fischen stellen die madeirensischen Fischer vorwiegend deshalb nach, weil sie unter den Fischbeständen schlimm hausen. Das gilt vor allem von dem Pfeilhecht[40]), einem in Schwärmen auftretenden, äußerst gefräßigen, furchtbaren Räuber mit gewaltigem Gebiß, der besonders gerne Sardinen, Stöcker und Blöker verfolgt. Sein Fleisch ist nicht wertlos, aber derb.

Neben diesen gilt ein beträchtlicher Teil der madeirensischen Fischerei anderen Seetieren, die teils als Köder für den Fischfang wie die Napfschnecke, die unterhalb 750 m Wassertiefe lebende Pota, die Seespinne und einige Panzerkrebse, teils für den mensch-

34) Box boops (port. Boga), 40 cm lang, sehr häufig. (Italienisch bughe.)

35) Mustelus laevis (port. Caneja), 1—1,5 m lang, relativ häufig.

36) Scymnus lichia (port. Gata), lebt in 300—1800 m Tiefe.

37) Dicerobatis giornae (port. Urjamanta), 1—1,5 m lang ohne, 5—6 m mit Schwanz, 25 kg, wird harpuniert. Aus seiner Leber gewinnt man Tran.

38) Xiphias gladius (port. Peixe Agulha), 3—5 m lang, 150—200 kg, wird viel gefangen. Schwimmt bei ruhigem Wetter an der Oberfläche, sonst in größerer Tiefe.

39) Carcharias glaucus (port. Tintureira), 3—4 m lang.

40) Sphyraena spet (port. Bicuda), ca. 1 m langer Wanderfisch, sehr gefräßig, mit gewaltigem Gebiß.

lichen Genuß bevorzugt sind. Diesem dienen die vielen Arten von Panzerkrebsen wie allerlei Krabben, Einsiedlerkrebse, Stein- und Sandgarneele, Langusten, Heuschreckenkrebse u. a. m. Der eigentliche Hummer dagegen ist auf Madeira selten. Häufiger werden auch Tintenfische verschiedener Art gefangen, darunter die schlanke Loligo vulgaris, die plumpe Sepia officinalis (portug. chôco), der Papiernautilus Argonauta argo und Spirula peronii. Von den vielen Muscheln sind Miesmuschel und Pecten, weniger Austernarten erwähnenswert, die besonders in der Bucht von Porto Santo, bei Caniçal, Garajau u. a. a. O. gewonnen werden.

Die Stickereiindustrie, vielleicht schon heute überholt, ist erst in der Mitte des 19. Jahrhunderts eingeführt worden und hat andere als naturgegebene Grundlagen. Einen wichtigen Naturschatz bedeuten die vielen Wasserfälle der Insel; doch sind diese als Quelle mechanischer Kraft verhältnismäßig selten benutzt worden, und ihre Ausbeutung zur Produktion elektrischer Kraft in der Neuzeit ist noch völlig im Rückstand, würde aber schon der insularen Lage Madeiras wegen direkt nur lokale Bedeutung haben, mittelbar dagegen zur Grundlage anderer Industrieen werden können, ohne daß das Wasser des Hochlandes seiner heutigen Bestimmung, der Berieselung, entzogen zu werden brauchte. So bleibt im wesentlichen nur die Agrarproduktion und deren Begleitindustrie übrig. Aber auch der Landbau hat von Natur unmittelbar keine allzu günstigen Voraussetzungen: die schwierigen Geländeverhältnisse fordern zu einer ländlichen Bewirtschaftung keineswegs heraus, stehen einer extensiven, etwa Plantagenwirtschaft sogar geradezu entgegen; ähnliches gilt von dem oft wenig tiefgründigen, zudem kalkarmen Boden. Und steht es mit den klimatischen Bedingungen wesentlich anders? Wir haben oben entwickelt, daß ohne Eingriff des Menschen ein großer Teil des heutigen, reichen Kulturlandes steppenähnliche Steintrift geblieben wäre. Und doch sind es gerade die Gelände- und klimatischen Verhältnisse, die trotz gewisser ungünstiger Umstände zur Nutzbarmachung anreizten: die weit nach Süden offene Lage des größten Teiles der Insel mußte zum Anbau wärmebedürftiger Kulturpflanzen anlocken; die große Regelmäßigkeit des Eintritts der Trockenzeit eröffnete sichere Ernteaussichten, während die Regenzeit günstige Wachstumsbedingungen bot. Die sichere Periodizität dieser Zeiten und vor allem die äußerst milden Wintertemperaturen, wie überhaupt die thermische Ausgeglichenheit des Klimas boten Bedingungen, die bei gewissen Korrektionen weit besser als die im Heimatlande der ersten Siedler sein und sogar den Anbau tropischer

Nutzpflanzen gestatten mußten, so daß es schon verlohnte, die Schwierigkeiten des Geländes und Bodens durch mühseligen Terrassenbau und Düngung, die des Klimas durch kostspielige künstliche Bewässerung zu überwinden.

Somit mußte der Landbau im Wirtschaftsleben der Insel die erste Rolle einnehmen, zumal er auch von den Einwanderern selbst betrieben werden konnte. Allerdings hat dieser Umstand es nicht verhindert, daß ähnlich wie in Südamerika afrikanische Negersklaven in relativ sehr großer Anzahl — 1552 waren 2700 in den Zuckerrohrpflanzungen beschäftigt — eingeführt wurden; ein entsprechendes Verbot durch die portugiesische Regierung im Jahre 1775 hatte in dieser Kultur eine Krise zur Folge, da es nunmehr an Arbeitern fehlte.

2. Landbau und Viehhaltung. Die Eigenart des gesamten Landbaus Madeiras ist außer durch die oben schon behandelte Bodenzusammensetzung in erster Linie bedingt durch Oberflächengestaltung und Klima, sodann durch besondere wirtschafts-soziale Verhältnisse. Die einzigen ebenen oder nur hügeligen Landschaftsteile innerhalb der kulturfähigen Klimaregionen sind außer den schmalen Lombadas die kleine Hochfläche von Santo Antonio da Serra in 700 m Höhe und das schiefe Hügelland von S. Martinho, das bis 300 m ansteigt. Sonst kommen für den Landbau nur einige küstennahe Mulden und die Talflanken in Betracht, meist Hänge von solchem Böschungsgrad, daß sie in unsern klimatischen Breiten entweder von Bergwald bestanden wären oder nur zu Weidezwecken dienten. Auf Madeira haben sie die Form der Terrassenkulturen gezeitigt, durch die zwar das Areal des Hanges je nach dessen Böschungsgrad mehr oder weniger verkleinert, ein Anbau aber überhaupt erst ermöglicht wird. Solcher Terrassenbau ist wohl die mühsamste Kulturform, die es überhaupt gibt; sie erfordert für die Planierung der einzelnen Terrassen, durch die u. a. auch das Fortspülen des Bodens verhindert werden soll, in weit höherem Maße als etwa in den rheinischen Weinbergen die Anlage von festen Stützmauern und für die Bewässerung Herbeileitung von Wasser. Und mit der einmaligen Anlage ist eine derartige Kultur keineswegs sichergestellt, sondern beansprucht unentwegte Instandhaltung. Es ist klar, daß solche Kulturform auch eine eigene Bearbeitungsweise hervorruft: ein Pflugbau ist auf den kleinen Feldern nicht möglich, der Besitzer muß den Boden gartenmäßig mit der Hacke bearbeiten; daher ist der Ackerbau Madeiras in ganz überwiegendem Maße Gartenbau. Nur wo sanfter geböschte Hänge breite Terrassen haben entstehen lassen oder wo solche gänzlich fehlen, da wird der meist von Ochsen gezogene Balkenpflug mit Eisenspitze verwendet. Die Terrassen ziehen sich von der Küste bis hinauf zur unteren Waldgrenze hin, auf kurze Horizontalentfernung also über 800 m in der Vertikalen. Derartige Höhendifferenzen sind die Ursache für die Anlage von kleinen Wohnhäusern und Feldhütten inmitten der kostbaren Terrassen und die weitgehende zerstreute Wohnweise der ländlichen Bevölkerung, bedingen aber auch im Verein mit den klimatischen Höhenstufen und den verschiedenen biologischen Anforderungen der Kulturgewächse einen vertikal-sukzessiven Wechsel der Kulturarten, ganz ähnlich, wie wir solchen schon im natürlichen Pflanzenkleid kennen lernten.

Dieses hat namentlich auf der Südseite der Insel in der gesamten Küstenregion, aber auch in der Zone der ursprünglichen Gehölze bis 800 m hinauf dem Kulturbau weichen müssen, und selbst oberhalb 800 m werden nur noch vereinzelt Restbestände der ehemals dichten Macchia und des Lorbeer-Heidewaldes angetroffen wie auf dem Gebirgsrücken zwischen Machicotal und Santo Antonio da Serra, da auch diese Zone in Kulturbau genommen ist, teils für Viehfütterung, teils für Forstkultur, die auf Madeira seit einer Reihe von Jahren einen starken Aufschwung genommen hat. So verzahnen sich heute Kulturland und Höhenwaldregion in innigster Weise, ohne daß für eine der beiden Zonen eine scharfe Höhengrenze angegeben werden könnte. Auf der Nordseite liegen alle solche Grenzen mehrere hundert Meter tiefer als auf der Südseite. Daß hier vor allem die Andropogontrift von dem Eingriff des Menschen betroffen worden ist, kann nicht wundernehmen; denn sie ist verhältnismäßig bequem zugänglich, zeigt die flachsten, am leichtesten zu bewirtschaftenden Hänge und, von einigen oben schon genannten Ausnahmen abgesehen, zugleich den tiefgründigsten Boden. Weiter aber ist gerade diese Zone bei künstlicher Bewässerung klimatisch, insonderheit thermisch außerordentlich begünstigt und zum Anbau wärmebedürftiger und kälteempfindlicher Kulturgewächse besonders geeignet, unter denen das Zuckerrohr bei weitem das wichtigste ist. Die einzelnen Kulturzonen werden unten (S. 117 ff.) behandelt.

In hervorragendem Maße wirken bestimmend auf den Landbau Madeiras die Befeuchtungsverhältnisse des Bodens. Das Kulturland liegt auf der Südseite in der Hauptsache in der klimatisch trockenen Küstenregion; nur die oberen Partieen gehören der nebelfeuchteren Zone an; auf der Nordseite und in dem dem Passat zugänglicheren Osten reicht, wie oben ausgeführt, die Zone größerer Feuchtigkeit tiefer herab. Aber auch diese Nebelfeuchtigkeit genügt innerhalb der Kulturzone in weitaus den meisten Fällen nicht für den Anbau anspruchsvollerer Gewächse. Daher muß künstliche Bewässerung in der trockenen Jahreszeit zu Hilfe gezogen werden, aber nicht für alle Kulturen. Die meisten Getreidearten außer Mais, ferner eine Reihe von Obstbäumen schließen ihre Vegetationsperiode mit der Reife der Früchte zu Beginn der Trockenzeit ab, sind daher auf künstliche Bewässerung nicht angewiesen. So lassen sich innerhalb der bebauten Küstenregion — unbebautes Land in größeren Flächen ist hier beinahe nirgends mehr vorhanden — zwei Kulturen besonders im Sommer selbst aus größerer Entfernung leicht voneinander trennen, solche mit und ohne künstliche Bewässerung. Diese letzten, die übrigens selten sind, größere Ausdehnung aber um Machico und Campanario zeigen, gestatten nur einmal im Jahre den Anbau von Getreide, das, wie in Innerspanien, zu Beginn der sommerlichen Dürre, Ende Mai, Anfang Juni, reift und geerntet wird; nach der Ernte gleicht solches Land einer unter der Hitze schmachtenden und verdorrenden, fast leblosen Steppe von ockerfarbigem Aussehen. Das berieselte Land dagegen wird während des ganzen Jahres bebaut und zeigt auch sommers das frischgrüne Kleid regen pflanzlichen Lebens.

Für die Berieselung haben portugiesische Ingenieure ein sinnreiches und wahrhaft kühnes System einer künstlichen Bewässerung konstruiert, durch das alle Bäche, Flüsse, Quellen der Insel gleichsam aufgefasert werden und nicht nur der Wasserreichtum der höheren, feuchteren Gebirgsteile der unterhalb dieser gelegenen trockeneren Niederung zugeführt wird, sondern sogar Wassermassen der niederschlagsreicheren Nordseite, die auch natürlicherweise zur Nordküste abfließen müßten, ohne Rücksicht auf die schroffe zentrale Gebirgskette der Südseite zugeleitet werden, wie die Levadas von Rabaçal, an dem an sich zur Ribeira da Janella entwässernden Westhang der Paul da Serra, die, in mehreren Etagen übereinander, die ganze Südwestküste versorgen bei Fajao da Ovelha, Paul do Mar, Estreito und Calheta; oder die Levada do Monte Medonho, die dem obersten Tal von Sao Vicente (Ribeira do Rosario) Zuflüsse entzieht zugunsten der Gegend von Ribeira Brava; oder endlich, wohl die kühnste Schöpfung dieser Art, die Levada do Juncal nebst ihrer 1910 fertiggestellten Fortsetzung, der Levada do Furado, die in 1000 m Höhe beginnend das Einzugsgebiet der obersten Ribeira Secca, die bei Fayal an der Nordküste mündet, köpft, um deren Zuflüsse sowie die der obersten Rib. do Medade, R. dos Balcoes, R. do Machico und

Abb. 25. Primitive Behausungen in einer Zuckerrohr- und Bananenpflanzung. Das häusliche Leben spielt sich in der guten Jahreszeit fast völlig vor dem Hause im Freien ab. Vgl. S. 100.

Abb. 26. Hausanlage auf Madeira. Unten: von der Straße aus unmittelbar zu erreichende Wirtschaftsräume, oben durch Treppenbau, der von Wein oder Zierpflanzen überrankt ist, zugängliche Wohnräume. Vgl. auch S. 100 f. und 103 f.

Abb. 27. Dorf Camacha. Weitständige Wohnweise.

Abb. 28. Ochsenschlitten zum Lastentransport in Funchal. Straße aus Kleinpflaster von Basaltgeröll.

sämtlicher größeren Wasseradern der Südostküste zu sammeln und der Südküste bis hart nordöstlich von Funchal, am Südhang des Pico do Infante auf insgesamt 130 km Länge zuzuführen.

Die Levadas sind nicht einfach Bewässerungskanäle; das trifft nur für einen, allerdings ungeheuer großen Teil von ihnen zu, die Zweigkanäle oder Levadas II. Ordnung. Die etwa 700 km Levadas I. Ordnung aber, über die die Insel verfügt, haben doppelte Aufgabe: sie sind vor allem Sammelrinnen mit ähnlichen Funktionen wie bei uns die Talsperren: der Sperrmauer entspricht die meist zementierte Außenmauer der Levada, während hier wie dort eine Innenmauer fehlt oder richtiger gesagt vom natürlichen Berghang gebildet wird; der Unterschied gegen die Talsperren ist nur der, daß die Primär-Levadas nicht Sammel*becken*, sondern Sammel*rinnen* darstellen; in ihrer Anlage sind sie beinahe sichtbar gewordener Ausdruck von Isohypsen. Die zweite Aufgabe dieser Hauptlevadas ist der Transport der Wassermassen; in diesem Sinne sind sie künstliche Bäche, aber mit nur ganz schwachem Gefälle. Ihr Beginn, gleichsam ihre „Quelle", liegt entweder an einem bedeutenden Wasserfall oder im oberen Teile eines Haupttals, dessen Bach durch den Anfang der Levada enthauptet wird. Von hier an folgt die Sammelrinne den Talflanken, ohne Hindernisse zu kennen; sie führt durch Wälder oder dichtestes Gebüsch, umgeht beinahe wie eine Höhenschichtlinie Schluchten sowohl wie Bergsporne und vermag auf solche Weise sich um größte Gebirgsmassen herumzuwinden, wie in dem oben angeführten Beispiele der Levada do Juncal, die unter östlicher Umgehung der Gebirgsmassen Madeiras und aller Schluchten und Sporne in 130 km langem „Lauf" Wasser von der Nordabdachung auf die Südseite führt; aber neben der Funktion des Transportes übt sie auch auf der ganzen Strecke die des weiteren Sammelns aus. Vorwiegend Sammelfunktion hat dagegen z. B. die Levada Queimada oder da Pedra, welche in etwa 1000 m Höhe den Gebirgsstock Pico das Pedras und der Encumiada Alta östlich vom höchsten Berg Madeiras, dem Pico Ruivo, in einem Halbkreis umkränzt, in den Tälern zurück-, auf den Spornen vorspringend, aber stets in annähernd gleichem Niveau. Wo erforderlich, durchstößt die Levada mittels Tunnel die Gebirgsriegel. I. a. besteht sie aus einem meist zementierten, 70 cm breiten und tiefen Kanal, von dem Verteilungskanäle in die zu bewässernden Gebiete führen. Durch Schleusen steht der Hauptkanal mit den Verteilungskanälen in Verbindung.

Überdies aber nehmen die Levadas auch die Stellung ausgezeichneter Verkehrswege ein (S. 149). Einen guten Überblick über sie bietet die Karte in *Powers* Führer. Vgl. auch Fig. 14 auf S. 146.

Die Levadas unterstehen einer besonderen Verwaltung, die abonnementsweise das Wasserrecht für ein bis zwei Stunden alle 14 Tage verpachtet. Auf Grund einiger allerdings nicht als sicher zu bewertender Maximalzahlen [1]) würde die Wasserzufuhr durch die Levadas einer halbjährlichen Niederschlagshöhe von über 1500 mm für die betreffende Kultur entsprechen.

Je nach der Art ihrer wesentlichsten Funktionen kann man unterscheiden zwischen Sammel-, Transport- und Verteilungskanälen, wobei zu berücksichtigen ist, daß eine Transportlevada auch stets akzessorisch eine Sammeltätigkeit mit ausübt. Je nach der zu erfüllenden wesentlichen Aufgabe nehmen die Levadas auch in der Anpassung an das Gelände verschiedene Formen an: die Verteilungslevadas führen von den Hauptkanälen aus auf möglichst kurzem Wege, meist dem stärksten Gefälle folgend, zu den Rieselfeldern hin; die wesentlich Sammlertätigkeit ausübende Levada paßt sich dem gegenüber möglichst eng an die Isohypsen an, nur ein minimales Gefälle erfordernd; der Transportkanal dagegen braucht gelegentlich stärkeres Gefälle nicht zu scheuen. Innerhalb der Gruppe der „Sammler“ gibt es zwei Arten: die eine quert viele Täler verschiedener Flußsysteme und nimmt dabei in Anpassung an das Gelände gerne die Form eines in sich wieder schlangenlinienartig gewundenen Halbkreises oder überhaupt Kreisbogenstücks an; diesem Typ gehören z. B. die Levadas Queimada und do Vinhatico oberhalb St. Anna, die große Levada do Furado im Osten und do Rib. do Inferno im Nordosten von Paul da Serra an. Der andere Typ kann repräsentiert werden durch die Levada do Palheiro oder den oberen Teil der Levada de S. Amaro im Grande Curral, die mehr oder minder hoch den Talflanken eines Hauptflusses folgen und höchstens dessen Nebentäler zu queren haben. Man könnte jene Quer-, diese Längslevadas nennen. Zwischen beiden gibt es eine ganze Reihe von Übergängen. Die ersten Levadas sollen auch von den ersten Kolonisten schon im 15. Jahrhundert angelegt worden sein. Nach Ansicht *Ackermanns* und anderer Autoren verdankt man die Idee einer derartigen künstlichen Bewässerung jenen Sklaven maurischer und orientalischer Abstammung, die den ersten Kolonisten durch mehr als ein Jahrhundert hindurch zur Verfügung standen.

---

1) bis zu 1500 cbm auf den ha innerhalb zweier Stunden eines Halbmonats für Zuckerrohrkulturen.

Als letzten, die Eigenart des Landbaus Madeiras bestimmenden Faktor hatten wir oben den wirtschaftlich-sozialen genannt; hierbei handelt es sich vorwiegend um die Besitzverhältnisse und diese machen sich ebenfalls im Aussehen der Kulturlandschaft bemerkbar, allerdings mit einer Einschränkung; denn der Augenschein könnte hier irreführen: aus der großen Zahl der Einzelhöfe innerhalb relativ kleiner Flächen könnte man den Schluß ziehen, daß es auf Madeira keinen Großbesitz gebe. Das trifft aber nur in einer Hinsicht zu: ehemals größere Besitzungen bäuerlicher Eigentümer sind infolge Erbteilung innerhalb der Familie zerschlagen worden. Aber die zwiefältige Folge hiervon war, daß einmal die Miniaturgüter auf Grund der schwierigen, kostspieligen Bewirtschaftungsbedingungen unrentabel, mit Schulden belastet, verpfändet und schließlich von wohlhabenden Portugiesen oder Ausländern erworben wurden, die sie nun ihrerseits wieder vergrößerten und verpachteten. Eine zweite direkte Folge der Erbteilungen und zugleich eine Folge der Veräußerung kleinster Besitzungen ist der überaus hohe Prozentsatz der Auswanderungen, von denen schon die Rede war. So entwickelte sich schließlich der Zustand, daß nur relativ wenige Bewirtschafter des Landes zugleich dessen Eigentümer sind, daß vielmehr in der Hauptsache größere Eigentümer das Land pachtweise bewirtschaften lassen. Es gibt daher auf Madeira wohl „Großbesitz" im rechtlichen Sinne als „Großeigentum", aber im Sinne der Bewirtschaftung gibt es keine Großwirtschaft, der gepachtete Kleinbesitz herrscht vor. Auch dürfte es zweifelhaft erscheinen, daß auf Madeira je eine wirkliche Großwirtschaft möglich gewesen sei; denn deren Vorzüge, die Großzügigkeit aller Bewirtschaftungsformen wirken sich vornehmlich nur in ebenen Gebieten aus und werden auf Madeira durch die Oberflächengestaltung größtenteils unmöglich gemacht.

Das Kulturland Madeiras gehört, wie gesagt, in der Regel nicht denen, die es bewirtschaften, sondern Grundherren (Senhorios), die es Pächtern (Colonos) zur Bewirtschaftung übergeben. Die Pachtverträge nach dem hier üblichen Bemfeitoria-, d. i. Grundstücksverbesserungs-System, zeigen einen ganz anderen Charakter als bei uns, da der Pächter in gewissem Sinne kündbarer Miteigentümer ist: Dem Grundherrn gehört nur das nackte Land und die Bewässerungsanlage zu eigen, dem Pächter aber alles andere, auch die Obstbäume, Hütten etc. Je nachdem der Pächter ein Haus auf dem Grundstück besitzt oder nicht, wird er als caseiro oder meyro bezeichnet. Er darf mit Ausnahme von Häusern auf dem Grundstück bauen, was er will, kann nach eigenem Gutdünken schalten und walten. Der Pachtzins besteht i. a. in der Hälfte des Ertrages; je ertragsreicher also ein Pächter durch seine eigene Tätigkeit sein Land gestaltet, um so mehr steigert sich auch der von ihm an den Grundherrn zu entrichtende Pachtzins. Freilich findet der Pächter Mittel und Wege, den wahren Ertrag seines Gutes vor dem Grundherrn zu verschleiern oder den Pachtzins unter 50 v. H. des Ertrages herabzudrücken, da dieser oft nur von den Hauptprodukten, wie Wein und Zuckerrohr, zu entrichten ist, reicherer Anbau von Gemüse z. B., der sich übrigens wegen der Mischkulturen nicht so leicht überblicken läßt, also tatsächlich pachtzinsfrei bleibt. Überhaupt liegt es nicht im Interesse des Grundherren, unter allen Umständen seinen Anspruch in voller Höhe oder gar gewaltsam einzufordern; denn der Pächter hat es in der Hand, den Ertrag der Besitzung und damit das Einkommen des Grundherrn zu steigern oder herabzumindern. Solches System hat für beide Teile Vorzüge und Nachteile: die Ertragssteigerung durch intensivere Bewirtschaftung und Investierung von Immobilien irgendwelcher Art sichert zweifellos dem Colono auch für die Zukunft die Pacht; zugleich aber wird es dadurch für den Gutsherrn oft schwierig, wenn nicht unmöglich, dem Pächter in seiner Eigenschaft als partiellem Miteigentümer für seine bemfeitorias volle Entschädigung zu leisten, die, durch offizielle Schiedsrichter (avaliadores) festgesetzt, zuweilen derart hoch ist, daß der Grundherr sein eigenes Land nur mit allergrößten Schwierigkeiten wiedererlangen kann, um es etwa selbst zu bewirtschaften. Andererseits verpachtet der Grundherr, um solchen Möglichkeiten, die ihn ja mehr oder minder vollkommen dem Colono ausliefern würden, von vornherein vorzubeugen, sein Eigentum nur in verhältnismäßig kleinen Teilen. Damit aber kann der colono kaum eine befriedigende selbständige Stellung gewinnen; ist er nicht abgestumpft, so wird das Gefühl der Abhängigkeit immer wie ein Druck auf ihm lasten, dem er sich ebenfalls wieder durch Auswanderung zu entziehen sucht, die ja vornehmlich nach den großen Landbauzonen der Erde, nach Südamerika, gerichtet ist.

Die Bodenprodukte. Ganz ähnlich, wie im natürlichen Pflanzenkleid der Insel die Selektivwirkung des Klimas und Bodens zu bestimmten Lebensgemeinschaften, den Vegetationsformationen führt, bedingen dieselben Ursachen, unterstützt oder reguliert durch den Menschen, im Zusammenhang mit den biologischen Anforderungen der Gewächse auch künstliche Gemeinschaften, vegetative Kulturformationen. Daß die Kultur tropischer Gewächse auf Madeira quantitativ oder qualitativ verhältnismäß geringere Erträge liefert als in den Tropen selbst, kann nicht verwundern, vor allem, weil Wärme- und Niederschlagsoptimum hier nicht wie dort zusammenfallen, sondern sogar scharf getrennt sind. Näheres vgl. oben S. 63.

Die einzelnen Kulturzonen sind nicht scharf gegeneinander abzugrenzen, die Gewächse der höheren Etagen z. B. sind nicht nur für diese bezeichnend, sie gedeihen auch in den tieferen Lagen ausgezeichnet. Doch werden sie im Interesse noch empfindlicherer Gewächse hier nur ungleichmäßig angebaut. Andererseits kann z. B. Zuckerrohr auch noch in 400 m Höhe angebaut werden, sogar noch darüber hinaus, aber nur auf Kosten seiner Qualität. Die im folgenden angegebenen Kulturzonen sollen daher nur solche optimalen, rentabelsten Wachstums darstellen.

0—300 m: Zuckerrohrzone.

0—150 m: *Kaffeezone* (obere Grenze bestimmt durch die Grenze des Kaffeestrauchs [1]). Beste Qualitäten erreichen Bananen und Zuckerrohr. Daneben Ananas (meist nur in Treibhäusern), Tamarinde, Datteln.

0—300 m: *Feigenzone* (obere Grenze bestimmt durch die Feigengrenze, die auf Madeira sehr niedrig liegt, auf Teneriffa [Südseite] dagegen bis 1470 m). Zuckerrohr, Banane, Feige, Avogado, Anone, süße Kartoffel (Batata doce [portug.]). — Feigenkaktus.

0—600 m: Weinzone. Wein, Mispel, Melonen, Pfirsich, Anone, Maulbeere, Guave (Orangen, Zitronen), Mango, Granatapfel. — Feigenkaktus. — Tomaten, Yamswurzel, Kartoffel, Getreide (Mais, Weizen, Spelt, Gerste, Hafer).

500—800 m: *Hauptgemüsezone:* Artischocken, Karotten, Kohl, Spinat, Bohnen, Kürbisse, Bataten, Zwiebeln, Gartenkräuter.

600—900, 1000 m: Montane Obstzone, teils Gemüse zone (bis 800 m), Getreide, Bohnen. — Äpfel, Birnen, Kastanien, Pflaume, Kirsche, Aprikose, Quitte. — Forstkulturen.

Bis 1200 m: Forstkulturen und Nadelwald.

Oberhalb 1200 m: Hochweideregion.

Die Gesamtanbauflächen der einzelnen Kulturarten sind z. T. gar nicht feststellbar, weil vielfach Mischkulturen auf derselben Anbaufläche vorhanden sind. Folgende Tabelle gibt teils die Anbaufläche in ha, teils die jährliche Produktion in hl einiger wichtiger

1) Heute wird zwar der Kaffeestrauch (seit 30 Jahren) nicht mehr angebaut; doch war er noch vor etwa 30 Jahren ein charakteristisches Kulturgewächs für die tiefsten Regionen der Südseite.

Kulturen. Die 300 qkm Ödländereien (Baldios) liegen i. a. über 800/900 m Seehöhe und gehören zum kleineren Teil dem Staat, wie Paul da Serra und kleinere Teile der Serras de S. Jorge, Boaventura und Poiso; fast alle andern aber sind in Privatbesitz mit Ausnahme einiger weniger, die der Stadt Funchal oder der Junta Agricola da Madeira gehören. Versuche, solche Brachländer mit Kiefern zu bepflanzen, sind z. T. durchgeführt, z. T. in Aussicht genommen.

Kulturart		Kulturart	
Zuckerrohr . . .	1 600 ha	Roggen	2 500 hl
Wein	1 850 ha	Mais	6 000 hl
Weizen	2 000 ha 25 000 hl	Flachs . . . . . Ödländereien . .	200 ha 30 000 ha
Gerste	6 000 hl		

Wohl die wirtschaftlich wichtigste, überdies das moderne Landschaftsbild der unteren Regionen geradezu beherrschende Kultur ist die des Zuckerrohrs, von dem es in jedem „Führer durch Madeira“ heißt, daß sein Anbau, vor dem Kriege bedeutend, jetzt immer mehr zurückginge. Genaue Zahlen über Anbaufläche und Ertrag [2]) liegen, so weit ich sehe, auch auf Madeira selbst nicht vor. Die ungefähre Kulturfläche umfaßte 1906: 1000 ha, 1911: 1100 ha, 1915: 1800 ha, 1918: 1500 ha; der Ertrag je ha darf i. a. mit 30 t Rohr veranschlagt werden. Aber im allgemeinen gilt doch, daß die Verminderung des Zuckerrübenbaus in den kriegführenden Ländern dem Anbau von Zuckerrohr geradezu einen neuen kräftigen Impuls gegeben hat [3]). Erst seit 1924 ist die Rübenzuckererzeugung in Deutschland im Ansteigen begriffen, hat aber 1926/27 erst 60 % der Menge von 1912/13 geliefert. Andererseits ist in beinahe allen Zuckerrohrländern der Erde die Rohrzuckererzeugung 1926/27 gegenüber der von 1912/13 größer geworden, verschiedentlich sogar mehr als verdoppelt wie in Natal, Mosambik, Barbados, Jamaika, Cuba; in Argentinien und Brasilien ist sie verdreifacht, in San Domingo, Haïti, Japan und Formosa sogar vervierfacht. Wie aber auch in dieser Hinsicht die lokalen Verhältnisse auf Madeira liegen mögen, eines bleibt bestehen: Der Zuckerrohrbau beherrscht das Bild der untersten Kulturzonen völlig. Das

2) nicht gemeint ist der Ertrag der Zuckerraffinerien.

3) Vgl. *Bureau International du Travail:* Enquête sur la production, Bd. II, H. 1, S. 618 ff. — *M. Sorre*: La canne à sucre dans le monde. Ann. de Géogr. XXXII, 1923, S. 349—352.

Zuckerrohr[4]) erfordert mittlere Jahrestemperaturen von mindestens 16—18°, hohe Sommertemperaturen und ist sehr kälteempfindlich; eine Wintertemperatur von + 10° C veranlaßt bereits Vegetationsruhe. Weiter beansprucht es große Befeuchtung von mindestens 1200—1400 mm, besonders viel in der ersten, ebenso in der mittleren Wachstumszeit, hier zugleich starke Erwärmung, in der Erntezeit dagegen trockene Hitze. Der Boden muß nährstoffreich, gut gedüngt und bewässert sein. So liefert Zuckerrohr z. B. auf stark kalkhaltigem Boden den süßesten Saft. Inwieweit solche Bedingungen auf Madeira erfüllt werden können, ist nach unsern früheren Ausführungen ohne weiteres ersichtlich: Die etwa mit dem 1. April einsetzende regenarme Periode bedeutet zugleich den Beginn der Erntezeit, die sich dann bis Ende Juni staffelt. Vor diesem Zeitpunkt muß daher die Hauptvegetationszeit liegen, die Niederschläge und Wärme zugleich liefert. Da ein beträchtlicher Teil dieser Zeit in den Winter fällt, kommen für den Anbau von vornherein nur die wärmsten, d. h. tiefsten Zonen in Betracht, in denen auch im Winter die Temperatur selten unter + 10° C sinkt. Daher ist auch die Uferregion von 0—150 m Höhe die beste. Mit steigender Höhe läßt der Zuckergehalt, der bei der seit 1897 verwendeten natalischen Rohrart „Yuba" oder „Viuva" i. a. 10 % beträgt, nach, so daß einerseits die Zuckerrohrpreise vertikal schwanken, andererseits ein Anbau oberhalb 400 m unrentabel wird. Die Pflanzung endlich findet meist im Juli statt, wobei ganz besonders künstliche Bewässerung stattfinden muß. Zugleich baut man dann, um die jungen Rohre frisch zu erhalten, Gemüse (Kohl, süße Kartoffeln) und Hülsenfrüchte an, die ihrerseits wieder vom Zuckerrohr gegen allzu starke Insolation geschützt werden. Namentlich die Kalkarmut des Bodens erfordert eine sorgfältige entsprechende Düngung.

Die Zuckerrohrkultur, die bereits um 1150 auf Cypern eingeführt war, drang 1420 nach Sizilien und Madeira, von hier aus 1500 nach den Canaren. Da diese sizilischen Arten auf Madeira verkümmerten, wurden sie 1897 durch Einfuhr der oben schon genannten Art aus Natal ersetzt, die auf unserer Insel schließlich besser gedeiht als in ihrer südafrikanischen Heimat. Das sehr zuckerhaltige, feinstämmige Rohr zeichnet sich auch durch etwas geringere Empfindlichkeit, besonders gegen Trockenheit in der Vegetationszeit aus.

4) *W. Such:* Die geographische Verbreitung des Zuckerrohrs. Beiheft z. Warburg u. Wohltmann: Tropenpflanzen, I, 4, Berlin 1900, S. 119—191. — *H. C. Prinsen Geerligs:* The Worlds Cane Sugar Industry Past and Present. 1919.

Vielfach in Mischkultur mit Zuckerrohr, aber auch oft rein findet sich in derselben Region als Baumkultur die der Banane. Diese, ursprünglich eine Inselpflanze, liebt feuchte Seeluft bei hohen Durchschnittstemperaturen (je nach Größe 18—20 oder 20—25° C) und vor allem geringe jährliche Temperaturschwankungen, Sturm dagegen ist ihr heftiger Feind. Der Boden muß tiefgründig, mürbe, sehr kalireich und hinreichend feucht sein. Diesen Anforderungen vermag unter Zuhilfenahme künstlicher Bewässerung und Düngung das Niederland Madeiras von 0—300 m Höhe gerecht zu werden, wenigstens an den wärmsten Hängen auf der Südseite, wo das Hauptproduktionsgebiet bei Magdalena do Mar im westlichen Teil der Insel liegt. Doch ist die Produktion nicht entfernt mit der der benachbarten Canaren zu vergleichen; sie wird größtenteils auf Madeira selbst verbraucht, nur ein kleiner Teil verbleibt für die Ausfuhr nach Portugal. Zum Anbau gelangen zwei Arten, die aus China stammende Zwergbanane Musa cavendishi, auch Musa chinensis genannt, die nur 2 m hoch wird, aber sehr aromatische Früchte liefert; sie wird mit Vorliebe im ebenen Felde gezogen, während die zweite Art, die große Gemeine Banane (Musa paradisiaca, Musa sapientium) mehr in Gärten gezogen wird und bis zu 6 m Höhe erreicht; ihre Früchte sind größer (20—30 cm lang) als die der chinesischen Bananen. An Stelle des nach der Fruchtreife absterbenden Schaftes treten recht schnell fruchtbringende Nebensprossen; an derselben Stelle können in einem Jahr drei Fruchtstämme hintereinander auftreten, so daß eine einzige Pflanze Zentnerernten zu liefern vermag. Der ungefähre Ertrag im Durchschnitt der Jahre 1911—13 betrug 830 000 kg im Werte von etwa ½ Million Goldmark.

Sonstige Gewächse, die auf die niederste Zone von 0—150 m Höhe im wesentlichen beschränkt sind, sind die Tamarinde, die keinerlei Frost verträgt und tiefgründigen, wenig feuchten Boden bei sonnigem, vollbelichtetem Standort liebt. Ananas und Datteln sind selten.

Mehr der höheren, Feigenstufe dieser Zuckerrohrzone gehören noch einige wichtigere Gewächse an: die Batate (süße Kartoffel) und an (meist laubabwerfenden) Obstbäumen und -sträuchern die Peruanische Anone, der Brasilianische Avogadobaum, Pfirsich, Mispel, Guave und die Feige. Außer der Batate sind die andern Gewächse nicht in Form geschlossener Pflanzungen vorhanden, sondern verstreut in anderen Pflanzungen oder in Gärten, an den Rändern der Terrassen und in der Nähe der Häuser.

Die Batate (Ipomoea Batatas; süße Kartoffel, Knollenwinde),

eines der für Madeira wichtigen Kulturgewächse, ist eine windende Pflanze mit süßschmeckenden, 6 kg schweren Wurzelknollen und liebt gerade Bedingungen, wie sie Madeira liefert: ausreichende Trockenzeit, gleichmäßige Luftfeuchtigkeit, genügende Bodennässe. Sie wird mit Vorliebe als Zwischenfrucht zu Zuckerrohr, Mais usw. angebaut und dient als wichtigste menschliche Nahrung[5]; die grobfaserigen Sorten werden als Viehfutter verwandt. — Der Feigenbaum (Ficus carica) braucht möglichst gleichmäßiges, mildes, warmes Klima, aber zur Reife der Früchte trockenheißes, sonniges Wetter. Der winterliche Regenfall auf Madeira reicht für ihn aus; auch Bodentrockenheit verträgt er gut; aber er braucht reichkalkigen Boden, der ihm auf Madeira fehlt. Die Düngemittel aber verwendet man lieber für hochwertige Gewächse; daher ist der Feigenbaum, der bis 9 m hoch wird, hier nicht gerade überaus häufig, zumal die indische Feige (Opuntia ficus indica oder O. Tuna) in verwildertem Zustande ungemein häufig in dichten Beständen vorkommt und an allen Felsen wuchert (vgl. oben S. 70 ff.) Dieser zitronengelb blühende Feigenkaktus liefert eigroße rötliche Früchte, die wochenlang ein beliebtes Volksnahrungsmittel bilden. Die Opuntien, die heute vielfach zur Charakterpflanze nicht nur Madeiras, sondern auch des ganzen Mittelmeergebietes geworden sind, sind Fremdlinge und wurden erst 1826 von den Trockengebieten Mittelamerikas hier eingeführt zur Zucht der Kaktusschildlaus Koschenille, die den dunkel purpurroten Farbstoff zur Bereitung des Karmins abgab. Die Koschenillezucht, die auf den Canaren zu größerer Bedeutung gelangt war, hat seit Einführung der Teerfarben ihre Bedeutung gänzlich verloren. Erhalten blieben nur die Opuntien, die auf der Insel vorzüglich gedeihen. — Die 6—12 m hohe peruanische Anone (Anonia Cherimolia; Flaschenbaum) wird um ihrer großen, leicht säuerlich-angenehmen Früchte willen gern angebaut, ebenso der 8—15 Meter hohe Avogadobaum (Persea gratissima; Alligator- oder Avogatebirne) mit länglichen lederigen Blättern, dessen olivenfarbige oder dunkelblaue birnförmige Früchte ein Fleisch enthalten, das mit Salz und Gewürzen gerne verzehrt wird. Der Guavenbaum (Psidium guyava), eine immergrüne Myrtacee mit gerbsäurereichen Blättern, liefert säuerlich-süße Guaven, die an Gestalt und Größe Äpfeln und Birnen ähneln.

Auf der *Nordseite* finden die stärker wärmebedürftigen Kulturgewächse längst nicht so günstige Lebensbedingungen. Ihre Anbau-

5) Eingemacht etwa wie bei uns der Kürbis.

gebiete sind daher hier stärker lokalisiert, namentlich auf kleine Gebiete in den Talmündungen nahe der Küste. Die reiche Wasserzufuhr aber gestattet auf der Nordseite bedeutenderen Anbau der Yamswurzel, die mäßige Wärme, aber große Luftfeuchtigkeit beansprucht.

Die nächsthöhere Kulturzone, die auch schon an der Küste einsetzt, ist die des Weinbaus. Dieser ist beinahe ebenso alt und für die Insel von ähnlicher Bedeutung wie der Zuckerrohrbau. Wie wirtschaftlich Cuba etwa vom Zuckerrohrbau, die Canaren eine Zeitlang von der Koschenillezucht abhängig waren, so Madeira z. T. heute wieder vom Weinbau. Noch im 15. Jahrhundert wurde er durch Prinz Heinrich von Portugal eingeführt, der von Malavesi auf Kreta Rebstöcke mitbrachte. Andere Weinstöcke wurden aus Frankreich und vom Rhein eingeführt. Eine durch den Meltaupilz Oïdium Tuckeri verursachte Traubenkrankheit ließ in der Mitte des 19. Jahrhunderts, die Phylloxera 1878 den Weinbau stark zurückgehen. Heute hat er sich wieder erholt, leidet aber unter der Konkurrenz der Portweine und zahlloser Fälschungen. Es soll keinen Wein geben, der so viel gefälscht und nachgemacht wird wie der Madeirawein.

Er wird, ähnlich wie der Wein in Oberitalien, in Lauben gezogen; im Schatten zwischen den Weinstöcken werden Gemüse und Bohnen gepflanzt. Die ältere Form des Weinbaus, wie sie vor dem Auftreten von Oidium Tuckeri an der ganzen Nordküste üblich war, war die der Balseira, d. h. man ließ den Wein an Bäumen, in der Regel Kastanien, ranken. Die von Weinkulturen eingenommene Fläche beträgt ungefähr 1700 bis 2000 ha; jeder ha liefert etwa 2500—3000 l Ertrag.

Mengen in hl:

Concelhos (Gemeindebezirke)	1926	1925	1924	1923	1922
Funchal	19 024,09	24 453,29	35 055,16	27 297,59	24 980,07
Câmara de Lôbos	5 860,35	22 288,66	27 358,00	13 529,12	17 583,38
Ponta do Sol . .	296,34	356,18	965,20	901,34	414,36
Calheta	2 828,59	4 970,85	6 131,76	3 589,86	2 140,40
Pôrto Moniz . . .	9 980,19	11 241,29	8 177,89	4 995,71	4 509,80
S. Vicente	7 910,11	10 025,56	7 086,40	6 623,28	4 768,64
Sant' Anna . . .	5 073,10	11 129,38	7 387,12	5 537,47	2 683,09
Machico	2 880,35	2 311,00	4 008,60	1 722,25	829,50
Santa Cruz . . .	233,11	258,43	837,75	447,85	286,35
Pôrto Santo . . .	1 376,20	2 183,88	1 267,40	934,81	1 270,76
Insgesamt	55 462,43	89 218,52	98 275,28	65 579,28	59 466,35

Über die Weinproduktion der Jahre 1922 bis 1926 und deren Verteilung auf die einzelnen Distrikte möge vorstehende Tabelle unterrichten.

Im Durchschnitt der Jahre 1910—1922 betrug die jährliche Ernte 64 560 hl.

Die Tabelle charakterisiert zugleich als Hauptweingebiet die östliche Südküste; warum die Produktion im Bezirk Camara de Lobos, die i. a. nur wenig hinter der von Funchal zurückblieb, 1926 so stark zurückgegangen ist, entzieht sich unserer Kenntnis. Von den Madeiraweinen wird ungefähr die Hälfte in das nichtportugiesische Ausland ausgeführt. Näheres darüber s. S. 141.

Die Weinbauzone wird ferner ausgezeichnet durch den Anbau *tropischer Obstarten,* besonders der bald laubabwerfenden, bald immergrünen Mispel (Eriobotrya japonica), einer in Ostasien hei mischen Rosazee, die ihrer äußerst wohlschmeckenden, mirabellenartigen Früchte wegen auf der ganzen Insel viel angebaut wird und große Erträge liefert. Leider eignet sich diese Frucht nicht zum Export. Weniger verbreitet sind dagegen Melone, Pfirsich, Granatapfel, Orangen, Zitronen und Mangobaum.

Teilweise in Mischkultur mit dem Wein, teilweise dessen bis 600 m Höhe reichendes Hauptverbreitungsgebiet überragend ist der Bau von Gemüsen und Getreide. Alle Gemüse, die wir bei uns kennen, gedeihen auf Madeira: Artischocken, Karotten, Spinat, Kohl, Hülsenfrüchte. Besonderer Erwähnung bedürfen Tomate und Yamswurzel. Diese erreicht nicht ein gleiches Gewicht wie in ihrem Hauptverbreitungsgebiet, den Tropen, sondern hat i. a. nur die Größe von Kartoffeln. Auch der Anbau von Gurken und Zwiebeln ist beträchtlich; wurden von dieser doch 1923 1000 t nach Westindien und Portugiesisch Westafrika ausgeführt! Für den Anbau von Getreide ist der Boden und sind die klimatischen Verhältnisse Madeiras durchaus nicht ungeeignet; aber die Rücksicht auf rentablere Kulturarten, namentlich das Zuckerrohr, hat in erster Linie den Getreidebau auf der Insel von jeher zurücktreten lassen. Nur dort, wo der Transport des Zuckerrohrs zu einer Zuckermühle oder Branntweinbrennerei infolge weiter Entfernungen oder schlechter Wege sich zu teuer stellt, findet man mehr Getreide und Gemüse. Getreide wird nur nebenbei angebaut und bis auf den Mais ohne künstliche Bewässerung. Da die Nordseite der Insel feuchter ist, stellt sie auch die Hauptkulturzone für Cerealien dar. Der *Weizen* gedeiht am besten in den Gemeinden Santa Cruz, Calheta, Arco da Calheta, Ponta do Pargo, S. Vicente, Porto do Moniz und Porto da Cruz. Sein Anbau auf insgesamt 2000 ha liefert jährlich ungefähr 25000 hl. Der im allgemeinen auf Madeira vorherrschende Ernteertrag beträgt 8 hl vom ha. Aber die Ernteerträge decken nur zu einem ganz geringen Bruchteil den Bedarf der Insel, so daß ein bedeutender Import erforderlich ist, der vor dem Kriege 7000 t, 1919: 4511 t und 690 t Weizenmehl betrug. Das Weizenstroh dient u. a. als Viehfutter. Die *Gerste,* meist Hordeum vulgare, hexastichum, wird in den tieferen Regionen der Insel kultiviert. Aus ihr stellt die ländliche Bevölkerung eine Suppe her, die als beliebte Nahrung gilt. In Porto Santo verwendet man die Gerste besonders zur Herstellung von Zwiebacks; das Gerstenstroh dient allenthalben auch als Viehfutter. Der *Roggen* wird nur sehr wenig angebaut und dient in der Hauptsache zur Herstellung eines schmackhaften Schwarzbrotes, während sein Stroh zu Hüten fabriziert wird. Größere Bedeutung kommt aber wieder dem Mais zu, der erst ziemlich spät aus Amerika nach Madeira gebracht wurde. Die Insel produziert mit Hilfe künstlicher Bewässerung jährlich etwa 6000 hl Mais, doch müssen 11 Millionen hl noch, hauptsächlich aus Argentinien, eingeführt werden, um den recht großen Bedarf der Bevölkerung zu decken. Von Maismehlbrei ernähren sich ⅔ der gesamten Bewohner Madeiras, während die Körner zur Fütterung von Vieh, namentlich der Maultiere, Pferde, Schweine und des Geflügels verwendet werden; auch die Blätter dienen zur Ergänzung der übrigen Viehfuttermittel. — Aus solchen Verhältnissen ergibt sich die Notwendigkeit einer bedeutenden Getreideeinfuhr nach Madeira, durch die wieder das Brot verhältnismäßig teuer wird. Daher tritt für die einheimsche Bevölkerung sehr viel an Stelle des Brotes die Batate oder süße Kartoffel.

An Fruchtbäumen dieser höheren Zone finden sich die mehr nördlichen Arten wie Äpfel, Birnen, Quitten, Pflaumen, Kirschen, Kastanien.

Ganz allgemein, in jedem Dorf, wird der Flachs (Linum usitatissimum) angebaut, der insgesamt ein Areal von 150—200 ha deckt. Das daraus hergestellte Leinen eignet sich aber, so gut und dauerhaft es ist, nicht für die Stickereiindustrie, sondern wird, da es etwas grob ist, lediglich für die Bekleidung der ländlichen Bevölkerung benutzt.

Nach oben hin verzahnt sich dann das Kulturland mit der Waldregion, die aber auch ihrerseits, wenigstens auf der Südseite, sich hauptsächlich aus Kulturwald zusammensetzt. Die *Kastanien*wälder, die in der Mitte des 19. Jahrhunderts noch auf der Nordseite allgemein verbreitet waren, auf der Südseite einen Gürtel zwischen 500 und 700 m bildeten, sind, angeblich infolge einer Baumkrankheit stark zurückgegangen. An ihrer Stelle ist in neuerer Zeit durch Forstkultur auf der Südseite besonders die Konifere pinus maritima, die *Seekiefer* mit fast 20 cm langen Nadeln, angebaut worden, die kalkarme Standorte liebt, daher für Madeira trefflich geeignet ist und vor allem rasch wächst, namentlich in der Jugend; überdies ist sie relativ unempfindlich. Schon wenige Jahre nach der Anpflanzung kann ihr Holz für Errichtung der Weinlauben und -gänge verwendet werden. Heute ist sie schon verwildert. Die Waldregion rückt in einzelnen Ausläufern sehr tief hinab in das Kulturland, bis unter 600 m auf der Südseite, namentlich zwischen San Antonio da Serra und Santa Cruz. Auch der Rücken nördlich des Machicotals zeigt große Kiefernbestände. Bedeutende Wälder sind besonders oberhalb St. Anna durch Anpflanzung der Kiefer und laubwechselnden *Stieleiche* (quercus pedunculata) entstanden. Der Nordwesten der Insel dagegen ist frei von Kulturwald, hier herrscht noch die Macchie und der natürliche Wald.

Die Zierpflanzen. Zweifellos den farbenprächtigsten Charakter erhalten kleine Teile Madeiras durch den Anbau von Zierpflanzen, derer in diesem Zusammenhange gedacht werden muß. Das unvergleichlich schöne Landschaftsbild von Funchal und anderen Siedelungen, das den meisten Besuchern als das charakteristisch südländische, eindrucksvollste und immer wieder anziehende gilt, wird in der Hauptsache durch jene Zierpflanzen bestimmt, die mit ihren Blüten in allen nur denkbaren Farben geheimnisvoll über weißgetünchte Mauern lugen, hinter denen sie paradiesisch-üppige Gärten ahnen lassen. Man könnte auch hier von einer Vegetationsformation sprechen, der der Zierpflanzen; auch diese bestimmt die Landschaftsphysiognomie ganz ebenso wie etwa die Trift oder der Lorbeerwald. Charakteristisch für diese künstliche Formation sind in erster Linie die reiche, bunte Zusammensetzung ihrer Flora von in lebhaften Farben blühenden, duftenden Pflanzen, ferner der immerblühende Zustand dieser Formation und der mannigfache Wechsel von Lebensformen. Aber all dies ist nicht so sehr durch natürliche Gegebenheiten, als vielmehr durch die auf ästhetischen Genuß hinzielende Willkür des einzelnen Menschen bedingt, weshalb auch die verschiedenen „Pflanzenvereine“ dieser künstlichen Formation vollkommen individuellen Charakter tragen und an Zahl der der vorhandenen Gärten entsprechen. Schon darum ist es beinahe unmöglich, diese Formation zu schildern. Erschwerend kommt hinzu, daß der charakteristische immerblühende Zustand in den einzelnen

Jahreszeiten und Monaten auch immer wieder durch verschiedene Pflanzen hervorgerufen wird.

Auch die Gärten sind als Terrassen, eine über der anderen angelegt, wie Babylons „hängende Gärten der Semiramis“. Nach der engen Straße zu sind sie durch hohe, weißgetünchte Mauern abgeschlossen, die keinen Einblick in deren paradiesische Pracht gestatten. Aber die bunte Fülle der Gärten quillt mit blütenschweren Zweigen gleichsam über die hellen Mauern hinaus und überzieht diese noch auf der Außenseite mit herabhängendem, buntem Rankwerk, ein malerisches und oft genug gemaltes, gleichsam zum Symbol geheimnisvoller subtropisch-mediterraner Gärten gewordenes Bild. Und in der Tat können auch nur Gemälde eine Vorstellung von dem gleichzeitigen Nebeneinander aller nur denkbaren Farben und Formen in diesen hängenden Gärten geben, etwa wie sie die Engländerin *Ella du Cane* farbenprächtig, aber naturgetreu geschaffen hat. Die portugiesischen Gärten in der Stadt freilich sind klein, aber in den weitläufiger bebauten Außenbezirken und in der Umgebung Funchals findet man die großen Wundergärten der Kasinos, Hotels und Quintas, denen *Florence du Cane* eine eingehende Monographie gewidmet hat.

H a u p t z i e r p f l a n z e n sind Rosen, Hortensien, Fuchsien, Rhododendren, Pelargonien, Richardien und Akazien. Unter ihnen geben vor allem die r a n k e n d e n u n d k l i m m e n d e n, einer lebenden oder toten Stütze wie Mauern, Laubengänge, Bäume bedürfenden der Landschaft jenes besondere, uns Nordländer so südlich, subtropisch anmutende Gepräge. Das grünt und blüht zu allen Jahreszeiten; von November bis Januar sind es die herrlichen Bougainvillea, wie die fliederfarbige B. glabra oder die brasilianische B. spectabilis, deren frischgrünes Zweigwerk, mit dichten ziegelroten Blütenbüschen besetzt, über die Mauer hängt; besonders gerühmt wird die tiefrote B. speciosa. Graublau blüht dagegen um diese Zeit, bis in den Februar hinein, Thunbergia laurifolia, gegen welche die rote Passionsblume Passiflora coccinea, eine Art Granadilla und die rotgelbe südamerikanische Bignonia (B. venusta) eigenartig kontrastieren, die, aus einer einzigen Wurzel entspringend, ein wie Flammengold leuchtendes Laubendach bildet. Etwas später, im März, April, entwickelt die tiefrote Bignonia cherare ihre Blütenpracht und Wistaria chinensis strotzt von hängenden Trauben hellvioletter Blüten, zwischen denen jedes Blattwerk fehlt. Helle Töne lieben die vielen Varietäten von Tecoma, so die goldgelbe T. flava, die weißgelbe T. Micheliensis und als schönste von ihnen gerühmt die großen weißen Blüten von T. jasminoides. Auch der Sommer läßt eine Reihe solch schlingender Zierpflanzen in üppiger Farbenpracht erscheinen: mit schwerem Duft erfüllen die weißen Blüten der asiatischen Rhyncospermum (Trachelospermum) jasminoides und die wachsartigen der Stephanotis floribunda die heiße Sommerluft.

Nicht minder farbenprächtig ist die unübersehbare Menge der kleineren Zierpflanzen und -sträucher, die in allen nur denkbaren Varietäten kultiviert werden. Schon im November verkündet das bunte Bild intensivroter Blütentrauben von Aloë arborescens, schöner, weißer, margueritenartiger Blüten des Maßliebchenbaumes und hier blauer, dort rötlich-violetter Bleiwurz (Plumbago) neben jenen rankenden Zierpflanzen einen blühenden Winter, und um Weihnachten, bis in den Februar, treiben hohe, immergrüne Cameliensträucher ihre großen roten oder weißen Blüten, mit ihnen, bald früher, bald später, die leuchtendrote Euphorbia fulgens oder Poinsettia pulcherrima, deren unscheinbare Blüten von scharlachroten Brakteen-Rosetten eingefaßt sind. Noch ehe solche verblühen, entfalten Rhododendren, besonders weitverzweigte Azalien ihre hier weißen, dort goldgelben oder roten Blüten; auf den Felskliffen über dem Atlantik wiegt sich ein Blumenwald von großen blauen, hyazinthenähnlichen aufrechten Blütentrauben des Echium fastuosum, der Pride of Madeira, und darüber breitet ein blattloser Pfirsich sein zart rosafarbiges Blütengeäst, ein Frühlingsgruß den ankommenden Schiffen. Schon naht die österliche Zeit und mit ihr dringt die überaus prächtige Kallas (Calla Aethiopia) mit ihren großen Blüten, reinweiß wie Lilien, in alle Hütten und Häuser und fehlt selbst in den Gotteshäusern nicht. Große Blütendolden der Hakenlilie füllen die Luft mit ihrem angenehmen Duft. Im Sommer, vielfach bis in den Herbst hinein, erfreuen das Auge Fuchsien, die blaue Blume der Liebe Agapanthus, rötlich-violette oder blaue Bleiwurz (Plumbago) und die chinesische Rose (Eibisch) Hibiscus rosa sinensis, eine bis 4 m hohe Malvazee mit prächtig roten Blüten und langen Staubfadensäulen.

Andere mehr oder minder hohe Sträucher und kleine Bäume der Ziergärten sind die leuchtenden südafrikanischen Strelitzien mit blauen und orangefarbenen Blüten (Str. regina und die höhere Str. augusta), die Solanazeen Hammerstrauch (Cestrum vespertinum) und die atropinhaltige, aus Mexiko stammende Datura (Brugmansia suaveolens) mit großen weißen Trompetenblüten, die besonders abends die Luft mit ihrem schweren Duft erfüllen; es sind die übrigens schon halbverwilderten bellas oder boas noites der

Portugiesen. Weiter sind hervorzuheben die brasilianische Brunsfelsias (Franciscea latifólia), ein Strauch mit gleichzeitig weißen und violetten Blüten, Wigandia macrophylla, teils Strauch, teils kleiner Baum mit grünem Laub und großen lilapurpurnen, die in Brasilien beheimatete Pleroma (Lasiandra) macrantha mit großen, tief violettpurpurnen Blüten. Von Bäumen seien noch erwähnt der Tulpenbaum, „Riesenlorbeer" Magnolia grandiflora, ein immergrüner, im Juni große, weiße, duftende Blüten tragender Baum; einer der schönsten, in Funchal sogar alleenbildenden hohen Bäume ist der Jacaranda, eine Bignoniacee Brasiliens (I. cuspidifolia oder mimosafolia), dessen Blätter vor der Baumblüte abfallen, so daß er im März, April oder Mai über und über mit blauen Blüten bedeckt ist. Ebenfalls blattlose Äste, aber mit orangeroten Blüten im Sommer zeigt der von Madagaskar stammende Poinciana regia. Eigenartig sind auch die wiederum madagassische Astrapaea viscaria (April) und der ostindische Quastenbaum A. pendiflora, ein kleinerer Baum oder großer Busch, dessen große rötlichen Blütenballen an langen schlanken Stielen hängen. Wie dieser, so blühen auch die Korallenbäume im Juni: die westindische, durch weiches, korkartiges Holz ausgezeichnete Papilionazee Erythrina corallodendron mit großen scharlachroten Blüten, der baumartige brasilianische Strauch Er. cristagalli mit langen, dunkelkirschroten Blütentrauben und die orangefarbige Skrofulariazee Streptosolen (Browallia) Jamesonii. Eine australische Baumgattung der Proteazeen ist Grevillea robusta, die australische Seideneiche, die auf Madeira eine Heimat gefunden hat und im Frühsommer gelbe Blüten treibt.

Im Zusammenhang mit diesen um ihrer besonders schönen und auffallenden Blüten willen gezogenen Zierbäumen ist auch an die oben schon behandelten Obstbäume zu erinnern, deren duftige, weiße bis rosafarbige Blüten ebenfalls das bunte Bild der Kulturlandschaft Madeiras verschönen.

Um ihrer Größe und Gestalt willen werden einige andere, teils auf Madeira wildwachsende, aber seltenere, teils eingeführte Bäume in den Parkanlagen und Gärten der Quintas gezogen, so der Til, Cerasus lusitanica, Clethra arborea, Drachenbaum, Feigen, Zypressen, Taxus baccata, Juniperus oxycedrus, hohe Araukarien, Palmen, Bambus und von weniger bekannten der Pao branco der Portugiesen (Picconia excelsa), der bis 17 m hoch wird und um seines wertvollen harten, weißen Holzes willen, das gerne zu Bootskielen verwendet wurde, einem Raubbau zum Opfer gefallen ist, wie so mancher andere Waldbaum der Insel.

Abb. 29. Blick vom Cabo Girao nach Osten auf das Flachlandsdreieck von S. Martinho. Streusiedelungen. Im Mittelgrunde rechts Pico da Cruz, dahinter Cabo Garajao. Sanfte Böschungen. Beachte die deutlich sichtbare untere Wolkengrenze.

Tafel 17.

Abb. 30. Camara de Lobos von Nordosten aus. Die Siedelung ist z. T. aus dem jüngsten ins Meer geflossenen, noch mit Schlackenkruste versehenen Lavastrom (s. a. links) erbaut, der auch einen vortrefflichen kleinen natürlichen Hafen abschließt (links).

Bunt wie die Fülle leuchtender Farben ist die Zahl der Varietäten der Zierpflanzen; aber wann immer man die Insel besucht, stets trifft man sie als die „Blume des Oceans (flor do Océano)“.

Viehhaltung. Über den Umfang der Viehzucht auf Madeira ein klares Bild zu gewinnen ist deshalb ungemein schwer, weil hierüber nur ältere Angaben vorliegen, die neueste portugiesische Statistik dagegen für 1925 lediglich das eingetragene Vieh[6]) verzeichnet. Auch Elucidario Madeirense hilft in diesem Punkte nicht weiter. So viel aber steht fest, daß auf Madeira die Rindviehzucht eine verhältnismäßig bedeutendere Rolle spielt als in den meisten Mediterrangebieten, obwohl jene Insel ein recht gebirgiges, steiniges Land ist. Während die Zahl der Schafe und Ziegen im Mediterrangebiet i. a. die der gehaltenen Rinder um ein vielfaches übertrifft wie in Spanien um das 8,3fache und selbst noch in Italien um das 2,3fache, dürfte heute auf Madeira das entsprechende Verhältnis kaum 1 : 1 sein; vielleicht übertrifft sogar die Zahl des Rindviehs die der Schafe und Ziegen. Das aber bedeutet für ein Land mit regenlosen Sommern und nur spärlichen Wiesen sehr viel. Solch günstiges Verhältnis hat aber nicht immer auf unserer Insel bestanden, sondern ist erst das Ergebnis einer zwischen den Jahren 1851 und 1873 auffallend sprunghaft einsetzenden Entwickelung der letzten 75 Jahre, wie nachfolgende Tabelle erkennen läßt, die wir dem Elucidario Madeirense entnehmen.

	1851	1873	1893		1851	1873	1893
Rindvieh	20 917	21 720	28 417	Schafe	90 403	16 150	28 417
Pferde	390	259	309	Ziegen	86 686	18 210	18 604
Maultiere	95	83	77	Schweine	19 667	23 510	34 230
Esel	251	201	51				

Die Ursachen dieser auffallenden Entwickelung sind um so unklarer, als der ungeheuren Abnahme der Zahl an Schafen und Ziegen kein entsprechender Zuwachs an Rindvieh gegenübersteht; denn selbst heute dürften auf dem Archipel schätzungsweise nur 32 000 Rinder vorhanden sein. Es ist nicht ausgeschlossen, daß, als weitere und höher gelegene Teile der Insel in Kultur genommen wurden, Ziegen und Schafe um des großen Schadens willen, den sie anrichten, abgeschafft wurden. Auch mag das Nachlassen der Schafzucht in ursächlichem Zusammenhang mit dem Aufkommen moderner Industrieen in andern Ländern stehen, durch das Woll- und namentlich Baumwollware billiger eingeführt werden konnte. Jedenfalls dürfte

6) Pferde 4, Maultiere 1, Rindvieh 932, Schafe 477, Ziegen 413, Schweine 80, Esel 51.

in keinem Lande des Mittelmeergebietes die Rindviehzucht eine ähnliche Stellung einnehmen wie auf Madeira.

Das gilt aber nicht nur von der zahlenmäßigen Überlegenheit dieser Kulturtiere, sondern auch von ihrer wirtschaftlichen Bedeutung. Überall sonst im Mediterrangebiet ist das Rindvieh in allererster Linie Arbeitstier. Auf Madeira dagegen tritt dieser Nutzungsart heute schon mehr oder minder gleichwertig seine Verwendung zur Nahrung an die Seite. Madeira, das noch um 1830 herum fast seinen gesamten Eigenbedarf an Butter durch Einfuhr aus fremden Ländern decken mußte, ist heute (1920) in der Lage, nicht nur seinem Bedarf selbst völlig zu genügen — das war schon 1870 der Fall —, sondern sogar alljährlich 450 Tonnen Butter nach Portugal und Afrika zu exportieren. Dieser Menge steht ein Eigenkonsum von 110 Tonnen gegenüber, so daß sich die Gesamtproduktion auf jährlich annähernd 600 Tonnen beläuft. Für 1927 wird die Gesamtjahresproduktion sogar auf 700 t geschätzt [7]), von denen 500 t im Werte von zwei Millionen Goldmark ausgeführt werden. Die Entwickelung, die zu diesem für die madeirensische Wirtschaft beachtlichen Ergebnis führte, ist so stetig, daß man zu der Annahme versucht sein könnte, die Bewohner der Insel hätten ihre Hauptsorgfalt um der Buttererzeugung willen der Rinderzucht zugewandt, zum Nachteil für Ziegen und Schafe. Nachdem der Butterkonsum der Insel durch Produktion im eigenen Lande 1870 sichergestellt ist, wird von da ab ein Ausfuhrüberschuß produziert, der 1881 erst 129 kg, 1887 schon 9,9 t, 1889 gar 25,5 t und 1893 beinahe das Doppelte beträgt.

Ein derartiges Resultat ist um so erstaunlicher, als die natürlichen Grundlagen für eine Rinderzucht — wie im ganzen Mittelmeergebiet — nicht sonderlich günstig zu sein scheinen; denn infolge der sommerlichen Dürre gibt es i. a. keine Wiesen, folglich auch kein Heu für Stallfütterung. Aber auch in dieser Hinsicht weicht Madeira vom eigentlichen Mittelmeergebiet ab; zunächst gibt es eine ganze Reihe von Weiden, einige kleinere Gebiete im äußersten Osten und Westen der Insel sowie in den Tälern der Nordseite unterhalb 200 m (s. S. 76); Hauptweidegebiete, freilich mehr für Ziegen, liegen alsdann im zentralen Teil jenseits der Waldzone, in den oberen Triftzonen oberhalb 11—1200 m Seehöhe, wo im Winter allerdings Schnee fällt. Sodann aber gibt es auch Wiesen, die Heumahd gestatten; die besten finden sich auf der Ponta de S. Lourenço, dann bei Caniço, S. Gonçalo und Camacha. Mit geringer Mühe ließe sich das Wiesenareal

7) Deutscher Konsularbericht vom 1. Juli 1928.

vergrößern und verbessern; aber hierfür ist der Boden Madeiras und seine auf künstliche Bewässerung angewiesene Bewirtschaftung zu kostbar. Der zweifellos auch auf Madeira vorhandene Mangel an Wiesen wird aber durch das Vorhandensein anderer guter, zur Stallfütterung geeigneter Futtermittel bis zu einem hohen Grade ausgeglichen. Die Blätter des Zuckerrohrs, die alle paar Wochen abgepflückt werden müssen, gelegentlich auch die Blätter der Bananen liefern ein gutes Viehfutter; ähnliches trifft auch für Maisblätter und das Stroh von Getreide zu. Bei den großen Flächen, die alle diese Kulturen zusammen decken, ergeben sich so beträchtliche Mengen von Stallfutter.

Unter solchen Umständen kann es nicht verwundern, daß der größere Teil der Rinder Madeiras mehr von Stall- als von Weidefütterung lebt. Doch liefern die Tiere bestimmter Rassenkreuzungen jährlich 900 bis 1500, auf der feuchteren Nordseite der Insel sogar 1770 Liter Milch. Von einer eigentlichen madeirensischen Rindviehrasse kann nicht die Rede sein; wie im Mediterrangebiet, so ist auch hier das Rind i. a. kleiner als bei uns, dabei aber von erstaunlicher Leistungsfähigkeit. Die ersten Rinder stammten vom Minho und aus Algarve; aus ihrer Kreuzung ging die erste Mischrasse hervor. Später, namentlich im 19. Jahrhundert, wurden weitere Kreuzungen mit englischem Vieh vorgenommen, dann auch mit holländischem und schweizerischem. Arbeitstiere hat man auch von den Azoren importiert. Im ganzen findet man unter dem Mischvieh zwei Typen, die sich schon durch ihre Farbe unterscheiden: das am häufigsten und auf der ganzen Insel anzutreffende rotbraune Vieh, profetas oder do Porto Santo genannt, und dann das hellere, weißliche, das gado maneiro oder do Ponta do Pargo genannt wird und nur in den Kirchspielen Porto do Moniz und Calheta vorkommt.

Bei weitem nicht ähnliche Bedeutung kommt der Zucht anderer Kulturtiere zu. Etwas Pferdezucht wird in Paul da Serra und Santo da Serra betrieben. Das madeirensische Pferd ist klein, aber äußerst tüchtig, ausdauernd und enthaltsam und daher in dem gebirgigen Gelände besonders brauchbar. Neben ihm erscheinen heute schon vielfach die aus Portugal, England und andern Ländern eingeführten Pferde. Maultiere und Esel stammen aus Portugal, Andalusien und Marokko; sie werden immer spärlicher auf der Insel. Größeren Umfang, wenn auch bei weitem nicht mehr in dem früheren Maße, haben noch Schaf- und Ziegenzucht. Die Schafe, größerenteils weißwollige, wachsen in den Bergen auf; ihre Wolle wird zur Herstellung von Bauernkleidern und Matratzenfüllung verwendet. Daneben gibt es noch Exemplare anderer Rassen, Merinos und englische, die aber vorwiegend der Stallfütterung unterworfen sind. Züchtungen anderer Rassen scheiterten daran, daß die eingeführten Schafe degenerierten. Die Ziegen liefen noch bis vor kurzem frei in den höheren Regionen Madeiras umher, die häufig gegen die angrenzenden Waldzonen durch Zäune oder Mauern abgesteckt waren. Heute ist zwar das freie Weiden verboten, aber dieses Verbot genießt noch nicht allgemeine Achtung. *M. Vahl* ist sogar der Ansicht, daß sich die Triften der höheren Regionen auf Kosten der Gebüsche, an denen die Ziegen nagten, an manchen Stellen verbreitet haben. Die Ziege wird nicht so sehr um der Milch willen gehalten, wenngleich sie auch auf Madeira die Kuh des kleinen Mannes ist, als vielmehr des Felles und bei jungen Böcklein des Fleisches wegen, das namentlich in der Passionszeit allgemein gegessen wird. Das Ziegenfell dient zur Herstellung von Schuhwerk und besonders der sogenannten Carrachos, in denen der Most vom Kelterhaus aus transportiert wird. Die Zucht von Schweinen hat auf Madeira bedeutende Fortschritte gemacht. Ihre Hauptzentren liegen in Sant' Ana und Ponta do Sol; aber es gibt heute wohl nur wenige Bauern, die nicht ihr Schwein besitzen. Das Schwein ist ursprünglich aus Portugal nach Madeira gebracht worden; dann hat man auch solche aus England und Alemtejo eingeführt. Als beste gelten die englischen, während amerikanische nicht sonderlich beliebt sind. Auch Schweine streifen noch unbeaufsichtigt im Gebirge umher, besonders auf dem Fanal.

3. Fischerei. Gegenüber den nach außen hin, namentlich in der Industrie und Handelsbilanz sich geltend machenden Auswirkungen der Bodenwirtschaft Madeiras treten in dieser Hinsicht andere Wirtschaftszweige stärker zurück; dagegen bleiben diese für die Bewohner der Insel und die interne Wirtschaft von gleich hoher Bedeutung. Dies gilt in erster Linie von der Seefischerei unserer Insel, in der allein etwa 9 % der Gesamtbevölkerung beschäftigt sind, während ihren Lebensunterhalt in jener sicherlich die doppelte Anzahl von Bewohnern findet. 1914 gab es auf Madeira 1648 Fischer, denen 537 Boote mit 1222 t zur Verfügung standen.

Die madeirensische Fischerei ist von der Natur nicht gerade sehr begünstigt, spielt aber in der Wirtschaft der Insel eine bedeutende Rolle und zeichnet sich überdies gegenüber der anderer Völker und Meeresteile durch eine ganze Reihe von Eigenheiten aus, die durch die bei Madeira obwaltenden besonderen natürlichen Grundlagen dieses Wirtschaftszweiges bedingt sind. Die auf S. 105 dargelegten Umstände erklären einmal, daß die Fischerei Madeiras verhältnismäßig spärlich ist und im wesentlichen nur dem Bedarf der Insel selbst genügt, dagegen kaum auf Export eingestellt ist; sodann aber auch, daß sie, nach ihrem Ertrag beurteilt, zum größeren Teile Tiefseefischerei ist, wie sie nur wenige Völker der Erde kennen: der heute für Madeira wirtschaftlich wichtigste, vor einigen Jahrzehnten noch kaum gekannte Fisch, der Espada, wird in 2000 Meter Tiefe in großen Mengen gefangen. Sehr viele andere Fische holt man aus Tiefen von 600 bis 1000 m und darüber herauf, so den wirtschaftlich wichtigen Gata, dann den Alfonsim genannten Schleimkopf, den Wrackfisch, von dem nur die kleineren und jüngeren Tiere an die oberflächennahen Teile des Meeres kommen; ferner den Hechtdorsch, die Castanheta do Alto, eine Makrelenart, den Stöcker, die Muräne, den Sternhai u. a. m. Von der großen Zahl von Arten, die das Meer zwischen der Küste und 600 m Wassertiefe beleben, sind nur, von den meisten Krustazeen abgesehen, verhältnismäßig wenige, die sich ausschließlich in den seichteren Teilen oder über tieferem Wasser nahe der Oberfläche aufhalten; von den edleren Fischen wären hier nur die Meeräsche, der Sägebarsch, eine Ringelbrasse, im Sommer auch die Streifenbarbe, der Scharfzähner, Pagel, Seepapagei, Hornhecht, die Makrele, der Meerjunker und einige Muränenarten zu nennen. Auch der Thunfisch, der im Mittelmeer bekanntlich stets in den oberflächennahen Wasserteilen in ungeheuren Mengen gefangen wird, hält sich bei Madeira vorwiegend in größeren Tiefen auf und wird darum auch nicht, wie im Mittelmeer, im Netz, sondern mit der Angel gefangen.

Überhaupt bedingt die Tiefe des Lebensraumes der Fische in den Gewässern um Madeira auch verschiedenerlei Fangmethoden, die wieder von nordeuropäischen z. T. erheblich abweichen. Netzfischerei kann nur auf solche Fischarten betrieben werden, die nahe an die Oberfläche kommen wie Makrelen, Stöcker, Pagel, Ringelbrassen und eine Reihe anderer zur Laichzeit. Um andere Fische an die Oberfläche zu locken, wird bei nächtlicher Fischerei z. B. auf Stöcker, Hornhecht, Seeaal häufig eine Fackel verwendet, der „griseta-cão“, d. i. der graue Hund oder der maçarico (Eisvogel). Diese Art der Fischerei wird, da sie auf Täuschungsmanövern beruht, als Betrugsfischerei, pesca de corrico, bezeichnet. Aber sie gestattet, Fische, denen sonst nur mit Hilfe von Angelapparaten nachgestellt werden kann, in bequemerer Weise mit Hilfe des Netzes zu fangen. Für den Besucher der Insel bieten die vielen grellen Lichter der sonst im tiefen Dunkel der Nacht geheimnisvoll verhüllten Fischerboote draußen auf dem Meere einen Anblick von ganz eigenartigem Reiz. Im wesentlichen werden drei Arten von Netzen verwendet, das rede circular, eine Art Beutelnetz, das rede de atravessar, eine Art Zuggarn, das durch Bleisenker und Korkschwimmer in eine senkrechte Stellung gebracht werden kann, und schließlich das rede de arrasto, ein kleines, konisch zulaufendes Netz mit einem großen Sack in der Mitte. Dieses Netz wird mit Vorliebe verwendet, wenn die Fische sich in Küstennähe aufhalten, besonders Makrele, Stöcker, Sardine und Ährenfisch.

Gegenüber der Netzfischerei tritt in den tiefen Gewässern um Madeira mehr die Angelfischerei in den Vordergrund. Die verschiedenen Angelgeräte zeigen je nach dem Zweck, dem sie dienen, die mannigfachsten Formen von der Handangel bis zur Grundangel. In der Regel sind an einer Hauptschnur, die Gewichte aus Blei oder Steingeröllen trägt, viele Nebenschnuren befestigt, die die Angelhaken tragen. Die Hauptschnur kann am Grunde liegen oder, wie z. B. bei der Cherriola, senkrecht im Wasser gehalten werden. Je nach der Fischart oder der Wassertiefe zeigen die Angelapparate im einzelnen verschiedene Konstruktion. Die meist angewandten sind die Briqueira [1]), Agulheira [2]), Gorazeira [3]) und Cherriola [4]). Als Köder dienen besonders Makrele, Stöcker, Napfschnecken, Pota und Ährenfisch, (besonders für Thunfisch und Espada) Krabben und andere Krustazeen.

Zum Krabbenfang bedient man sich des Peneiro, eines Apparates, der unsern Krabbennetzen entspricht. Fischreusen (Covos) verschiedener Art verwendet man in den weniger tiefen Zonen der madeirensischen Meere zum Fang der Meerbarben [5]), Muränen [6]), Krabben, Langusten [7]) u. a.

Weiter werden in der madeirensischen Fischerei canas da pesca hauptsächlich zum Fang von Seepapageien, Blöker, Dorados und anderer Arten benutzt. Jene Apparate ähneln im wesentlichen den Instrumenten, die bei uns zum Aalstechen verwendet werden.

Thunfisch und Espada werden in der Regel weiter ab von der Küste mit Hilfe einer sehr langen Zugleine gefangen, an der kürzere Angelschnüre seitlich befestigt sind.

---

1) Für Barsche, Meerjunker, Schleimkopf, Pagel, Ulkfisch, Scharfzähner u. a.

2) Für Pagel, Makrelen, Stöcker.

3) Für andere Makrelenarten, Kummel, Seehecht, Pagel, Ulkfisch, Scharfzähner u. a.

4) Für Seehecht, Wrackfisch u. a.

5) Covos de salmonetes, polyedrisch.

6) Covos de moreias, zylindrisch.

7) Mujona, 1910 durch algarvische Fischer auf Porto Santo eingeführt.

Für die Fischerei aber sind nicht alle Küsten der Insel in gleicher Weise begünstigt. Madeira bildet zusammen mit den Dezertas inmitten der Tiefsee eine gewaltige bogenförmige Landbarre, die sich weit nach Südosten öffnet, im Nordwesten aber eine verhältnismäßig enge, vor allem aber nur flache Passage freiläßt, in der zudem genügend starke Strömung herrscht. So stellen die Inseln gleichsam ein riesiges natürliches Netz, eine gewaltige Fangkammer dar, und schon aus diesem Grunde ist die Südseite Madeiras von vornherein für die Fischerei vor der Nordseite wesentlich begünstigt; hinzu kommen noch die für das Auslaufen der Schiffe günstigeren Windverhältnisse der Südseite gegenüber der fast stets in Luv des Passates gelegenen Nordseite. Daher finden sich die Hauptfischereistätten im Süden: Funchal, Caniço, Machico, Camara de Lobos und Paul do Mar.

Die Fischerei Madeiras wird während des ganzen Jahres betrieben; doch ist das Auftreten einzelner Fischarten je nach der Jahreszeit verschieden; das hängt zum Teil jedenfalls mit dem wechselhaften Vorhandensein des Planktons zusammen. Viele Fische, die im allgemeinen in größerer Tiefe leben, suchen gelegentlich die küstennahen Gebiete entweder zum Laichen selbst oder auf der Wanderung zu ferneren Laichplätzen auf; so passieren die Thunfische Germon von November bis Januar, Albacora von August bis Oktober, Bonito im Sommer und Herbst, Thynnus obesus und Thynnus thynnus von März bis Mai die Insel. Im Frühjahr erscheinen nahe Madeira zum Laichen Muränen, im Frühsommer Meeräschen, Petermännchen, Makrelen und bis in den Herbst hinein große Sardinenschwärme und Goldmakrelen. Vielfach finden sich dann in Begleitung dieser Fische oder bei deren Verfolgung auch andere ein, die sonst nicht in Küstennähe leben, wie der Heringskönig, Hornhecht, Blöker, Pfeilhecht und Kummel, die teils die hohe See, teils Tiefen bis 800 m vorziehen. Wieder andere Fische suchen die Küstengewässer als Schutzort vor der Verfolgung ihrer Feinde auf; das gilt besonders vom Stöcker, dem Thunfische und Pfeilhechte nachstellen; er erscheint daher häufig, regelmäßig aber Ende Frühjahr und Anfang Sommer bei Madeira. Schließlich ziehen einige andere Fische im Sommer die Küstennähe um des dann reichlicher vorhandenen Planktons willen vor, wie die Streifenbarbe, der Hornroche, ein Riffisch, der Kummel und Scharfzähner. Diese beiden letzten laichen im Winter am Meeresboden oder doch in tieferem Wasser. Da im übrigen noch mancherlei Arten ständig in Ufernähe leben, andererseits die kühnen Fischer Madeiras sich auch weit auf die See hinaus wagen und Tiefseefischerei betreiben, so findet die Fischerei während des ganzen Jahres hinreichend Beschäftigung. Daher sind die madeirensischen Fischer auch fast ausnahmslos Berufs- und nicht etwa Gelegenheits- oder Saisonfischer, wie z. B. manche Bevölkerungsteile Norwegens.

Auch über Mangel an Absatz können sich die madeirensischen Fischer nicht beklagen. Es war schon betont worden, daß in der Hauptsache nur der Eigenbedarf der Insel an Fischen gedeckt werden kann. Zwar ist 1909 eine Konservenfabrik für Thunfischverwertung in Ponta da Cruz, 1912 eine ebensolche, aber italienische in Paul do Mar entstanden; doch hat diese in den letzten Jahren nur vorübergehend arbeiten können[8]), weil der Thunfischfang sehr zurückgegangen ist und nach portugiesischem Gesetz nur dann Thunfisch der Konservenfabrik abgeliefert werden darf, wenn genügend Fisch für den Konsum vorhanden ist[9]). An diesem nimmt aber nicht nur die einheimische Bevölkerung teil, sondern auch die große Masse der Fremden, die alljährlich die Insel besucht. Im Durchschnitt der Jahre nach 1920 wurden etwa 1,5 bis 1,8 Millionen kg Fische gefangen, deren Wert entsprechend dem Währungsverfall und dem dadurch bedingten Anziehen der Fischpreise wechselte[10]). Das ist nicht gerade sehr viel, und es entfallen auf den Kopf der Bevölkerung je Jahr nur etwa 10 kg Fische.

4. Industrie und Handel. Die Industrie Madeiras ist im ganzen recht unbedeutend, auch wenn die Zahl der „industriellen Unternehmungen“ auf der Insel, deren 494 für 1912 angegeben werden, groß ist; aber manche „Fabriken“ bestehen doch nur aus einem kleinen Arbeitsraum, in dem vielleicht 2—3 Menschen tätig sind. Insgesamt umfaßte die Fabrikbevölkerung 1912: 3547 Köpfe. Mit dieser Zahl ist aber keineswegs die Gesamtheit der „industriell tätigen“ Bevölkerung erfaßt, da bestimmte Industriezweige vornehmlich in Heimarbeit von vielen Tausenden betrieben werden, wie z. B. die Stickerei, die Leinen- und Wollweberei, Keramikarbeiten u. a. Dennoch ist Madeira weit mehr landwirtschaftlich eingestellt als industriell. Über die Bedeutung der einzelnen größeren Industrieen für das madeirensische Gesamtwirtschaftsleben sind die Meinungen geteilt:

---

8) *E. Gesche:* Wirtschaftsbericht über die Insel Madeira vom 1. 7. 1928. (Konsularbericht.)

9) Die Fabrik in Ponta da Cruz führte 1910 etwas über $^1/_2$ Millionen kg Thunfisch nach Portugal aus. Die Fabrik in Paul do Mar exportiert nur nach Italien, und zwar 1923: 174000 kg gegen 667000 kg vor dem Kriege.

10) 1914: 110 contos (zu je 1 Million Reis), 1920: 434, 1921: 977, 1922: ca. 1200 contos.

die einen stellen die Stickerei an erste Stelle, andere dagegen die verschiedenen Industrieen, die sich auf den Zuckerrohrbau gründen. Im allgemeinen dürfte die Bedeutung der einzelnen Erwerbszweige innerhalb der Wirtschaft Madeiras in den verschiedenen Jahren auch sehr verschieden sein, ganz gleich, ob es sich dabei um Industrieen handelt, die an die auf der Insel selbst erzeugten Rohprodukte anknüpfen, daher z. B. dem Ernteausfall, also den Wetterverhältnissen, oder anderen äußeren Einflüssen, wie z. B. der Rebenkrankheit u. ä. unterliegen, oder um Industrieen, die, wie die Stickerei, zwar unabhängig von ähnlichen Einflüssen, dafür aber besonders stark rein geschäftlichen Konjunkturen und dem Zeitgeschmack unterworfen sind. Durchblättert man die Statistiken Madeiras, so machen sich gerade derartige starke Schwankungen der Produktionsziffern innerhalb weniger Jahre in auffallender Weise bemerkbar.

Die *Stickerei*industrie ist ein Wirtschaftszweig, der gerne als der wichtigste überhaupt, auch gegenüber der Bodenwirtschaft betrachtet wird, von dem der Wohlstand der Insel hauptsächlich abhänge. „Geht diese Industrie gut, und ist jede Stickerin beschäftigt, dann macht sich dieses im ganzen Lande bemerkbar und überall wird gekauft. Jetzt, wo die Stickereibranche sehr darniederliegt, und die Arbeitslöhne auch gedrückt sind, stocken alle Geschäfte“ [1]). Um die Bedeutung der Stickereiindustrie für das Wirtschaftsleben Madeiras zu ermessen, müßte man zunächst über Produktions- oder doch zuverlässige Ausfuhrangaben verfügen, um so vergleichsfähige Zahlenwerte zu besitzen. Solche Angaben sind aber nicht zu erlangen. In den Jahresstatistiken figuriert die Stickerei nicht, da der Versand fast ausschließlich in Postpaketen erfolgt, während die Statistik nur die durch das Zollamt gehenden Sachen aufführt [1]). Wohl sind in jener die für die Stickerei-Industrie eingeführten Stoffe angegeben, dagegen nicht die reexportierten Fertigwaren. Überdies entzieht sich die Menge der an die vielen Fremden unmittelbar verkauften Stickereien jeder Kontrolle; diese Menge aber muß als sehr beträchtlich angesehen werden, da ja nicht nur die vielen Kurgäste, sondern auch die Tausende und Abertausende Durchreisender in erster Linie Stickereien kaufen. Unter solchen Umständen sind weder brauchbare Produktions- noch Exportzahlen zu erlangen. Man schätzt die jährlichen Einnahmen aus der Stickereibranche (für gezahlte Arbeitslöhne) seit 1925 durchschnittlich auf 2—3 Millionen Goldmark [2]), während in dem ausnehmend guten

1) Deutscher Konsularbericht vom 4. März 1925, S. 16.
2) Deutscher Konsularbericht vom 1. Juli 1928.

Jahre 1924 allein an Arbeitslöhnen etwa 8 Millionen Goldmark, an Zoll für die eingeführten, zu bestickenden Stoffe und Stickgarne 1 Million Goldmark gezahlt wurden. Im Durchschnitt der Jahre 1900 bis 1909 sind mit Ausnahme der besonders schlechten Jahre 1903 bis 1905 allein durch den Zoll für annähernd eine Million Goldmark Stickereien alljährlich exportiert worden. Diese Zahlen lassen freilich kein absolut genaues Urteil über die Bedeutung der Stickereiindustrie für Madeira zu, aber sie deuten doch wenigstens den immerhin beträchtlichen Wert dieses Erwerbszweiges für das madeirensische Wirtschaftsleben an. Weiter ist aber zu berücksichtigen, daß vielleicht keine Industrie so tief in das Volk hineingreift und deutlich spürbar dessen einzelne Glieder erfaßt wie gerade die Stickerei. Sollen doch in den besten Zeiten an 50 000 Frauen in dieser Branche tätig gewesen sein! Hinzu kommt, daß diese „Industrie“ selbst von der Landbevölkerung gleichsam nebenbei betrieben werden kann, ohne Beeinträchtigung der bäuerlichen Tätigkeit. So erklärt es sich auch, daß nur 6—7 % aller Stickerinnen Berufsstickerinnen sind, 93—94 % aber diesem Erwerb erst in zweiter Linie nachgehen. Schließlich kommt noch hinzu, daß solche Industrie von Klima und Boden wie überhaupt allen natürlichen Voraussetzungen der Insel völlig unabhängig ist. Alle diese Umstände haben zusammen mit der Nachfrage des Auslandes nach Madeirastickereien dazu beigetragen, die noch verhältnismäßig junge Stickerei aus kleinen Anfängen heraus sich zu einer lebenswichtigen Industrie der Insel entwickeln zu lassen, von deren Wohl und Wehe die gesamte wirtschaftliche Lage Madeiras maßgebend, wenn auch nicht ausschließlich beeinflußt wird.

Noch in der Mitte des 19. Jahrhunderts war von Madeirastickereien im Auslande keine Rede und selbst auf der Insel wußte man kaum etwas davon. Ein paar Stickereien tauchten 1850 auf einer Gewerbeausstellung in Funchal auf; sie wurden aber erst dann in größerem Maße hergestellt, als sich offenbar durch die Bemühungen der Engländerin Mrs. Phelps, die in Funchal eine Stickereischule errichtet hatte, der englische Markt dieser neuen Produkte annahm. Schon 1862 gab es 1029 Stickerinnen auf Madeira, die Tag für Tag 15 kg Leinen verarbeiteten. In der Folgezeit stieg die Nachfrage nach Madeirastickereien im Auslande immer mehr; etwa in den 90er Jahren des vorigen Jahrhunderts nahmen sich deutsche Exportfirmen der Stickereiindustrie an und bauten sie aus. Diese Firmen wurden nun regelmäßige Auftraggeber für die einheimische Bevölkerung, die jetzt nicht nur sicheren Absatz für ihre Waren, sondern auch größere Verdienstmöglichkeiten fand, da durch die Organisation des Exportes und der damit verbundenen Erschließung neuer Absatzmärkte eine bedeutende Steigerung der Produktion einsetzte. So gab es 1906 auf Madeira schon 30 000 bäuerliche und 2000 Berufsstickerinnen, 1912 32 000 und 2500, die von 19 Exportfirmen beschäftigt wurden. Vor dem Kriege lag die Madeirastickerei bis zu 80 % in deutschen Händen. Nach der Sequestrierung der deutschen Firmen durch die portugiesische Regierung infolge des Krieges ist der Export in schweizerische, syrisch-amerikanische und einige portugiesische Hände übergegangen. Zunächst schien dann die Stickereiindustrie aufzublühen, wie die hohen Arbeitslöhne von 1924 erkennen lassen. Doch setzte schon im gleichen Jahre eine schwere Krise ein, deren Hauptursache in einer Überproduktion in Madeira bei gleichzeitigem Rückgang der Nachfrage zu suchen ist; überdies belastete auch noch die Regierung die Stickereiindustrie durch Zölle, höhere Steuern und sonstige Abgaben immer mehr, so daß ausländische Firmen, insbesondere syrische, ihre Betriebe nach den Kanarischen Inseln zu verlegen begannen, von denen als Freihafen aus um 30 % billiger exportiert werden konnte [3]). Bislang hat sich die Stickerei noch nicht wieder erholt; ob sie es je wieder können wird, muß besonders in einem Zeitalter maschineller Präzisionsarbeit fraglich erscheinen; zudem wird jene Industrie weit mehr den Modeanforderungen unterworfen sein als irgendeine andere.

Die Madeirastickerei, fast ausschließlich in Heimindustrie betrieben, ist eine Weißstickerei, und zwar Bindlochstickerei mit Langetten, die, nicht verwandt mit der geometrische Muster benutzenden à jour-Arbeit von Teneriffa, als Verzierungsmotiv vornehmlich Vorbilder aus dem Pflanzenreich wählt. An den Arbeiten sind bäuerliche und Berufsstickerinnen beteiligt; jene wohnen zwar verteilt über die ganze Insel, doch konzentriert sich ihr größerer Teil auf die Südseite und auf Porto Santo; die Berufsstickerinnen sind hauptsächlich in Funchal und Umgebung sowie in Santa Maria Maior und S. Gonçalo ansässig und liefern die qualitativ feinsten Arbeiten.

Der Anbau des Zuckerrohrs hat zwei Industrien entstehen lassen, deren eine von den Freunden Madeiras verwünscht wird: die meist mit recht primitiven Mitteln arbeitenden *Schnapsbrennereien.* Gut ein Drittel der Gesamtproduktion an Zuckerrohr soll in den verschiedenen Siedlungen der Insel zu Aguardente gebrannt werden, der aber kein Ausfuhr-, sondern lediglich ein Verbrauchsprodukt darstellt und für die Volkswirtschaft nur eine verhängnisvolle Bedeutung hat, insofern, als er die Volksgesundheit untergräbt und damit

3) Deutscher Konsularbericht vom 1. Juli 1928.

die produktiven Kraftquellen stark im Werte mindert. 1913 wurden 75 000 t Zuckerrohr produziert im Werte von 5 Millionen Goldmark. Davon wurden ⅗ zu Zucker und Alkohol verarbeitet und ergaben 4700 t Zucker und 600 000 l 95prozentigen Alkohol. Der Rest wurde zu Aguardente gebrannt. 30 kg Zuckerrohr ergeben 2 l Aguardente; in den Jahren 1912 bis 1917 sind durchschnittlich jedes Jahr etwa 10 000 hl Schnaps von den 49 Brennereien hergestellt worden. Mit Rücksicht auf den gewaltigen Schaden, den der Schnapsgenuß anrichtet, hat dann die Regierung im Jahre 1920 ein Dekret erlassen, nach dem einmal die Brennereien einer staatlichen Lizenz bedürfen, sodann die Schnapsproduktion sukzessive abgebaut werden muß, und zwar alljährlich um 1000 hl. 1927 sollte dann die Grenze erreicht werden mit einer Gesamtproduktion von 2000 hl. Nur knapp die Hälfte des Zuckerrohrs wandert in die beiden *Zuckerraffinerien*, deren Erzeugung an Zucker in den letzten Jahren fünf Millionen kg betragen haben soll, von denen 1½ Millionen kg auf der Insel selbst verbraucht wurden. Seit 1900 hat die Zuckererzeugung bedeutende Fortschritte gemacht: während 1900 erst 503 t Zucker hergestellt wurden, wird 1913 schon der zehnfache Betrag erzeugt, eine Menge, die dann auch in den folgenden Jahren beibehalten wird. Gegenwärtig soll die Produktion etwas nachgelassen haben. Für den Weltmarkt aber kommt die Zuckererzeugung Madeiras nicht in Betracht.

Dagegen hat der *Madeirawein* sich schon vor Jahrhunderten[4] den Weltmarkt erobert und auf der Insel selbst eine kleine Industrie erzeugt, für die ein Name fehlt: eine „Weinreifungsindustrie“. Nach der Kelterung wird der Wein, weil er sonst zu langsam reift, während dreier Monate auf 40 bis 60° C erhitzt oder in Estufas, Gebäuden mit Glasdächern, gelagert, während man ihn früher „die Reise um die Welt machen“, d. h. ihn zu Schiff mindestens zweimal den Äquator passieren ließ, um ihn „alt“ zu machen. Nach Fertigstellung werden ihm vor der Ausfuhr, die erst nach mindestens zweijähriger Behandlung erfolgt, 11 % Alkohol zugesetzt. Die feinste Sorte ist der Malmsey oder Malvasier, aus der gleichnamigen, von Kreta eingeführten Traube gekeltert, ein süßer, balsamischer Likörwein, der zur Reife mindestens 6 Jahre braucht; der beste stammte von der kleinen Jesuitenfarm Fajao dos Padres westlich des Cabo Girao, nahe dem Dorf Campanario an der Autostraße Camara de Lobos—Ribeira Brava. Ähnlich wie der Malvasier ist der Boal oder

4) Export 1790: 10000 pipes = 41800 hl; im 19. Jhdt. 54000 hl; Maximum 1813 mit 92000 hl.

Bual. Dagegen zeigt der auf die rheinische Rieslingtraube zurückgehende bouquetreiche Sercial hellgelbe Farbe und ist angenehm herb. Nur durch echtes Altwerden gelangt er zu höchster Vollkommenheit. Der der Menge nach bedeutendste Wein ist der Verdelho, der in erster Linie jene oben gekennzeichnete Behandlung erfährt, während er bei gewöhnlicher Lagerung sehr lange Zeit zur Reife braucht. Der Tinto endlich, ein Rotwein, wird aus der dunklen Traube gewonnen und gleicht dem Burgunder („Inselburgunder"), wird im Alter reich an Gerbstoff und dunkelbernsteinfarben.

Portugals Export an Madeirawein in den Jahren 1922 bis 1925, der i. a. die Hälfte der Weinproduktion der Insel umfaßt, sowie die wichtigsten Absatzländer ergibt folgende Übersicht (Mengen in 1000 hl):

	1922	1923	1924	1925
Frankreich	16,0	9,7	0,4	11,6
Schweden	3,5	4,8	6,7	9,8
Norwegen	0,08	5,4	15,6	8,5
Dänemark	9,6	6,8	7,7	6,2
Deutschland	3,1	0,2	4,9	3,9
England	2,4	1,8	4,1	2,65
Übrige Länder	1,865	2,228	3,226	2,266
Insgesamt	36,545	30,928	42,626	44,916

Vor dem Kriege war Rußland ein wichtiger Abnehmer der Madeiraweine. Die Exportpreise wechseln zwischen 115 ℳ und 570 ℳ je hl. Der jährliche Export im Durchschnitt der Jahre 1910 bis 1922 betrug 31 350 hl.

Ebenfalls auf Export eingestellt ist die kleine Industrie der *Korbmacherei*, die in den höhergelegenen Teilen der Insel betrieben wird. Ihr Vorort ist Camacha, östlich von Funchal. Sie knüpft an an die längs der natürlichen und künstlichen Gewässer vielfach kultivierte Korbweide und stellt solide, feine Korbmöbel her, die vornehmlich durch portugiesische Firmen nach England und den englischen Kolonien in Afrika und Westindien vertrieben werden. Die Ausfuhr betrug im Jahre 1923: 102 t, geht aber infolge der Frachtenverteuerung weiter zurück. Das Vorhandensein einiger kostbarer Hölzer zeitigte eine kleine Heimindustrie von eingelegten Holzarbeiten und Spazierstöcken, die aber wirtschaftsgeographisch keine Rolle spielt. Der nur geringen Herstellung von Fischkonserven sowie der verhältnismäßig bedeutenden Produktion von *Butter* war oben schon (S. 136 und 130) gedacht worden; neben einer ganzen Anzahl von Molkereien bestehen noch 7 Käsereien auf Madeira.

Neben solchen auf extrainsularen Export eingestellten findet sich eine ganze Reihe von Industrieen, die auf den Bedarf der Bewohner sowie der anderen Industrieen, vor allem aber auch des Fremdenverkehrs und der die Insel anlaufenden Schiffe zugeschnitten sind. Von solchen Industrien sind einige noch ganz jung, so die Herstellung von Stearinkerzen, Nägeln, künstlichem Dünger, Farben, Zementziegel, Biskuit, Zwieback und Fischkonserven. Die übrigen sind mehr oder minder alt und reichen teilweise bis ins 16. und 15. Jahrhundert zurück wie Zucker-, Mühlen-, Seifenindustrie, Sägewerke, die Herstellung von Ginsterwaren u. a. m. Bedeutend an Zahl sind die Mühlen der verschiedensten Art wie die 5 Ölmühlen und an 300 Getreidemühlen, die auf Madeira größtenteils die ältere Form der Wassermühlen zeigen, auf Porto Santo die der Windmühlen. Alle diese vermahlten vor dem Kriege 9—10 Millionen kg Weizen, von dem 7—8 Millionen kg, ferner 11—12 Millionen kg Mais, die fast ganz aus dem Auslande eingeführt waren; die etwa 350 t Gerste und Roggen, die zu Mehl vermahlen wurden, stammten von der Insel selbst. Die Fabrikation von Wachskerzen nahm früher unter den insularen Gewerben einen bedeutenderen Rang ein; doch verkümmerte sie seit 1878 mehr und mehr, als von England her gute Stearinkerzen für billiges Geld eingeführt wurden. Heute existieren auf Madeira nur noch zwei Wachskerzenfabriken neben einer für Stearinkerzen. Auch Holzsägewerke gab es einst in bedeutender Anzahl auf der Insel, die Balken, Dielen, Bretter, Masten u. dgl. herstellten. Da diese Holzsägen meist von Wasserkraft betrieben wurden, hießen sie Serras d'agua, Wassersägen; manche Ortsnamen weisen noch auf sie hin. Heute gibt es noch 6 Sägewerke, die als Serras d'agua auf der feuchteren Nordseite der Insel liegen. Von andern kleineren Industrieen sind noch am bedeutendsten zwei Seifenfabriken und je eine Gießerei und Brauerei, von denen jene seit 1834, diese seit 1856 besteht. Hutwebereien gibt es in Funchal, Camacha und Estreito bei Camara de Lobos, Leinenwebereien oder Webstühle verstreut auf der ganzen Insel, hauptsächlich aber in Calheta, Sant' Ana und Ponta do Sol. Gegenüber der oben schon betonten großen Bedeutung der Molkereien für die Herstellung von Butter treten die 7 Käsereien in Faial, Estreito, Ponta do Sol und Canhas stark zurück. An sonstigen industriellen Unternehmungen sind noch zu erwähnen 5 Zwieback-, 7 Nährmittel- und je eine Tabak-, Farben-, Dünger- und Zementfabrik, von denen die letzte viel Kalk von Porto Santo verarbeitet; ferner Gerbereien, Nagelfabriken und zwei kleine Werften. Lokal beschränkt sind die Konfitürenherstellung in Funchal und die Palmhutflechterei in Caniço. Andere ältere Industrien wie die der Salzgewinnung aus dem Meerwasser einst bei Paul do Mar, Lagoa, Serra da Cruz, Fajã da Areia und Caniçal sind heute aufgegeben. Auch die günstige Lage zu den Linien des Überseeverkehrs zwischen Europa einerseits, Westafrika und Südamerika andererseits ließ einen Handelszweig aufblühen, den *Provianthandel* mit Bunkerkohle, Wasser und Schiffsproviant. So sollen 1923 an portugiesische Schiffe 5150 t und an ausländische 33 000 t Bunkerkohle abgegeben worden sein. Das wäre, wenn diese Ziffern zutreffen, eine ungemein niedrige Menge im Vergleich zu der vom Jahre 1908, wo von den 168 Millionen Tonnen Steinkohle, die Madeira importierte, 151 Millionen Tonnen wieder reexportiert, d. h. zur Verproviantierung an die passierenden Schiffe abgegeben wurden. Immerhin wäre eine solch starke Abnahme, wie sie sich in obigen Werten ausdrückt, dadurch erklärlich, daß einmal die modernen Schiffe sich schon in den Heimathäfen für die ganze Fahrt wenigstens zwischen Europa und Südamerika verproviantieren und daß zum andern an Stelle der Kohlefeuerung vielfach die Ölfeuerung getreten ist, und schließlich, daß der Schiffsverkehr gegenüber der Vorkriegszeit um nahezu 50 % abgenommen hat, alles zum Nachteil des madeirensischen Handels.

Aus den in den vorigen Kapiteln dargelegten Produktionsverhältnissen und dem Bedarf der Insel ergibt sich folgendes Gesamtbild des madeirensischen Außenhandels. Die Insel exportiert Wein, Zucker, Stickereien, Butter, Korbmöbel, Zwiebeln, Eier und Früchte; importiert Getreide, Textilwaren, Öl, Petroleum, Salz, Schwefel, künstlichen Dünger, Maschinen, Kleineisenwaren, Kurzwaren, Porzellan, Glas, Tabak, Faßdauben u. a. sowie Steinkohlen, die aber größtenteils wieder reexportiert werden.

Betrachtet man Industrie und Handel Madeiras unter dem Gesichtspunkt nationaler Abhängigkeit, so ergibt sich eine weitgehende Ausschaltung des portugiesischen Elements in der Verwertung der Rohstoffe, deren Produktion allerdings fast ausschließlich in portugiesischen Händen ruht. Für die Stickereiindustrie haben wir die Verhältnisse schon (S. 137 f.) kennen gelernt. Die Zuckerfabrikation ist zum überwiegenden Teil der großen englischen Raffinerie von Henton & Co. vorbehalten; nur ein relativ kleiner Anteil entfällt auf die portugiesische Firma Henrique Figueira da Sylva. In den Weinhandel teilen sich viele Nationen; die Portugiesen sind daran auch stark beteiligt aber nicht annähernd in dem ihnen zustehenden Verhältnis. Der Küstenhandel und die Personenschiffahrt längs der Küste Madeiras ist in der Hand der Engländer; diese unterhalten mit Hilfe der Union Castle Line die schnellste, regelmäßigste, häufigste und beliebteste Postverbindung zwischen den europäischen Großstaaten und der Insel, wodurch für diese gegenwärtig der Dienstag zum charakteristischen, arbeitsreichen „Posttag" wird. Überhaupt haben sich die Engländer, auf die bekanntlich auch der Hauptteil der regelmäßigen Inselbesucher entfällt, alle wichtigen Geschäfte vorbehalten, außer den schon genannten die Kohlenverproviantierung und dann vor allem das Geldgeschäft: die wichtigsten Banken sind englisch. England beherrscht Madeira kommerziell in hohem Maße.

England ist der Herr der Insel und erscheint dem Durchschnittsportugiesen als der liebe Besucher und freundliche Finanzier.

IX. Der Verkehr.

Das bekannte Wort von James Watt: „Die Straßenkarte eines Landes ist ein Abbild seiner Wohlfahrt" trifft für Madeira nur bedingt zu. Wohl ist das Straßen- und Wegenetz mit über 1000 km Gesamtlänge auf der knapp 740 qkm umfassenden Insel recht dicht und übertrifft so mit 140 km auf 100 qkm Fläche die relative Dichte der Kunststraßen und befestigten Fahrwege aller Länder Europas [1]. Aber der weitaus größte Teil dieser „Fahrwege" ist, wie unten gezeigt wird, wegen ihrer Steilheit und der Glätte des Pflasters nur sehr begrenzt fahrbar, genügt aber dem meist geringen Verkehrsbedürfnis der eingesessenen Bewohner. Immerhin würde selbst nach Abzug aller zu machenden Einschränkungen ein relativ sehr dichtes Wegenetz verbleiben, wenn man berücksichtigt, daß von Natur aus die Insel durch ihren Hochgebirgscharakter und die außerordentliche Dichte tief eingerissener, schroffer Schluchten mit jähen, alle Täler voneinander trennenden Wänden ganz ungeheuer unwegsam ist. Fehlt ihr doch sogar eine Küstenniederung oder ein gangbarer Vorstrand, der andernorts wenigstens einen lokalen, nicht einmal so sehr primitiven Landverkehr längs der Küste ermöglicht. Auch bezüglich seiner Art, Anlage und seines Zustandes ist das Wegenetz Madeiras keinesfalls schlecht, wenn auch ein sehr großer Teil der Wege nur mühevoll zu passieren ist. Und doch kann es nicht als Kultur- oder Zivilisationsmaßstab für das madeirensische Volk dienen;

1) Entsprechende Dichte in Rußland 0,9 km, Deutschland 24 km, Belgien 31,7 km.

Tafel 18.

Abb. 31. Paß Encumiada de Sao Vicente in 1045 m Höhe. Tiefe Schlucht. Vgl. S. 26.

denn dieses ist arm und sein Verkehrsbedürfnis begnügt sich im ganzen mit primitiveren Mitteln.

Das Verkehrs b e d ü r f n i s auf Madeira ist durchaus zwiespältig: auf der einen Seite die Anforderungen der Ausländer, die alle, da sie ja in der Lage sind, mehr oder minder lange periodisch auf der Insel zu leben, höhere Ansprüche zu stellen gewöhnt sind; auf der andern Seite die Anforderungen der überwiegend ländlich eingestellten Masse der eingesessenen Bevölkerung, die sich trotz ihrer hohen relativen Dichte, trotz ihrer vielfach zwar mit primitiven Mitteln im einzelnen durchgeführten, aber keineswegs urwüchsigen, sondern durch den Zwang künstlicher Bewässerung hochkultivierten Wirtschaft mit einfacheren Verkehrsmitteln begnügt. Das zeigt sich schon darin, daß, obwohl gute Fahrwege vorhanden sind, dennoch auf diesen der Mensch selbst vielfach Hauptlastenträger bleibt, wenigstens vorderhand noch ist. Auch die häufige Notwendigkeit sowohl für die bäuerlich wirtschaftenden, als auch für die in Funchal arbeitenden, aber vielfach außerhalb wohnenden industriellen Bevölkerungsteile, größere Wege von ihrer Wohn- zur Arbeitsstätte zurückzulegen und dabei gar beträchtliche Höhenunterschiede zu überwinden, wird schon durch primitive Wege wie die vielen Gebirgspfade erfüllt. Denn daß Bewohner von sehr weit, selbst von Sao Vicente her nach Funchal zur Arbeit kommen, wird erst sekundär durch die Schaffung einer ein- bis zweimaligen wöchentlichen Autobusverbindung zwischen den beiden Orten begünstigt.

Zu einem wesentlichen, vielleicht sogar ausschlaggebenden Teil verdankt Madeira sein gutes und dichtes Wegenetz den Ansprüchen der zahlreichen Fremden, die allwinterlich, aber neuerdings auch schon im Sommer die „glückliche Insel“ bewohnen. Aber der Reichtum, den dieser Fremdenzustrom bringt, fließt zum allergeringsten Teil in die Taschen der — wir wollen nicht sagen: Eingesessenen, sondern Masse der eingesessenen Bevölkerung; der größte Teil kommt vielmehr meist weltbürgerlich eingestellten einzelnen Portugiesen auf Madeira, noch mehr aber den Engländern zugute. Das Volk ist arm, sein Verkehrsbedürfnis nicht gering, aber primitiv, und an der madeirensischen Volkswohlfahrt gemessen müßte das Wegenetz nach Art, Dichte und Zustand durchaus schlecht sein. Auch hier wieder eine jener widerspruchvollen Gegensätzlichkeiten, auf die wir eingangs hingewiesen haben.

Für die Anlage eines Wegenetzes sollten auf Madeira mehr als anderswo die topographischen Verhältnisse eine entscheidende Rolle spielen. Das aber ist nicht der Fall; in bewundernswerter Kühnheit

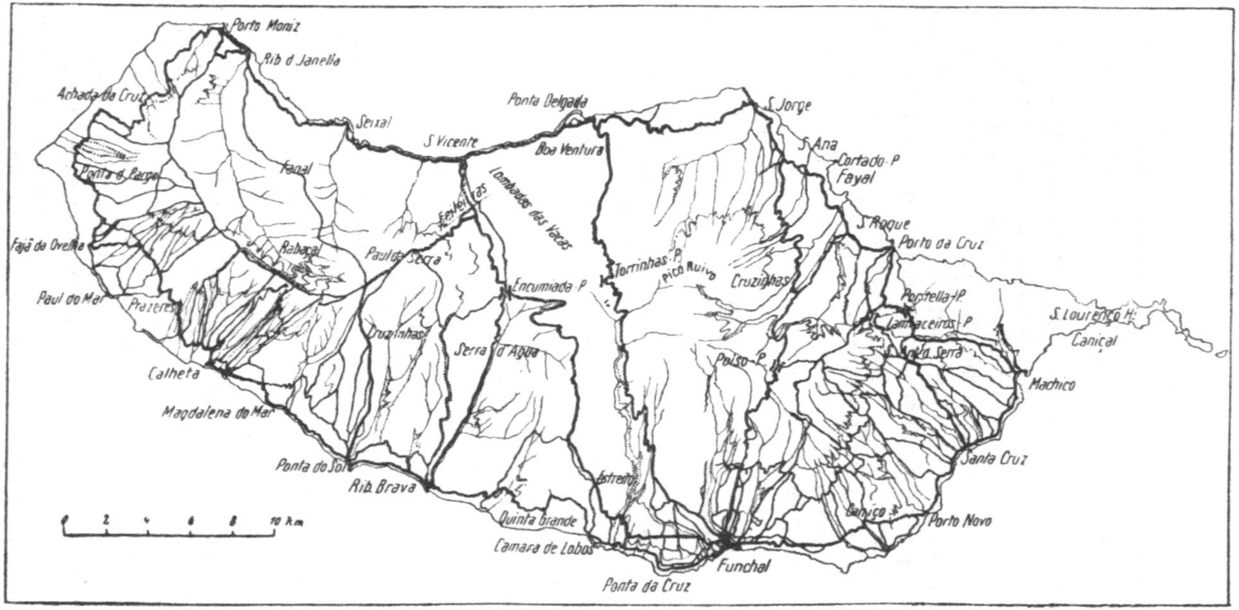

Fig. 14. Wegenetz und künstliche Bewässerung Madeiras. Feinste Linien: Gewässer; punktierte Linien: Levadas; mittelstarke Linien: Zubringer- und lokale Verbindungswege; starke Linien: die wichtigen, im Text erwähnten Nationalstraßen.

sind alle Geländeschwierigkeiten außer acht gelassen und ist beinahe ausschließlich die Lage der Siedelungen zueinander zur Richtschnur für den Zug der Wege gewählt worden. Bequem ist wohl nicht eine einzige Straße auf Madeira anzulegen; aber relativ am einfachsten, so scheint es, sollte die Anlage nordsüdlicher Querwege von Küste zu Küste sein: fast geradlinige, moorfreie Täler leiten auf kürzestem Wege von Norden und Süden an den Fuß des zentralen Ost-West-Gebirgskammes bergan. Dessen Bemeisterung ist im wesentlichen die einzige, aber dank genügend vorhandener Pässe [2]) nicht unüberwindliche Schwierigkeit. Die Anlage von Längswegen jedoch ist sowohl auf dem größten Teil des Kammes als auch in der Nähe des Meeresufers, diesem folgend, weitaus schwieriger: dort wegen der oft wilden Formen des siedelungsleeren Kammes, hier wegen der zahllosen zu querenden tiefen Talschluchten und der schroffen, bis 600 m hoch senkrecht ins Meer abstürzenden Zwischentalscheiden. Zudem sollte gerade in Ufernähe die Anlage von Küstenwegen schon deshalb unwichtiger erscheinen, weil ja eine Verbindung von Ort zu Ort auf dem Wasserwege möglich scheint. Aber gerade eine solche ist hier besonders schwierig, weil Madeira eine „Insel ohne Ufer" ist. Daher führt denn auch, weil die meisten bedeutenderen Siedlungen in Küstennähe, oft aber hoch über der Uferlinie liegen, ein ununterbrochener Wegezug längs der Küste, alle jene angedeuteten Schwierigkeiten außer acht lassend, rings um die ganze Insel und weicht nur im Nordwesten und im äußersten Nordosten weiter landeinwärts zurück. Bald folgt er, wie z. B. zwischen Sao Vicente und Ponta Delgada, dem Fuße des Kliffs, bald ist er kühn in die steil abfallende Felsenwand gehauen wie zwischen Sao Vicente und Seixal oder an der Entroza da Boa Ventura. Dieser Küstenweg, wie wir ihn der Einfachheit halber nennen wollen, ist in sich nicht einheitlich, sondern aus den verschiedensten Bestandteilen zusammengesetzt; aber als Ganzes bildet er einen einheitlichen Zug. Ja, auf ¼ seines Gesamtumfanges, zwischen Ribeira Brava im Westen und Machico im Osten ist er sogar zu einer erstklassigen, lückenlosen Autostraße ausgebaut, die in kühnster Wegführung bergauf und -ab bald auf hoher Felsklippe dicht am jähen, hunderte von Metern tiefen Steilabfall zum Meere vorbei, bald wieder in serpentinreichem Zug

2) Solche Pässe sind folgende (von W nach O): Campo Grande (ca. 1400 m), Encumeada de S. Vicente (1045 m), Torrinhas (zwischen Curral und Boa Ventura, 1454 m), Poiso (1389 m), Lamaceiros (716 m) und Portella (610 m).

fast ebenso tief hinab, zugleich aber noch am Hang entlang tief in eine Schlucht führt, die dann im Niveau des Talbodens gequert wird. Und gleich darauf beginnt das Auf und Ab wieder. In rasender Fahrt, wie es in Südeuropa üblich ist, saust das Auto auf den schmalen, windungsreichen Straßen bergauf, und für einen Augenblick steht dem an solches Tempo nicht gewöhnten Mitteleuropäer das Herz still, wenn er plötzlich den steilen Absturz zum Meere kaum einen Schritt vor sich sieht oder an einer Ecke unerwartet einem im gleichen Tempo entgegenkommenden Auto begegnet. Und immer wieder eröffnet sich dem staunenden Auge ein neuer, ganz andersartiger Ausblick, als es der vorige war, hier unendlich weit auf den blaugrünen Atlantik, dort auf überbunte Gärten und freundliche Siedelungen, dann wieder in düstere, kühle Schluchten, deren trockenes Bachbett von gewaltigen groben bis gröbsten Geröllmassen erfüllt ist, während der Boden sonst von Opuntien und Agaven übersät ist wie in der Ribeira de Gonzalo Aires; bald ist die Straße in lockere Tuffschichten und Aschen, bald in harte dunkle Basalte oder schlackige Laven eingeschnitten. Diese Estrada Nacional Nr. 23 hat eine Gesamtlänge von 166,180 km.

Dieser Küstenweg, der dann von Machico aus das Ufer verläßt und als östlichste Querverbindung gleich nach Porto da Cruz an der Nordküste führt, ist die wichtigste West-Ost-Längsverbindung der Insel, die alle wichtigeren Orte berührt. An ihre Seite tritt dann noch im westlichen Drittel, längs der Mitte Madeiras verlaufend, der Kammweg von Porto Moniz nach Paul da Serra, der durch Zweigwege — oft nur Fußwege — mit allen Orten der Südwest-, West- und Nordwestküste in Verbindung steht und als ein westlichster Querweg im Caminho Central über das Campo Grande in das Tal van Sao Vicente führt. Wenn er auch dem Längsverlaufe des Kammes folgt, so müssen wir ihn doch schon zu den Querwegen rechnen, weil er in der Hauptsache nur vermittelt zwischen den Zubringerwegen im Südwesten bzw. Norden und dem Tal von Sao Vicente bzw. der Südküste bei Ponta do Sol [3]). Von besonderer Wichtigkeit ist alsdann die Südnordstraße [4]) von Ribeira Brava durch das

3) Von Ponta do Sol führt die 19,275 km lange Estrada Nacional Nr. 28 über Cruzinhas, Cumiada, Casas do Paul, Estanquinhos nach Feiteiras im Tal von S. Vicente. Diese Straße wird von dem Caminho Central vom Paul da Serra an mitbenutzt.

4) Estrada Nacional Nr. 26 mit 13,060 km Länge bis zum Paß. Fortsetzung Nr. 25.

gleichnamige Tal über Serra d'Agua zum Paß Encumiada (1045 m) und hinab nach Sao Vicente, eine beinahe vollendete, ausgezeichnete Autostraße, die ebenfalls regelmäßig ein- bis zweimal wöchentlich von den Camiões befahren wird und namentlich auf der Nordseite, wo sie die vielen westlichen Nebenschluchten des Tals von Sao Vicente zu queren hat, besonders gewundenen Verlauf zeigt. Diese Straße erst wird in erhöhtem Maße den westlichen und mittleren Norden der Insel erschließen. Für den östlichen Norden wird dies von der wichtigen Querverbindung Funchal—Monte—Poisopaß (1403 m) — St. Anna (28 km[5]) und Fayal erwartet, eine im ganzen für Maultierschlitten und nur zwischen Funchal und Monte sowie Terreiro da Lucta und Poiso für Automobile befahrbare Straße, deren weiterer Ausbau in Aussicht genommen ist. Ähnlich ist die Bedeutung der von Santa Cruz bzw. Machico über San Antonio da Serra unter Benutzung des Lamaceirospasses (716 m) nach Porto da Cruz und über den Cortadopaß (502 m) nach Fayal führenden Straße. Dem gegenüber tritt der Wert des touristisch bevorzugten Weges in der Mitte der Insel von Funchal durch den Grand Curral, über den Torrinhaspaß (1454 m) nach Boa Ventura, die 33,467 km lange Nationalstraße Nr. 27, vorläufig noch zurück. Gleiches gilt auch von der direkten Straße Funchal—São Vicente, der 34,950 km langen Straße Nr. 25, die über S. Martinho, Estreito, Jardim da Serra, Cumiada, Rosario führt und mit ihrem letzten Teil zugleich die Fortsetzung der oben erwähnten Straße Ribeira Brava — Encumiada (Nr. 26) bildet.

In diesem Zusammenhang verdient hervorgehoben zu werden, daß auch die Levadas den Verkehr ins Innere der Insel in hohem Maße begünstigen. Viele der Levadas gleichen mit ihren 1—1,5 m breiten Außenrändern den zementierten Promenaden eines Kurorts und sind auch als Reitwege beliebt, zumal sie in ziemlich gleich bleibender Höhe sich an den Hängen bis weit ins Innere hinziehen und prächtige Ausblicke gewähren. Manche Verbindungspfade knüpfen unmittelbar an sie an. Andere freilich geben nur ein schmales Gesimse zum Passieren frei, unter dem ein hunderte von Metern tiefer, jäher Abgrund gähnt, während sich nach oben hin eine hohe, steile Felswand erhebt; nur Schwindelfreie vermögen diese Levadas zu gehen. Begegnet einem auf solch schmalem Pfad einmal, wie es nach freundlicher Auskunft des österreichischen Konsuls

5) Estrada Nacional Nr. 24 mit 28,160 km Länge bis St. Anna über Cruzinhas.

vorkommen soll, ein verwilderter Ziegenbock, so gibt es nur die eine Möglichkeit, das Tier in die Tiefe zu stürzen.

Wie schon angedeutet, sind qualitativ alle diese Wege recht verschieden zu bewerten. Etwa bis 1910 eignete sich außer den Straßen der Innenstadt, z. T. auch bis in das Weichbild Funchals hinein, für modernen Fahrverkehr nur die Straße nach dem nahegelegenen Camara de Lobos. Alle anderen Wege dagegen waren höchstens für Ochsen- oder Maultierschlitten gangbar, die meisten nehmen nur die Stelle eines Reitweges ein, auch wenn sie den pompösen Namen Estradas riais (königliche) oder heute nacionaes führen. Seitdem aber sind die schon genannten Straßen unter Aufwendung beträchtlicher Mittel in großzügiger Weise ausgebaut worden, andere sind im Bau oder projektiert.

Der Nachteil der meisten älteren Straßen liegt in ihrer allzu steilen Neigung, die selbst 20 und 25 % erreicht und durch möglichst geradlinige Wegführung in dem gebirgigen Gelände bedingt ist. Damit die Wege bei ihrer oft starken Böschung nicht von abfließendem Regen- und Bodenwasser ausgewaschen wurden, mußten sie mit einem konvexen Querprofil angelegt und gepflastert werden. Hierfür bediente man sich — namentlich in Funchal und auf den aus der Stadt bergan führenden Straßen — mit Vorliebe der etwa hühnereigroßen Basaltgerölle, die man allenthalben an den Hängen und in den Bachbetten sowie an der Küste in großen Massen findet. Da ferner das basaltische Geröllpflaster sehr schnell glatt wird, mußten alle Straßen mit einer mehr als 15prozentigen Steigung wieder mit stufenförmigen Quergewölben versehen werden, die das Ausgleiten namentlich der Pferde verhindern sollten. Die Entfernung der Stufen voneinander entspricht genau einem Pferdeschritt. Der dadurch bedingte Mehrverbrauch an Pflasterungsmaterial zugunsten möglischt geradliniger Wegeführung spielt auf Madeira keine Rolle, da hier der beste Geröllschotter in Hülle und Fülle vorhanden ist.

Die Mittel für den Personenverkehr sind auf Madeira mannigfach. Der Begüterte überwindet die starken Höhenunterschiede zwischen seiner Arbeitsstätte in Funchal und seiner Quinta am Monte täglich mit dem Reitpferd, wohl auch, wenngleich wegen der überaus starken Steigung der Straßen seltener mit dem Auto. Überhaupt ist das Reitpferd auch für Überlandausflüge sehr beliebt, wenngleich heute seltener als früher. Die Eisen der Pferde haben des glatten Pflasters wegen hohe Stollen. Im übrigen aber ist in Funchal und auf dem Lande weitaus wichtigstes Verkehrsmittel entweder der Ochsen- bzw. Maultierschlitten oder der Mensch selbst. Der von Ochsen oder Maultieren gezogene Schlitten (Carro) ist nicht etwa, wie man meinen könnte, nur wie die Bergschlitten eine zugkräftige Sensationseinrichtung für die Madeira besuchenden Fremden, sondern in Funchal und allenthalben sonst auf der Insel ein auch durch Autos nicht zu ersetzendes Verkehrsmittel für den Transport von Mensch und Ware. Die Steilheit und Pflasterung der meisten Wege schließt deren Passierbarkeit für Räderwagen aus, ganz gleich, ob diese sich automatisch fortbewegen sollen oder mit Pferden bespannt sind. Der Ochsen-, besser noch der Maultierschlitten dagegen überwindet bequem alle diese Hindernisse sowohl in der Stadt Funchal als auch weiter draußen auf steilen Gebirgsstraßen. Solange Madeiras Straßen ihren Charakter nicht von Grund auf verlieren, so lange wird der Ochsenschlitten unentbehrliches Verkehrsmittel bleiben. Mit dem Ausbau der Straßen dagegen tritt an seine Stelle mehr und mehr das Personen- und Lastauto, von denen es 1926 auf der Insel immerhin schon 375 bzw. 22 Stück gab. 1928 dürften, wenn die Ziffern auf den Erkennungsschildern fortlaufend numeriert sind, an 900 Motorwagen und -räder auf Madeira vorhanden sein. Pferdefuhrwerke zur Personenbeförderung treten auf der Insel gänzlich zurück; von diesen führt die neueste Statistik nur ein einziges an. Auch das Fahrrad, welches z. B. in Kopenhagen das Straßenleben mehr charakterisiert als irgendein anderes Personenverkehrsmittel, spielt auf Madeira infolge der Oberflächengestaltung und der Straßenführung eine völlig untergeordnete Rolle. Die Sänften, die einst bei den Fremden zur Reise auf der Insel sehr beliebt waren, finden heute nur noch höchst selten Verwendung. Die Bedeutung der Bergbahn, einer Zahnradbahn, für die Inselbewohner ist sehr gering, schon deshalb, weil sie nicht regelmäßig verkehrt. Sie ist im wesentlichen für den Fremdenverkehr und die Gäste der Hotels Belmonte und Terreiro da Lucta bestimmt. Ortsansässige können sie nur nach Maßgabe der verfügbaren, von den Fremden nicht besetzten Plätze benutzen. Immerhin befördert sie den Besucher bequem bis in 1000 m Höhe hinauf, wo der Anschluß an die Autostraße nach Poiso gewonnen wird.

Für den Güterverkehr kommen vorwiegend außer den schon erwähnten Ochsenschlitten und Lastautos kleinere Karren und Handwagen in Betracht. Dann aber auch der Mensch selbst. Namentlich in den hochgebirgigen Teilen von Madeira, aber auch sonst kann man noch einen ganz urwüchsigen Trägerdienst beobachten. Merkwürdigerweise wird das Maultier nicht als Lasttier, sondern nur als Zugtier für die Schlitten verwandt. Der Mensch selbst bleibt Hauptlastenträger und transportiert mit erstaunlicher Geschicklichkeit unglaubliche Lasten auf dem Kopf, bergauf und -ab. So konnte ich noch im Frühjahr 1928 auf der gut ausgebauten Bergstraße zwischen Santa Cruz und Santo Antonio da Serra beobachten, wie zum Zwecke eines Hausbaus Männer und Frauen mit zentnerschweren Lasten roter Dachziegel auf dem Kopfe bergan gingen, nur einen langen Stab als Stütze benutzend.

Die Bedeutung Madeiras für den Überseeverkehr liegt in seiner günstigen geographischen Lage zu den wichtigen von Europa nach Südamerika und Westafrika führenden Dampferlinien begründet, tritt aber hinter der der Canaren etwas zurück. Madeira liegt genau auf dem Kurs Mittel- und Nordwesteuropa—Pernambuco. während für die nach Buenos Ayres bestimmten Schiffe der Weg über die Canaren i. a. günstiger ist. Das gleiche gilt für die nach West- und Südafrika fahrenden Dampfer; doch bestehen, namentlich von Southampton aus, regelmäßige (wöchentliche) Routen über Madeira nach Kapstadt. Viele deutsche Schiffe wählen wechselweise auf ihren Fahrten nach Südamerika oder Westafrika den Weg bald über Madeira, bald über die Canaren. Portugiesische Fahrzeuge laufen auf ihrem Weg nach Portugiesisch-Afrika stets Madeira an. So betrug 1926 der Schiffsverkehr in Funchal im Mittel von Ein- und Ausgang 869 Schiffe mit 5 876 202 t, 1927: 913 Schiffe, davon 386 englische, 177 deutsche, 163 portugiesische und 58 französische; die übrigen verteilen sich auf 17 Nationen. Bis heute hat der Schiffsverkehr auf Madeira noch nicht wieder seinen alten Stand aus der Vorkriegszeit erreicht. 1901—1913 liefen alljährlich ziemlich gleichmäßig annähernd 1400 Schiffe ein; nur 1911 blieb beträchtlich hinter diesem Wert zurück (976 Schiffe). Während des Krieges nahm der Schiffsverkehr gewaltig ab bis auf 113 Schiffe im Jahre 1918. Dann begann erst wieder ein ganz allmählicher Aufstieg, der aber in der Gegenwart noch nicht abgeschlossen sein dürfte. In der Nationalität der Madeira anlaufenden Schiffe hat sich grundsätzlich nicht allzuviel verändert: im Durchschnitt der Jahre 1901—1913 war an dem Verkehr England mit 18 %, Deutschland mit 10 % beteiligt, dann folgten erst in weitem Abstand Portugal und in noch viel weiterem Holland, Norwegen, Dänemark und Frankreich; die entsprechenden Werte für 1927 sind: England 42 %, Deutschland annähernd 20 %, Portugal 18 %, Frankreich etwas über 6 %. Bemerkenswert ist lediglich die stärkere Beteiligung Portugals und der Ausfall Hollands und der nordischen Länder. Aus solcher Lage resultiert für die Insel ihre Bedeutung einerseits als Kohlenbunker-, Wasser- und Proviant-, andererseits als Kabel- und Funkstation. Von Funchal gehen drei Kabellinien aus, je eine nach Lissabon, Porthcurnow (England) und Pernambuco auf dem Wege über S. Vicente de Cap Verde. 1926 wurden die Funkstationen auf dem Pico Forte in Funchal und bei Caniçal (Reichweite über 3000 km) an Stelle einer älteren, postalischen eröffnet.

Literaturverzeichnis.

In der wissenschaftlichen Literatur ist Madeira etwas stiefmütterlich behandelt worden, einerseits, indem vergleichsweise selten über die Insel gearbeitet worden ist, andererseits, indem manche wertvollen Arbeiten unbeabsichtigt totgeschwiegen sind, wenigstens in nichtportugiesischen Bibliographien. Während die *Bibliotheca Açoreana* *) beispielsweise zwei Bände mit fast 900 Seiten füllt, umfaßt die von Alvaro Rodrigues de Azevedo zusammengestellte Literaturübersicht im Artikel „Madeira“ des *„Diccionario Universal Portuguez Illustrado“* nur ungefähr 150 portugiesische und 80 andere Werke. Dieser von Fernandes Costa herausgegebene Diccionario enthält überdies viele Madeira betreffende Artikel. Ein äußerst wertvolles, auch die Literatur berücksichtigendes Werk über Madeira ist mir leider erst nach dem Drucksatz der Fahnen vorliegender Landeskunde durch einen glücklichen Zufall bekannt geworden, das zweibändige Reallexikon *Elucidario Madeirense,* Funchal 1921 und 1922, mit über 2200 Spalten Text, der in hervorragender Weise über alle Einzelheiten der Insel unterrichtet. Und in ihm wird auch verschollene Literatur wieder an das Tageslicht gebracht.

Die folgende Literaturübersicht will trotz ihres großen Umfanges kein vollständiges Verzeichnis der die Insel betreffenden Literatur sein; viele Titel von Werken und Werkchen, die mir bekannt geworden sind, haben hier keine Aufnahme gefunden, weil ich sie für zu unbedeutend oder außerhalb des Stoffgebietes dieser Darstellung liegend hielt. Dagegen sind andere Titel auch sonst vielleicht wenig bedeutender Schriften aufgenommen worden, weil sie entweder originale Notizen von Wert enthielten oder mir unzugänglich waren, so daß ich ein Urteil über sie nicht abgeben konnte.

Wieder andere Literatur ist verzeichnet worden, wie z. B. die über die Entdeckung der Inseln, obwohl dieser Gegenstand in der Darstellung mit keinem Wort berührt wird. Das geschah zu dem

*) *Canto,* Ernesto do: Bibliotheca Açoreana. 2 Bde. 1890 u. 1900.

Zweck, um Interessenten für Sonderfragen einen Fingerzeig für das weitere und tiefere Eindringen in solche Probleme zu geben, die in der Darstellung selbst keinen Raum finden durften, um jene nicht zu überlasten. Ich hoffe, damit im Sinne mancher Leser gehandelt zu haben.

Karten.

1. *Sá Pereira,* João Antonio de (später d'Alverca): Mappa geographico particular da ilha Madeira. 1771 (Kopie im Ministerio das Obras Publicas in Lisboa). (Aufnahme.)

2. *Johnston,* William: Geo-Hydrographic survey of the Isle of Madeira . . . 1788. (Geometrisch gezeichn.)

3. *Almeida,* Paulo Dias d': Mappa geral da ilha da Madeira, levantado por ordem d'El Rei . . . 1817 (im Minist. das Obras Publicas, Lisboa; Kopie in Funchal, Direcção das Obras Publicas),

[*Mudge,* William: A survey of the Island of Porto Santo. 1820.]

4. *Wild,* James: Geo-Hydrographic Survey of the Island of Madeira. 1835.

5. *Vidal,* A. T. E.: The Islands of Madeira. . . . London 1847 (Aufn.).

6. ders.: Funchal Bay. 1843.

7. *Ziegler,* J. M.: Physical map of the Island of Madeira, from that of Vidal, with corrections by E. Hartung, O. Heer . . ., mit 1 Blatt: Panorama views. Winterthur 1856. (Vgl. dazu Pet. Mitt. 2, 1856, S. 146 ff.)

8. *Leiria,* J. A.: Mappa da ilha da Madeira . . . 1871.

9. *Azevedo,* Ant. Petr.: Carta geo-hydrographica da ilha da Madeira . . . (1842/43 aufgenommen, dann berichtigt und 1879 veröffentlicht).

10. *Trigo,* Anibal e Adriano: Carta geographica da ilha da Madeira, brinde do Diario Popular. 1898.

11. *Stübel,* A.: Reliefkarte von Madeira nebst Begleitworten. Nach dem Tode Stübels hsg. v. W. *Bergt.* 1910.

12. *Ziegler,* J. M.: Wie 7. Neue revidierte Ausgabe, London, E. Stanford, o. J. [1913]. (Gelände in Schummerung, Signaturen für Weingärten, Wälder verschiedener Art, Macchie (heaths), Kulturland, obere Weizengrenze u. a.)

13. *Madeira-Inseln,* 1 : 150 000, 1918, hsg. v. Reichs-Marine-Amt, 1918, mit Berichtigungen bis 17. IV. 1926. (Gelände in Schummerung und Formlinien. Sehr plastisch.)

14. *Power,* Charles A.: General Map of the Island of Madeira, 1 : 100.000. London 1927. (Gelände in brauner Schummerung, Gewässer blau, Straßen rot, Levadas grün, Siedelungen, Schrift und Gradnetz schwarz; Höhen in engl. Fuß.)
15. *Commissão Geodésica:* Carta da Madeira. Noch nicht veröffentlicht, 1915 abgeschlossen. Umfaßt das beste Material.

Allgemeines.

16. *Landi,* Conte Giulio: La discrittione del isola della Madeira, gia scritta nella lingua latina. Piacenza 1574.
17. *Alemanio Fini:* Descrittione dell Isola della Madera scritta nella lingua latina del Conte Giulio Landi. Piacenza 1574.
18. *Sloane,* Hans: A Voyage to the Islands Madera . . . London 1707—25.
19. *Bory,* de: (Reise nach Madeira) in Hist. et Mém. Acad. R. Sc. 1772. Paris 1776.
20. *R(iddell),* Maria: Voyages to the Madeira and Leeward Caribbean Isles. Edinburgh 1792.
21. *Almeida,* Paulo Dias de: Descripção da Ilha da Madeira em geral e de cada huma das suas freguesias, villas e logares em particular, suas producções, numero de fogos e seus habitantes; e estado actual das suas fortificações. 1817. In: Archivo da Marinha e Ultramar, Bd. II.
22. *Giraldes,* I. P. C. Casado: Estatistica Historico-Geographica das ilhas da Madeira e Porto Santo. Paris 1815.
23. *Bowdich,* T. E.: Excursions in Madeira . . . London 1825. Französ. Ausg. Paris 1826 (erwähnt meteorol. Daten von Kirwan).
24. Rambles in Madeira... in the early part of 1826. London 1827.
25. *Atkins,* John: A Voyage to Guinea, Brazil and the West Indies, Madeira, Cape Verde. London 1837.
26. *Driver,* John: Lettres from Madeira in 1834. London 1838.
27. *Cooper,* William White: The Invalid's Guide to Madeira . . . London 1840.
28. *Camara,* Paulo Perestrelo da: Breve noticia sobre a ilha da Madeira. Lisboa 1841 (136 S.).
29. *Bertrand,* Arthur: Lettres sur l'expédition de Sainte-Hélène. Paris 1841. (Darin 8 Seiten über die Exped. in Madeira im Juli 1840.)
30. *Picken,* Andrew: Madeira illustrated, with a description of the Island. London 1842.

31. *Osborne,* John: Guide to the Madeiras, Azores, British and Foreign West Indias, Mexico and Northern South America. 2. Ausg., London 1844.
32. *Maclaren,* Duncan: A Visit to Madeira and Teneriffe. Ca. 1845.
33. *Harcourt,* Ed. V.: A Sketch of Madeira, with maps and views. London 1850.
34. *Driver,* John: Historical and descriptive account of the Island of Madeira, and guide to Visitors. In *Mason:* clima da Madeira, 1850, s. u. Nr. 156.
35. *Dix,* John: A Winter in Madeira and a Summer in Spain and Florence. New York 1850. Auch unter dem Titel: Um Inverno na Madeira. California 1896.
36. *Avezac,* Pascoal: Iles d'Afrique . . . (gibt eine breite allgem. geogr. Darstellung vom Madeira-Archipel). Ca. 1850.
37. *Hadfield,* William: Brazil, the River Plate and the Falkland Island . . . including notices of Lisbon, Madeira etc. London 1854.
38. *Ziegler,* J. M.: Physikalisch geographische Skizze der Insel Madeira. Pet. Mitt. 2, 1856, Heft 4.
39. *Colvocoress:* Four years in the government exploring expedition commanded by captain Charles Wilkes to the Island of Madeira, Cape Verdes, Brazil . . . 2. Ausg. New York 1858.
40. *Siver:* Über Madeira und die Antillen nach Mittelamerika. Reisedenkwürdigkeiten und Forschungen. Leipzig 1861.
41. *Storch,* Ludw.: Madeira. Leipzig 1862.
42. *Schultze,* Rud.: Die Insel Madeira. Stuttgart 1864.
43. *Quintus,* J. W. J.: Het Eiland Madera. Groningen 1866.
44. *Almanak* para a ilha da Madeira. Seit 1867 in ungleichen Zwischenräumen erscheinend. (1868, 1882, 1883, 1888, 1904, 1907, 1908, 1910, 1911, 1912, 1913, 1915, 1923.)
45. *Kerhallet,* Ph. de et *le Gras,* A.: Madère, les îles Salvages et les îles Canaries. Paris 1868 (Dépôt de la Marine).
46. *Greeff,* Richard: Reise nach den Canarischen Inseln. Bonn 1868.
47. *Greeff,* Richard: Madeira und die Canarischen Inseln. Marburg 1872.
48. *Almanach* para os Açores e Madeira. Angra do Heroismo 1873.
49. *de Kerhallet,* C. P. - A. *Le Gras:* Madeira, the Salvages and the Canary Islands. Translat. from the French. U.S. Hydrogr. Off., Bur. of Navig. Nr. 51. Washington 1874. [90 S.]
50. *Longmann,* William: Impressions of Madeira (mit Karte). 1875.

51. *Grey,* H.: A Voyage to Madeira and the Azores with a peep at Lisbon in septembre and october 1879; London.

52. *Embleton,* Dennis: A Visit to Madeira in the Winter 1880—81. London 1881.

53. *Rendell,* J. M.: Concise Handbook of the Island of Madeira (mit Karte). London 1881.

54. *Baker,* Alice: A Summer in the Azores with a Glimpse of Madeira. Boston 1882.

55. *Beneden,* Charles van: Au Nord-Ouest de l'Afrique—Madère, les iles Canaries, le Maroc. Brüssel 1882.

56. *Taylor,* Helena M.: Madeira: its scenery and how to see it. London 1882.

57. *Langerhans,* Paul: Handbuch für Madeira. Berlin 1884.

58. *Piccone,* A.: Crociera del „Corsaro" alle Isola Madera e Canarie, del Capitano Enrico d'Albertis. Genova 1884.

59. *Ornelas,* João Augusto de: A Madeira e as Canarias. Funchal 1884.

61. *Manchon,* L.: A travers Madère, onze jours en hamac. Paris 1888.

62. *Pitta:* Madère. Paris 1889.

63. *Albizzi,* Marquis degli: Six mois à Madère. (Tour du Monde, LVII.) 1891.

64. *Albizzi:* Madère. Zürich 1891.

65. *Martins,* João Augusto: Madeira, Cabo Verde e Guiné. Lisboa 1891.

66. *Pontes,* Fern. Aug. de: Excursões na Madeira. Funchal 1891 (106 S.).

67. *Marsh,* A. E. W.: Holiday wanderings in Madeira. Geograph. Journal I, 1893, 85.

68. *Gordon,* C. A.: The Flower of the Ocean, the Island of Madeira. London 1894.

69. *Jones,* Eugen E. G.: A Handy Guide to Madeira. 1895.

70. *Fulgairolle,* Edm.: Une expédition française à l'île de Madère en 1566. Paris 1895.

71. *Loureiro,* Ad.: Breves Noticias sobre os archipelagos da Madeira, dos Açores, de Cabo Verde et das Canarias. Lisboa, ca. 1900.

72. *Biddle,* A. J. D.: The Madeira Islands. 2 Bde. 2. Aufl. London 1900. [1: Historisches, Bewohner; 2: Naturgeschichte und Weinbau.]

73. *Biddle,* A. J. D.: The Land of the Wine, being account of Madeira Island. Philadelphia 1901. 2 Bde.

74. *Conceição e Sousa,* José Elias da: Descripção geral do Archipelago da Madeira . . . Funchal 1901. (56 S.)
75. *Grabham,* Michael: Materia Atlantica. London 1901.
76. *Faria,* Jose Cupertino de: O Arquipelago da Madeira. 1901. (202 S.)
77. *Pommer-Esch,* Kath.: Madeira, die Waldinsel. Berlin 1902.
78. [*Mill,* H. R.: Voyage southward of London to Madeira. Geograph. Journal XIX, 1902, 417.]
79. *Sarmento,* Alb. Artur: As Desertas. Funchal 1903.
80. Derrotero de las Islas Canarias, Madera, Salvajes . . . Madrid 1904.
81. *Edenfeld,* Moritz: Eine Reise nach den Canarischen Inseln und Madeira. Straßburg 1905.
82. *Krohn,* R. E. S.: Handbuch für [Führer durch] Madeira. 1906.
83. *Manz,* Gustav: Madeira. Rück- und Ausblicke von einer Frühjahrsreise. (Westermanns Monatshefte, Braunschweig 1906.)
84. *Stenzel:* Kreuz und quer auf Madeira und den Kanarischen Inseln. 1906. (Für weitere Kreise.)
85. The Azores, Madeira, Canaries . . . Washington 1908.
86. *Baedeker,* K.: Das Mittelmeer. 1909, S. 19—29.
87. *Ackermann,* E.: L'île de Madère. Rixheim 1910.
88. *Bergt,* W.: Die Insel Madeira. Leipzig 1911.
89. *Breugnot,* M.: Bull. Soc. Géogr. Commerc. Paris 35, 1913, S. 705—720.
90. *Reichsverkehrsministerium:* Handbuch der Nordatlantischen Inseln, Azoren, Madeira, Kanarische Inseln . . . 1914, mit Nachtrag, 1925.
91. *Jardim,* Alberto Figueira: Madeira the Pearl of the Atlantic. Lisboa 1914.
92. *Meyer,* Hans: Das portugiesische Kolonialreich der Gegenwart. 1918.
93. *Peace Handbooks,* Vol. XIX: Portuguese Possessions. London 1920.
94. *Silva,* Fern. Aug. da und *Menezes,* Carlos Azevedo de: Elucidario Madeirense. 2 Bde. Funchal 1921—22. (Wichtigstes Nachschlagewerk.)
95. *Johnston,* M. S.: A Cruise to Lisbon, Madeira and Canary Islands. G. Teacher 64, vol. XI, 1922, S. 374—385.
96. *Soares,* Laura: Em casa da avó-Na ilha da Madeira. Lisboa 1923.
97. *Wattier,* Charles: Une mission à Madère. La Géogr. 39, 1923,

S. 401—420; 40, 1923, S. 40—61, 175—190 [bes. Klima, Boden, Wald, Kulturen].
98. *Lethbridge,* A.: Madeira. Impressions and Associations. 1925.
99. Anuário Estatístico de Portugal. Ano de 1926. Lisboa 1927.
100. *Brown,* A. S.: Madeira, Canary Islands und Azores (12. Ausg. 1922), 1927 (London).
101. *Power,* C. A. le P.: Guide to the Island of Madeira. 2. Ausg. London 1927.
102. *Griebens* Reiseführer: Madeira, Canarische Inseln und Azoren. 1928.
103. *Führer* für Mittelmeerfahrten, Reisen nach Madeira und den Kanarischen Inseln. Hrsg. v. d. Woermann-Linie . . . 1928.
104. *Hanstein,* O. v. u. *Gesche,* E.: Eine Reise nach Madeira. 1928.
105. *Strauß,* Emil: Tagebuch - Skizzen über eine Reise nach Madeira . . . Greifswald 1928. (S. A. a. Greifswalder Zeitung 1928, Nr. 129—142.)
106. *Hutcheon,* J. Edith: Things seen in Madeira. London 1928.

Geologie, Tektonik.

107. *Drumond,* João Pedro de Freitas Pereira: Noticias Mineralogicas da ilha da Madeira. In: Investigador Portugués, ca. 1800.
108. *Bennet,* U. G.: A Sketch of the Geology of Madeira. Transact. Geol. Soc. London, Bd. I, 1811.
109. *Bédmar,* Conde de Vargas de: Resumo das observações geologicas, feitas em uma viagem as ilhas da Madeira, Porto Santo e Açores nos anos de 1835 e 1836. Lisboa 1837.
110. *Albuquerque,* L. da Silva Mousinho de: Observaçoes para servirem para a história geológica das ilhas da Madeira, Porto Santo e Desertas. Mem. Acad. R. sc. Lisboa, XII, 1, 1837.
111. *Dana,* J. D.: Geological observations on the Island of Madeira. Unit. States Exploring Expedition, Bd. X, Kap. XII. 1838.
112. *Smith,* James: On the geology of the island of Madeira. Proc. Geol. Soc. London III, 1840/41, S. 351.
113. *Lyell,* Charles: On the Geology of some parts of Madeira. Proc. Geol. Soc. 1854.
114. *Schweizer,* E.: Über die Kalke von Madeira. Mitt. naturf. Ges. Zürich, 104, 1854.
115. *Lyell,* Charles: A Manual of Elementary Geology. 5. Ausg. 1855, Kap. 29, S. 515.
116. *Heer,* Osw.: Über die fossilen Pflanzen von S. Jorge in Madeira. Denkschr. Schweiz. Ges. f. Naturw., Bd. 15, Zürich 1857.

117. *Bunbury,* Charles J. F.: On some Fossil Plants from Madeira. Proc. Geol. Soc. London 1858.

118. *Bunbury,* Charles J. F.: On Some Vegetable Remains from Madeira. Geol. Journ. London 1859.

119. *Nöggerath,* J.: Das Gediegen-Blei von Madeira. N. Jb. f. Min. . . . 1861, S. 129.

120. *Hochstetter,* F. v.: Madeira. Wien 1861.

121. *Gardner:* The Geology of Madeira. (Quart. Journ. Geol. Soc. London. XXXVIII. 1882.

122. *Hartung,* G.: Betrachtungen über Erhebungskrater . . . 1862.

123. *Hartung,* G.: Geologische Beschreibung der Insel Madeira und Porto Santo. 1864 (enth. ganze ältere Literatur).

124. *Cochius:* Untersuchungen über die chemische Zusammensetzung der wichtigsten vulkanischen Gesteine Madeiras und Porto Santos. Zschr. f. prakt. Chemie 93, 1864, S. 124—161.

125. *Stübel,* A.: Cabo Girao und Camara de Lobos. Isis, auch Globus 7, 1865, S. 332.

126. *Lyell,* Charles: Principes of Geology. Cap. XLI, 1868.

Berkeley, ca. 1890 s. u. Nr. 144.

Girard, Alberto A.: s. Nr. 144.

127. *Gagel,* C.: Geologische Beobachtungen auf Madeira. Zschr. d. D. Geol. Ges. 55, 1903, Mon.Ber. S. 117—121.

128. *Stübel,* A.: Die genetische Verschiedenheit vulkanischer Berge. 1900? 1903.

129. *Gagel,* C.: Beobachtungen über Zersetzungs- und Verwitterungserscheinungen an jungvulkanischen Gesteinen. Zentrbl. f. Min. . . . 1910, S. 225—33, 271—80.

130. *Gagel,* C.: Die mittelatlantischen Vulkaninseln. Handb. d. reg. Geol., Bd. VII, Tl. 10, 1910.

131. *Stübel,* A.: Reliefkarte von Madeira nebst Begleitworten. Nach dem Tode Stübels hsg. v. W. *Bergt.* 1910.

132. *Stübel,* A.: Die Insel Madeira. Veröff. städt. Mus. f. Länderkunde, Leipzig 1910.

133. *Jocksimowitsch:* Die zweite Mediterranstufe von Porto Santo- und Salvagens, Zschr. d. D. Geol. Ges. 1910, S. 43—96.

134. *Gagel,* C.: Studien über den Aufbau und die Gesteine Madeiras. Zschr. d. D. Geol. Ges. 1912, S. 344—491 (mit 5 Tafeln und Literatur) und ebda. 1914, S. 449—481 (mit 1 Tafel).

135. *Komorowicz,* M. v.: Vulkanologische Studien auf einigen Inseln des Atlantischen Ozeans. 1912.

136. *Gagel,* C.: Geolog. Charakterbilder, hsg. v. Stille, H. 20.

137. *Navarro,* Fernández, L.: Le Pic du Teyde et le Cirque de las Canades a Tenerife. C. R. Ac. sc. 165, 1917.

138. *Navarro,* Fernández, L.: Datos sobre el colcanismo canario. Bull. Volcanol. Nápoles 1924, 2, 1925.

139. *Navarro,* Fernández, L.: Problema de Canarias. Conf. leida R. Soc. Geog. 66, 1925. B. R. S. G. Madrid 45, 1925, S. 106 bis 131.

140. *Gagel,* C.: Begleitworte zu der Karte von La Gomera mit einem Anhang über die Calderafrage. Zschr. d. D. Geol. Ges., Abh. 77, 1925, S. 551—574.

141. *Navarro,* Fernández, L.: Iles Canaries. Livret-guide, XIV. Congr. Géol. Intern., Exc. A—7. 1926.

142. *Navarro,* Fernández, L.: Islas Canarias. Publ. Inst. Geol. con ocasión XIV. Congr. Intern. Madrid 1926.

143. *Gagel,* C.: Über die angeblichen Glazialerscheinungen auf Gran Canaria. Zschr. d. D. Geol. Ges., Mon.Ber., 78, 1926, S. 85—86.

144. *Berkeley-Cotter,* J. C.: Noticia de alguns fosseis terciarios do archipelago da Madeira por J. C. Berkeley Cotter, acompanhada de outra noticia de alguns molluscos terrestres fosseis do mesmo archipelago, por Alberto A. *Girard.* Extracto das Communicações da Commissão de Trabalhos Geologicos, Bd. II, Tl. 2. (Ca. 1890.)

Physiogeographie und Morphologie (s. a. Geologie und Allgemeines).

145. *Bettencourt Pita,* Nic. C.: Account of the Island of Madeira. London 1812.

146. *Macaulay,* James: Notes on the Physical Geography, Geology and Climate of the Island of Madeira. Edinburgh New Philosophical Journal Bd. 39, 1840, S. 1—39.

147. *Nobrega Soares,* João de: Chorographia da Madeira. 1862, 4. Ausg. 1882.

148. *Azevedo,* Alvaro Rodrigues de: Chorographia do Archipelago da Madeira. 1873.

149. *Sarmento,* Alberto Artur: Corografia Elementar do Arquipelago da Madeira. Funchal 1912. (Bestes Werk.)

Klima und Phänologie.

150. *Heberden,* Thomas: [Über seine meteorologischen Beobachtungen in Funchal von 1747 bis 1751.] In: Philosophical Transactions, Bd. X.

150a. *Fothergill:* On consumption medical observations 1775.

151. *Adams,* J.: A Guide to Madeira with an account of the Climate. London 1801.
152. *Gourlay,* William: Observations on the Natural History, climate and diseases of Madeira during a period of eighteen years. London 1811.
153. *Heineken,* Carl: (Über das Klima Funchals und Erkrankungen der Atmungsorgane.) Medical Repository XII. 1824.
154. *Sousa Vaz,* F. de Assis: De l'influence salutaire du climat de Madère . . . Paris 1832.
155. *Kampfer:* Notizen über die Insel Madeira. Zschr. f. d. gesammte Medizin. 1847.
156. *Mason,* J. A.: A Treatise on the Climate and Meteorology of Madeira. 1850.
157. *White,* Rob.: Madeira, its climate and scenery. 1851. 2. Ausg. 1857, hg. v. Johnson. (W. machte meteor. Beob. auch in Machico.)
158. *Vieira,* Pedro Julio: Études Médicales sur le climat de Madère. Montpellier 1852. (91 S.)
159. *Dyster,* F. S.: Madeira as residence for invalids. London 1854.
160. *Barral,* Franc. Ant.: Noticia sobre o clima do Funchal e sua influencia no tratamento da tisica pulmonar. Lisboa 1854. (347 pag.)
161. *Lund,* G.: The climate of the Island of Madeira. London 1854.
162. *Bloxam,* James Mackenzie: The Climate of the Island of Madeira. London 1855.
163. *Mittermaier,* K.: Madeira und seine Bedeutung als Heilungsort. Nach mehrjährigen Beobachtungen für Ärzte geschildert. Heidelberg 1855.
164. *Mittermaier,* K. u. *Goldschmidt:* Dasselbe. 1885.
166. *Garnier,* P.: Le Climat de Madère et son influence thérapeutique sur la phthisie pulmonaire. Paris 1858. (Ist Überstzg. des Werkes von Barral. Nr. 160.)
167. *Garnier,* P.: Itinéraire de Paris à Madère. Union Médicale. 1859.
168. *Grabham,* M.: The Climate and Resources of Madeira. 1860.
169. *Hagen,* O.: Notiz über eine außerordentliche Lufttrockenheit in Madeira. 1861.
170. *Schultze:* Zur Klimatologie von Madeira. Schwerin 1862.
171. *Johnson,* James Yate: Madeira, its Climate and Scenery. London 1885.
172. *Grabham,* Michael: The Climate and resources of Madeira. London 1870.

173. *Hann*, J.: Klima der Azoren und Madeiras. Meteor. Ztschr. 1871.
174. *Goldschmidt*, Julius: Madère étudie comme station d'hiver. 1880.
175. *Piazzi Smyth*, C.: Madeira Meteorologic. Edinburgh 1882.
176. *Goldschmidt:* Funchal auf Madeira. Wiener mediz. Wochenschr. 1883, Nr. 49 und 50.
177. *Goldschmidt*, Julius: Madère étudiée comme station d'hiver et d'été. 1884.
178. *Christman*, Ferd.: Funchal auf Madeira und sein Klima. 1889.
179. *Taylor*, C.: An Account of the Leste or hot wind of Madeira. Quart. Journ. R. Met. Soc. 17, 1891, S. 217.
180. *Krohn*, Roland: Die Hygiene in Funchal auf Madeira. (Archiv für Schiffs- und Tropen-Hygiene, Bd. III. 1899.)
181. *Martius*, Joao Augusto: A Madeira e o seu clima. Bol. Soc. Geogr. Lisboa 18, 1900, S. 5—13 (medizinisch).

Richter, Joh., 1909 s. Wirtsch. Nr. 371.

182. *Hann*, Jul.: Handbuch der Klimatologie, Bd. III, 3. Aufl., 1911, S. 53 ff., 45, 46.
183. *Wenger*, R.: Untersuchungen über die Mechanik und Thermodynamik der freien Atmosphäre im Nordatlantischen Passatgebiet. Leipzig 1910. — Vgl. ders. in Ber. d. Intern. Komm. f. wiss. Luftschiffahrt. Wien 1912.
184. *Sarmento*, Alberto: O vento léste na ilha da Madeira. Bol. Soc. Geogr. Lisboa 30, 1912, S. 306—308.
185. *Sverdrup*, H. U.: Der nordatlantische Passat. Veröff. Geophys. Inst. Univ. Leipzig, 2. Serie, 1917.
186. *Perlewitz*, Paul: Einfluß hoher Inseln auf Wind und Wetter in der Umgebung. Ann. d. Hydr. 1925, S. 285.
187. *Ficker*, H. v.: Richtung von Wind und Wolken auf Teneriffa. Wien 1926 (Festschr. Zentralanst. f. Met. u. Geodyn.), S. 15 bis 30.
188. *Menezes*, Carlos A. de: Breve noticia da ilha do Porto Santo e da sua meteorologia. Bol. Soc. Geogr. Lisboa, XLV, 1927, S. 1—11.
189. *Perlewitz*, Paul: Höhenwindmessungen und andere Beobachtungen zwischen dem Kanal und dem La Plata. A. d. Arch. d. dtsch. Seewarte, Bd. 45, Nr. 3.

190. Über Phänologie s. *Heer* in Nr. 205 und *Menezes*, C. A., in Nr. 257 sowie Bol. Soc. Geogr. Lisb. 1927 und Bull. Acad. Intern. de Géogr. Bot. 1905, 08, 1912.

Richter, Joh., s. Wirtsch.

Pflanzenwelt.

191. *Forster,* Joh. Reinh.: Plantae Atlanticae. Göttingen 1787.
192. *Forster,* Joh. Reinh.: Herbarium Australe. Göttingen 1797.
193. *Raddi,* Giuseppe: Breve Osservazioni sull Isola di Madera. Florenz 1821.
194. *Brown,* Rob.: Verzeichnis der auf Madeira wildwachsenden Pflanzen. In L. v. Buch: Physikalische Beschreibung der Canarischen Inseln. Berlin 1825.
195. *Lowe,* R. T.: Primitiae Faunae et Florae Maderae et Portus Sancti. Trans. Cambridge Phil. Soc. IV, I. 1830.
196. *Holl,* Friedr.: Verzeichnis der auf der Insel Madeira beobachteten Pflanzen. Flora oder Bot. Zeitung, 1830.
197. *Lowe,* R. T.: Novitiae Florae Maderensis. Trans. Cambridge Phil. Soc. VI $_3$, 1838.
198. *Vogel:* Journal of Voyage. In: Hooker: Niger Flora. London 1842.
199. *Penfold,* Jane Wallas: Madeira-flowers, fruits and ferns-a selection of the botanical productions of that Islands, foreign and indigenous, drawn and coloured from nature. London 1845.
200. *Hooker:* Notes on Madeira Plants. Journ. of Botany VI. 1847.
201. *Heer,* Oswald: Remarques sur la manière de végéter des arbres de l'Europe et des États Unis transportés à Madère. Bot. Zeitung 1853.
202. *Welwitsch,* Frederico: Aforismos ácerca da fundação dos jardins de aclimação na Ilha da Madeira . . . um 1853.
204. *Heer,* O.: Über die fossilen Pflanzen von St. Jorge in Madeira. Denkschr. Schweiz. Natf. Ges. 1856.
205. *Heer,* O.: Über die periodischen Erscheinungen der Pflanzenwelt in Madeira. 1851.
206. *Bunbury,* Ch. J. F.: Remarks on the botany of Madeira and Tenerife. Journ. of Proc. of the Linnean Soc., Bot. Vol. I, P. I (1857), S. 1—34. (Überstzg. in Bot. Zeitg. 1857, S. 43 ff.)
207. *Johnson:* Notes on some rare and little knownplants of Madeira. Journ. of Bot. IV. 1857.
208. *Lowe,* R. Th. A manual Flora of Madeira and the adjacent islands of Porto Santo and the Dezertas. London 1857—69. 3. Ausg. 1868.
209. *Schacht,* Herm.: Zur Kenntnis der Visnea Mocanera. Berlin 1859.
210. *Schacht,* H.: Madeira und Tenerifa mit ihrer Vegetation. Berlin 1859. 2 Bde.

211. *Mitten,* William: Contributions to the cryptogamic flora of the Atlantic Islands. (Linn. Soc. Journ. Bot., VIII.) Ca. 1859 (?).
212. *Juratzka,* J.: Muscorum frondosorum species novae. Bot. Zschr. 1866, 3.
213. *Kny,* Leopold: Über die Flora Ozeanischer Inseln. Zschr. d. Ges. f. Erdk. Berlin 1867.
214. *Milde:* Filices Europae et Atlantidis. Leipzig 1867.
215. *Cosson,* E.: Catalogue des plantes recueillies par G. Mandon en 1865 et 1866 dans les îles de Madère et de Porto Santo. Bull. Soc. Bot. France XV, 1868, S. 94—103, 181—190.
216. *Lowe,* Ricardo Tomás: A Manual Flora of Madeira and the Adjacent Islands. London 1868.
218. *Hochstetter:* Madeira. Ges. naturw. Vorträge. Wien 1870.
219. *Arquimbau,* Ramon Masferrer y: Catalogo razonado de la Flora de Tenerife y notas sobre la flora de todo el arquipelago Canario, Madeira e demas islas de aquela region botanica. (o. O. u. J.; um 1875.)
220. *Engler:* Versuch einer Entwickelungsgeschichte der Pflanzenwelt I, Kap. X. 1879.
221. *Fritze:* Über die Farnvegetation der Insel Madeira. Jb. Schles. Ges. f. vaterl. Kult. 1881.
222. *Stein,* B.: Lichenes Maderensis et Mindanoensis. Verh. Schles. Ges. f. vaterl. Kult. 1882.
223. *Heer,* Oswald: Der Renton-Garten in Funchal. In: Gartenflora Deutschlands und der Schweiz. Lausanne 1883.
224. *Johnson:* Madeira. London 1885 (bes. auch Kultur- und Zierpflanzen).
225. *Stizenberger,* E.: Lichenes insulae Maderae. Bol. Soc. Broteriana de Coimbra V, 1887, S. 123—132.
226. *Menezes,* C. A.: Catalogo das phanerogamices da Madeira e Porto Santo. Funchal 1894. (Ergänzung zu R. T. Lowe.)
227. *Léveillé,* Hector: Les Onothéracées de Madère. In: Le Monde des Plantes. 1896.
228. *Léveillé,* Hector: A propos de deux plantes de Madère. In: Le Monde des Plantes. 1897.
229. *Cardot,* J.: On some Mosses collected in Madeira by William Trelease. 8. Ann. Rep. Missouri Bot. Gard. 1897.
230. *Murray:* Notes on species of Lotus and Pedrosia. Journ. of Bot. 1897.
231. *Brand:* Monographie der Gattung Lotus. Engl. Bot. Jb. XXV. 1898.

232. *Léveillé,* Hector: Les Renonculacées, Geraniacées et Haloragées de Madère. In: Le Monde des Plantes. 1898.

233. *Menezes,* C. A.: Notice sur les phanérogames de Madère et Porto Santo. Funchal 1899.

234. *Menezes,* C. A.: Diagnoses d'algunas plantas novas ou poco conhecidas da ilha da Madeira. Ann. sc. nat. Porto 1901.

235. *Menezes,* C. A.: As zonas botanicas da Madeira e Porto Santo. Ann. sc. nat. Porto 1901.

236. *Schiffner:* Ein Beitrag zur Flora von Madeira. Österr. bot. Zschr. 1901.

237. *Bornmüller,* J.: Ergebnisse zweier botanischer Reisen nach Madeira und den kanarischen Inseln. Englers Bot. Jb. 33, 1903, S. 387—492.

238. *Bornmüller:* Über zwei für die Flora von Makaronesien neue Arten der Gattung Umbilicus. Bull. Herb. Boissier 1903.

239. *Coincy:* Les Echiums de la section Pachylepis. Bull. Herb. Boissier 1903.

240. *Vahl,* M.: Über die Vegetation Madeiras. Engl. Bot. Jb. 36, 1905, S. 253—349. — Ders.: Madeiras Vegetation. Copenhagen 1904.

241. *Steiner,* J.: Flechten auf Madeira . . . Österr. Bot. Zschr. 1904.

242. *Britten,* James: R. Brown's List of Madeira Plants. Journ. Bot. Brit. and Foreign. XLII, 1904.

243. *Friderichsen,* K.: Rubi fra Madeira. Bot. Tidsskrift. 1905.

244. *Menezes,* C. A.: Madeira Ferns. Funchal 1906.

245. *Menezes,* C. A.: As Gramineas do Archipelago da Madeira. 1907.

246. *Menezes,* C. A:. As Libiadas do Archipelago da Madeira. 1907.

247. *Solms-Laubach,* H. Graf zu: Die leitenden Gesichtspunkte einer allgemeinen Pflanzengeographie, 1907, S. 62, 203—205.

248. *Luisier,* Alph.: Note sur quelques mousses nouvelles pour la flore de Madère. Bull. Soc. Port. Sc. Nat. I, 2, 1907.

249. *Luisier,* Alph.: Deuxième note sur les mousses de Madère. Bull. Soc. Port. Sc. Nat. II, 1, 1908.

250. *Simon,* E.: Une Asphodèle nouvelle: Asphodelus madeirensis, Simon. Bull. Soc. Bot. des Deux-Sèvres 1908/09.

251. *Dixon,* H. N.: Contributions to the Moss Flora of the Atlantic Islands-Madeira. Journ. of Botany 1909.

252. *Stanford,* Ch. Th.: Leaves from a Madeira Garden. 1909.

253. *Menezes,* C. A.: Contribuçao para o estudo da Flora do Archipelago da Madeira. Funchal 1909.

254. *Schröter,* C.: Eine Exkursion nach den Kanarischen Inseln. Zürich [1909] (bringt viele Abb. typischer Pflanzenformen).

255. *Luisier*, Alph.: Contributions à l'Etude des Muscinées de Madère. Broteria VIII u. IX. 1909, 1910.

256. *Engler*, A.: Die Pflanzenwelt Afrikas . . . Bd. I, 2. Hälfte, 1910, S. 866—870. In: Engler-Drude: Die Vegetation der Erde, Teil IX.

257. *Menezes*, Carlos A.: Algumas notas e consideraçoes sobre a Phenologia do Funchal. Bol. Soc. Geogr. Lisboa 28, 1910, S. 48—56.

258. *Armitage*, Eleon.: Some Madeira Hepaticae. Journ. of Botany, 1910.

259. *Borge*, O.: Algologische Notizen. Süßwasseralgen aus Madeira. Botaniske Notizer 1911.

260. *Navás*, Longinos: Sinopsis de los Liquenes de las Islas de Madera. In: Broteria IX—XI, 1910—13. (Flechten.)

262. *Rikli*, M.: Lebensbedingungen und Vegetationsverhältnisse der Mittelmeerländer und der Atlantischen Inseln. Jena 1912, bes. S. 132—136.

263. *Menezes*, C. A.: Subsidios para o estudo da flora lenhosa madeirense. Bol. Soc. Geogr. Lisboa 30, 1912, S. 567—573, 610—621.

264. *Menezes*, C. A.: Flora do Arquipelago da Madeira. Funchal 1914.

265. *Junta Agricola:* Flora do Archipelago da Madeira. Funchal 1914.

266. *Winter*, Herm.: Beiträge zur Kenntnis der Laubmoosflora von Madeira und Teneriffa. Hedwigia LV, 1914.

267. *Luisier*, Alph.: Les Mousses de Madère. Broteria vol. XV—XX. 1917—1922.

268. *Armitage*, Eleon.: On the Habitats and frequencies of some Madeira Bryophytes. Journ. of Ecology, VI. 1918.

269. *Knoche*, Herm.: Vagandi Mos. Reiseskizzen eines Botanikers. I. Die kanarischen Inseln. Straßburg u. Paris [1923; mit Karten und Bildern].

270. *Chevalier*, Aug.: L'origine géographique et les migrations des Bruyères. B. Soc. Bot. France 70, 1923, S. 855—870. (Vgl. Bibl. géogr. 1923, S. 64.)

271. *Hirmer*, M.: Beiträge zur Kenntnis der Gehölzformationen auf Teneriffa. Jena 1926 (= Karsten-Schenk, Vegetationsbilder, XVI H. 8.)

272. *Lindinger*, L.: Beiträge zur Kenntnis von Vegetation und Flora der kanarischen Inseln. Abh. a. d. Geb. d. Auslandskde. 21, Reise C, Bd. 8. Hamburg 1926. (Vgl. P. M. 73 S. 113.)

273. *du Cane*, Florence: The flowers and gardens of Madeira. London. 1926.
274. *Krempelhuber:* Prodromus Lichenographiae insulae Maderae. Flora Ratisbonensi, S. 221—224 u. 230—235.
275. *Greshoff*, M.: De Tuinen van Funchal: Botanische Herinneringen aan het eiland Madeira. (In „Album der Natur".)

Tierwelt.

Pflanzentiere und Würmer.

276. *Johnson*, J. Y.: Notes on the Sea-Anemones of Madeira, with Descriptions of New Species. Proc. Zool. Soc. London 1861.
277. *Johnson*, J. Y.: Description of a Second Species of Acanthagorgia from Madeira. Proc. Zool. Soc. London 1861.
278. *Johnson:* J. Y.: Description of two Corals from Madeira, belonging to the genera Trimnoa and Mopsea. Proc. Zool. Soc. London 1862.
279. *Johnson*, J. Y.: Descriptions of some New Corals from Madeira. Proc. Zool. Soc. London 1862.
280. *Gray*, J. E.: Notice of a second species of Paragorgia discovered in Madeira . . . Annals and Magasine of Natur. Hist. 1862.
281. *Johnson*, J. Y.: Description of a New Species of Flexible Coral belonging to the Genus Juncella obtained at Madeira. Proc. Zool. Soc. London 1863.
282. *Duncan*, P. Martin: On some recent Corals from Madeira. Proc. Zool. Soc. London 1882.
283. *Johnson*, J. Y.: Notes on the Coralliidae of Madeira . . . Proc. Zool. Soc. London 1899.

284. *Hinks*, Rev. Thomas: The Madeiran Polyzoa. Ann. and Mag. Nat. Hist. ser. 5, Bd. VI.
285. *Busk*, George: On Some Madeiran Polyzoa. Quart. Journ. Micros. Sc. VI u. VII. 1858 und 1859.
286. *Busk*, George: Catalogue of the Polyzoa collected by J. Y. Johnson, Esq. at Madeira, in the years 1859 and 1860. Quart. Journ. Micros. VIII u. IX. 1860 u. 1861.
287. *Langerhans*, Paul: Die Wurmfauna von Madeira. Zschr. f. wiss. Zool. 1879—84.
288. *Waters*, A. W.: Bryozoa of Madeira. Journ. R. Soc. Microscopia, 1899.
289. *Norman*, A. M.: The Polyzoa of Madeira and neighbouring Islands. Journ. Linn. Soc. Zool. 30, London 1909.

Mollusken und Krebse.

290. *Lowe*, R. T.: Catalogus Molluscorum Pneumatorum Insularum Maderensium. Proceed. Zool. Soc. of London, 1854.

291. *Andrew*, Rob. Mc.: On the geographical distribution of Testaceous Mollusca in the North Atlantic and neighbouring seas. Liverpool 1854.

292. *Barbosa du Bocage*, J. V.: Noticia sobre uma collecção de conchas das ilhas da Madeira e Porto Santo. Ann. das Sc. e Let., 1857.

293. *Castelo de Paiva*, Ant. da: Noticia da descoberta de dois molluscos novos e tambem dos typos vivos de duas especies fosseis do archipelago madeirense. Ann. and Mag. of Nat. Hist. 1862.

294. *Castelo de Paiva*, Ant. da: Description de deux espèces nouvelles de mollusques terrestres de l'archipel de Madère. Journ. de Conchyl. VI, 1866.

295. *Castelo de Paiva*, Ant. da: Monographia Molluscorum terrestrium, fluvialium, lacustrium insularum Maderensium. Lisboa 1867.

296. *Wollaston*, L. Vernon: Testacea Atlantica. London 1878.

297. *Girard*, Alb. A.: Les Céphalopodes des Iles Açores et de l'Ile Madère. Journ. Sc. Math. Phys. et Nat. 1892.

299. *Nobre*, Aug.: Sur la faune malacologique des îles de S. Thomé et de Madère. Ann. Sc. Nat. I, 1894.

300. *Watson*, R. B.: On the Marine Mollusca of Madeira. Journ. Linn. Soc. 26, 1897.

301. *Nobre*, Aug.: Contribuições para a fauna malacologica da Madeira. Ann. Sc. Nat. IX, 1905.

340. *Albers*, Joan. Christ.: Malacographia maderensis. Berlin 1854.

302. *Fischer*, S.: Über Entomostraken Madeiras. In Sb. K. Bay. Akad. Wiss. München, 1855.

303. *Johnson*, J. Y.: Description of a new species of Cancer obtained at Madeira. Proc. Zool. Soc. London 1861.

304. *Johnson*, J. Y.: Description of a new genus and a new species of Macrurous Decapod Crustacean . . . discovered at Madeira. Proc. Zool. Soc. London 1867.

305. *Thompson*, J. C.: Copepoda of Madeira and the Canary Islands. Linn. Journ.-Zool. XX. 1887.

306. *Norman*, Alfred Merle: The Land Isopoda of Madeira. 1899.

Myriapoden und Insekten.

307. *Latzel:* Beiträge zur Kenntnis der Myriapodenfauna von Madeira, den Selvages und den Kanarischen Inseln. Jahrb. Hamburg. Wissensch. Anst. XII, 1895.

308. *Wollaston*, L. V.: Insecta Maderensia. London 1854.

309. *Wollaston*, L. Vernon: Catalogue of the Coleopterous Insects of Madeira. London 1857.

310. *Baker's* Notes on the Lepidoptera of Madeira. Transact. Entom. Soc. London 1891.

311. Orthoptères provenant des voyages de S. A. Le Prince de Monaco dans les archipels de Madère et des Açores. Bull. Soc. Zool. France 1892, S. 46—49.

312. *Walsingham*, LL. D.: Catalogue of the Moths of the Madeira Islands. Transact. Entom. Soc. London 1894.

313. *Walsingham:* Catalogue of the Pterophoridae, Tortricidae and Tinidae of the Madeira Islands . . . Trans. Ent. Soc. London IV, 1894.

314. *Fauvel*, Alb.: Catalogue des Coléoptères des Iles de Madère, Porto Santo et Desertas. Revue d'Entomologie 1897.

315. *Becker*, Th.: Dipteren der Kanarischen Inseln und der Insel Madeira. Mitt. Zool. Mus. Berlin IV, 1. 1908.

316. *Lindinger*, Leonhard: Die Schildläuse (Coccidae) Europas, Nordafrikas und Vorderasiens, einschließlich der Azoren, der Kanaren und Madeiras . . . Stuttgart 1912. (388 S.)

317. *Malcolm Burr:* The Orthoptera of Madeira. In: The Entomologist's Record XXIV, 2.

318. *Forel:* Über Ameisen Madeiras. In Mitt. Schweiz. Entom. Gesellsch.

Spinnen und Fische.

319. *Bösenberg*, W.: Beitrag zur Kenntnis der Arachniden-Fauna von Madeira und den Canarischen Inseln. Abh. Gebiete d. Naturw. Hamburg 1895.

320. *Simon*, E.: Arachnides recueillis à l'île Madère par M. A. Fauvel en 1896. Bull. Soc. Entomol. Franc. 1897.

321. *Fauvel*, Alb.: Arachnides recueillis à l'Ile de Madère en 1896. Bull. Soc. Entom. France 1897.

322. *Kulczinski*, V.: Arachnoidea opera R. E. Schmitz collecta in insulis Maderianis et in insulis Selvages dictis. Krakau 1899.

323. *Lowe*, Richard Tomas: A Synopsis of the Fishes of Madeira. Trans. of the Zool. Soc. II, $_3$, 1837 nebst Supplement ebda. III, $_1$, 1839.

324. *Lowe*, Richard Tomas: A History of the Fishes of Madeira. London 1843—1860.

325. *Johnson*, J. Y.: Description of some new genera and species of fishes obtained at Madeira. Proc. Zool. Soc. 1863.

326. *Johnson,* J. Y.: Description of three new genera of marine fishes obtained at Madeira. Proc. Zool. Soc. 1863.

327. *Johnson,* J. Y.: Description of a new genus of Trichinroid Fishes obtained at Madeira. Proc. Zool. Soc. 1865.

328. *Johnson,* J. Y.: Description of Trachichthys darwinii. Proc. Zool. Soc. 1866.

329. *Johnson,* J. Y.: Description of a new genus of Spinacidae. Proc. Zool. Soc. 1867.

330. *Capelo,* Felix de Brito: Peixes da ilha da Madeira, Açores e das Possessões Portuguezas d'Africa, que existem no Museu de Lisboa. (Journ. Sc. Mat., Phys. e Nat., Bd. III, p. 194 e 280, und Bd. IV, p. 83.) Ca. 1875.

331. *Collet,* Robert: On a new Pediculate Fish from the Sea of Madeira. Proc. Zool. Soc. X. 1886.

332. *Gunther,* Albert: On a new genus of Pediculate Fish from the sea of Madeira. Soc. Zool. London. Ca. 1886?

333. *Collet,* Robert: Sur quelques poissons rapportés de Madère par le Prince de Monaco. Bull. Soc. Zool. France XV, 1890.

Sonstige Tiere und Allgemeines.

334. *Jardin,* Sir W.: (Über die Vögel von Madeira.) Edin. Journ. of Nat. and Geogr. Science, 1830, p. 245.

335. *Hartwig,* W.: Die Vögel Madeiras. Cab. Journ. f. Ornith. 1896, S. 452—485.

336. *Schmitz,* E. Die Vögel Madeiras. Ornithol. Jb. 1899.

337. *França,* Carlos: Contribution à l'étude du Lapin de Porto Santo. Bull. Soc. Prot. Sc. Nat. VI, 1913.

338. *Germain,* L.: Le problème de l'Atlantide et la Zoologie. Ann. d. Géogr. 1913, S. 209. (Zweifelt die Ursprünglichkeit der Azoren und Madeiras durch seine zool. Untersuchungen etwas an.)

339. *Jeannel,* R.: Silphidae Catopinae . . . (Biospeologica, Nr. 47, Archives Zool. expérim. et géner. t 61, 1922, S. 1—98. (Vgl. Bibl. géogr. 1922, Nr. 302; mit paläogeogr. Skizze!)

Siedelungen, Besitzverhältnisse.

341. *Pontes,* Fern. Aug. de: Um monumento Historico. Funchal 1886.

342. *Sarmento,* A.: O Funchal. Quadro-centenario da Cidade, 1508 = 1908. 1908.

343. *Sanches de Castro,* J. P.: Observações sobre o contrato de colonia da Madeira. Funchal 1850 u. 1857.

344. *Trindade e Vasconcelos,* J. R. und *Almada,* José Ant.: Projecto de lei regulamentar do contrato de colonia on parceria agricola na ilha da Madeira. Funchal 1867.

345. *Correia Heredia.* A.: Observações sobre a situação economica da ilha da Madeira. Lisboa 1888. (96 S.)

346. *Vieira,* Manuel José: A questão da propriedade na Madeira. Funchal 1888. (20 S.)

347. *Perry da Camara Lomelino,* J. A.: O contrato de colonia na ilha da Madeira. Funchal 1889. (40 S.)

348. A Imprensa e os tres projectos sobre colonia, venda de aguas do estado e autonomia da Junta Agricola . . . Funchal 1916. (197 S.)

349. *Sant' Ana e Vasconcelos,* João de: O contrato de colonia.

350. *Heredia,* Ant. Correia: Breves Reflexões sobre a abolição dos morgados na Madeira. Lisboa 1849. (Über Majorate.)

Bewässerung, Bodenschätze.

351. *Machado de Faria,* Carlos Roma und *Trigo,* Maia e Annibal Augusto: Levadas da Madeira . . . Lisboa 1896. (41 S.)

352. *Avelino de Jesus,* Quirino: Representação dirigada ao governo acerca das aguas de irrigação na Madeira. Funchal 1897.

354. *Avelino de Jesus,* Quirino: As aguas e as levadas da Madeira. In „Portugal em Africa“, 1898, Nr. 51, S. 81—127.

355. Levadas. In Elucidario Madeirense II, 1922, S. 53—64.

356. *Lepierre,* Carlos: Analyse chimica e bacteriologica da Agua da Fonte Ferrea-Jamboto, Santo Antonio-Funchal, Madeira . . . Funchal 1900. (Andere Wasseranalysen veröffentlicht im Heraldo da Madeira.)

357. *Ackermann,* Eugène: L'île de Madère considérée au point de vue de ses richesses minérales.
Bol. Soc. Geogr. Lisboa XXVII, 1909, S. 259—77, 307—21, 355—65, 391—397.

358. *Almeida d'Eça,* Vicente: As pescas maritimas em Portugal. Bol. Soc. Geogr. Lisboa 26, 1908, S. 377—390 (mit Tabelle).

359. *Belloc,* G.: Rapport sur la croisière du thonnier „Hébé“. Notes et rapportes de l'Office scientifique et technique des pêches maritimes, Nr. 52, II. Teil. Paris 1927. (Thunfisch bei Madeira.) (Vgl. Bibl. géogr. 27, Nr. 484.)

360. *Albuquerque,* D. V. de Tovar e: Descripção politica e Economica da Ilha da Madeira. 1807.

Wirtschaft.

361. *Drumond de Menezes* (Servulo): Uma Epocha Administrativa da Madeira e Porto Santo. Funchal 1849 e 1850. (636 u. 659 S.)

362. Considerações apresentadas á Commisão encarregada de estudar a situação economica da Madeira, por alguns madeirenses. Funchal 1888. (46 S.)

363. *Heredia,* Ant. Correia: Observações sobre a situacão economica da ilha da Madeira et sobre a reforma das Alfandegas. Lisboa 1888.

364. *Sousa e Silva,* Ant. Aug. de: Relatorio da inspecção ás obras publicas do districto do Funchal no anno de 1891. Lisboa 1893.

365. *Ackermann,* Eugène: L'île de Madère considerée au point de vue scientifique et économique. Rixheim 1910.

366. *Paoli,* Guido: Una missione nell' isola di Madera . . . Nuovo Annali del Ministero per l'Agricoltura II, 3, 1922.

367. *Gesche,* E.: Wirtschaftsbericht über die Insel Madeira vom 4. März 1925 (mit Nachträgen). — Dasselbe vom 1. Juli 1928. (Maschinenschriftliche deutsche Konsularberichte.)

368. *Castelo de Paiva,* Ant. da: Madeira sob o ponto de vista agricola e economico. Lisboa 1855. (11 S.)

369. *Canavial,* de: Apontamentos para o estudo da crise agricola do Funchal. Funchal 1879. (110 S.)

370. *H*(enrique Felix de Freitas) *V*(alle): A Crise Agricola da Madeira, suas causas e effeitos. Funchal 1887. (8 S.)

371. *Richter,* Joh.: Die klimatischen Grundlagen der landwirtschaftlichen Bodenkultur auf Madeira. Leipzig 1909.

372. *Armitage,* Eleonora: Intensive Cultivation in Madeira. Journ. R. Hortic. Soc. 1910.

373. *Peacock,* G.: On the Agriculture and Tenure of Land in Madeira. (In „*Mason*", Klima von Madeira, s. d.)

374. *Ornellas e Vasconcellos,* Nic. de: Methodo de plantar e cultivar a Cana de Assucar. Funchal 1855. (20 S.)

375. *Canavial,* de: Relatorio da Direcção da Companhia Fabril de Assucar Madeirense. Funchal 1871. (70 S.)

376. *Fraga Gomes,* Alfr. de: A doença da canna d'assucar pelo Congothyrium melasporum na Ilha da Madeira. Lisboa 1900.

377. *Canavial,* de: Os Vinhos da Madeira e o seu descredito pelas estufas. 1889. (91 S.)

378. *Ferreira da Siiva,* A. J.: Sur les vins de Madère. 1896.

379. *Canavial,* de: Os tres systemas de tratamento dos vinhos da Madeira. 1900. (22 S.)

380. *Ferreira da Siiva,* A. J.: La vinification des vins de Madère et leur composition. Annales des falsifications, 1911, S. 4—59.

381. A Imprensa, as Colectividades do Distrito e o Projecto de Regulamentação da Produção . . . dos Vinhos da Madeira. Funchal 1916.

382. *Carvalho,* Miguel de, e *Almeida:* The Cultivation of Cochineal. Pharmaceutic Journal 1849.

383. O Tabaco, indicações para a sua cultura . . . Funchal 1908. (24 S.)

384. *Braz Sequeira,* Manuel: Argumento a favor da arborização obrigatoria das serras da ilha da Madeira. Funchal 1913. (27 S.)

385. *Paula Campos Oliveira,* Fr. de: Estatistica industrial do districto do Funchal. Lisboa 1863.

386. *Santos,* Vitorino José dos: Monografia acerca da industria dos artefactos de verga na Madeira. Boletim do Trabalho Industrial 1907.

Verkehr.

387. *Fragoso,* J. M.: Duas palavras sobre a viação da Ilha da Madeira. Bol. da Associação dos Condutores de Obras Publicas, Bd. X, Nr. 1. (28 S.)

388. Medição das astradas reaes da Madeira e seus respectivos ramaes. Funchal 1908. (12 S.)

389. *Loureiro,* Adolfo: Os Portos Maritimos de Portugal. Bd. 5, 1910, behandelt die Häfen Madeiras.

390. *Nunes da Mata,* José: Navegação aerea entre Portugal e a ilha da Madeira. Lisboa 1921.

Geschichte und Entdeckung.

391. *Sarmento,* A. Artur: Collecção dos Documentos e Memorias da Academia Real de Historia Portugueza. 1903 u. 1906.

392. *Castro e Almeida,* Eduardo: Madeira e Porto Santo. Inventario Bibliotheca Nacional de Lisboa, Archivo de Marinha e Ultramar. Bd. 1 (1613—1819), Bd. 2 (1820—1833). Coïmbra 1907 bis 1909. 2 Bde. (ca. 900 S.; wichtig für historische Studien).

393. *Frutuoso,* Gaspar: Saudades da Terra. 6 Tle. (Darin besonders Bd. II, Funchal 1873; nach dem Manuskript aus dem 16. Jhdt. hsg. v. Alvaro Rodrigues de Azevedo. 920 S.)

394. *Giraldes,* J. P. C. C.: Estatistica Historico-Geographica das ilhas da Madeira e Porto Santo. Paris 1815.
395. Elementos para a historia Madeirense. Elucidario Madeirense I, 1921, S. 341—44 mit Quellenangaben.

396. *Cordeiro,* Antonio: Historia Insulana das Ilhas a Portugal sugeítas no Oceano Occidental. 1717 u. 1866. 9 Tle.
397. *Drumond,* J. P. de Freitas Pereira: Apontamentos historicos e geographicos sobre a ilha da Madeira. Ca. 1800. (Autogr. in der Stadtbibliothek in Funchal.)
398. An Historical Sketch of the Island of Madeira, with a coloured view of the Island. London 1819.
399. [*Combe,* William]: A History of Madeira, with a series of 27 coloured engravings illustrative of the costumes, manners and occupations of the Inhabitants of that Island. London 1821.
400. *Perestrelo da Camara,* Paulo: Breve Noticia sobre a Ilha da Madeira. 1841.
401. *Schmeller:* Über Valentin Fernandes Alemã und seine Sammlung von Nachrichten über die Entdeckungen und Besitzungen der Portugiesen in Afrika und Asien bis zum Jahre 1508. München 1845.
402. *Menezes,* Servulo de: Epocha Administrativa. 3 Bde. 1849, 1850, 1852.
403. *Sousa,* Francisco de: Tratado das Ilhas Novas . . . Ponta Delgada 1877, 2. Ausg. 1884.
404. *Ramos,* Acurcio Garcia: Ilha da Madeira. 2 Bde. 1879/80.
405. *Ornelas de Vasconcelos,* Ag. de: Memoria sobre a residencia de Christovam Colombo na Ilha da Madeira. In: Memorias (Festschrift) 1892, hsg. v. d. Acad. R. d. Sciencias de Lisboa.
406. *Koebel,* W. H.: Madeira: Old and New. London 1909. (Der das New Madeira behandelnde Teil tritt stark hinter den historischen Skizzen lokalen Charakters des ersten Teiles zurück.)

407. *Constantino,* Padre Manuel: Insulae Materiae . . . Rom 1599.
408. *Alcaforado,* Francisco: Relação do Descobrimento da Ilha da Madeira. Dasselbe in französischer und englischer Übersetzung. Paris 1671, London 1675.
409. An Historical Account of the Discovery of the Island of Madeira abridged from the Portugueze Original, to which is added an Account of the Present State of the Island. London 1750.

410. The affecting story of Lionel and Arabella who first discovered the Island of Madeira . . . with the voyage of Juan Gonsalvo Zarco, who completed the discovery of the Island. London 1756. (Aus dem Portugiesischen übersetzt.)
411. *Bruce,* James: Voyage aux sources du Nil en Nubie et en Abyssinie pendant les années de 1768, 1769, 1770, 1771 et 1772. London 1791.
412. *Ferreira,* G. A.: Noticias das cousas da Ilha da Madeira desde o seu segundo descobrimento pelo Zarco. Ms.
413. *Medina e Vasconcelos,* Fr. de Paula: Zargueida, Descobrimento da Madeira. Lisboa 1806.
414. *Maurice:* Découverte de l'ile de Madère. Musée des Familles, IV, 1836, S. 90.
415. *Azurara,* Gomes Eanes de: Chronica do Descobrimento e Conquista da Guiné. Hsg. v. Visconde de Santarem. Paris 1841. [Darin auch die Entdeckung Madeiras.]
416. *Bettencourt,* E. A.: Memoria sobre a descoberta das ilhas do Porto Santo e Madeira. Porto 1875.
417. *Melo,* Charles de: Machico and the discovery of Madeira. Scott. Geogr. Mag. 1896.
418. *Freitas,* J. A.: Quando foi descoberta a Madeira? 1911.
419. *Brito Ribelo,* Jacinto Inacio de: The discovery of Madeira. In Figueira *Jardim,* A.: Madeira. Lisboa 1914.
420. *Pestana Junior,* Manuel Gregorio: O reconhecimento do arquipelago da Madeira (1421—1425). Funchal 1920.
421. Descobrimento do Arquipelago. Artikel in Elucidario Madeirense I, 1921, S. 311—314.

Verschiedenes.

422. *Goldschmidt,* Julius: Die Lepra auf Madeira. 1891.
423. *França,* Carlos: A Epidemia Colerica da Madeira, 1910—1911. Lisboa 1911. (91 S.) — Dasselbe auch in Bull. Soc. Pathol. Exotique IV, 1911.

Anhang.

Tabelle[1] *der Temperatur auf Madeira, vom 24. August 1928 anfangend, gemessen in der Quinta Olavo, 278 m hoch gelegen, nach den Messungen von Konsul E. Gesche.*

I.	II.	III.	IV.	V.
Aug.				
24.	19	22	16	6
25.	19	22	16	6
26.	19	22	16	6
27.	20,5	25	16	9
28.	21,5	25	18	7
29.	19	22	16	6
30.	18,5	21	16	5
31.	20,5	24	17	7
Sept.				
1.	19,5	23	16	7
2.	19,5	23	16	7
3.	19,5	23	16	7
4.	19,5	23	16	7
5.	20,5	24	17	7
6.	22,5	26	19	7
7.	21	24	18	6
8.	21	24	18	6
9.	20,5	24	17	7
10.	20,5	23	18	5
11.	19,5	22	17	5
12.	19.5	22	17	5
13.	18	21	15	6
14.	19,5	23	16	7
15.	18,5	21	16	5
16.	19	21	17	4
17.	19,5	23	16	7
18.	19,5	23	16	7
19.	20	23	17	6
20.	19,5	22	17	5
21.	19	21	17	4
22.	20,5	24	17	7
23.	19	21	17	4
Sept.				
24.	19	21	17	4
25.	19	21	17	4
26.	18	19	17	2
27.	18,5	20	17	3
28.	18,5	20	17	3
29.	18,5	20	17	3
30.	17,5	20	15	5
Okt.				
1.	18	20	16	4
2.	18	20	16	4
3.	18,5	21	16	5
4.	19	21	17	4
5.	17,5	20	15	5
6.	17,5	20	15	5
7.	17,5	20	15	5
8.	18,5	21	16	5
9.	18,5	21	16	5
10.	18,5	21	16	5
11.	18,5	21	16	5
12.	18,5	21	16	5
13.	18,5	22	15	7
14.	19	22	16	6
15.	19	22	16	6
16.	20,5	24	17	7
17.	20.5	24	17	7
18.	19,5	23	16	7
19.	18.5	21	16	5
20.	19,5	23	16	7
21.	19,5	23	16	7
22.	19,5	23	16	7
23.	18.5	19	16	5
24.	18	19	15	6

1) Es bedeuten im Tabellenkopf: I. Datum, II. Mittel, III. Maximum, IV. Minimum, V. Schwankung der 24stündigen Tagestemperatur.

I.	II.	III.	IV.	V.
Okt.				
25.	16	18	14	4
26.	18,5	21	16	5
27.	17,5	20	15	5
28.	17,5	20	15	5
29.	16,5	18	15	3
30.	16	17	15	2
31.	15	16	14	2
Nov.				
1.	17,5	18	17	1
2.	17,5	21	14	7
3.	16,5	19	14	5
4.	16,5	19	14	5
5.	15	17	13	4
6.	17	19	15	4
7.	19	24	14	10
8.	16,5	19	14	5
9.	16	18	14	4
10.	18,5	22	15	7
11.	17,5	21	14	7
12.	16	20	12	8
13.	14	16	12	4
14.	17	21	13	8
15.	17	22	12	10
16.	15,5	19	12	7
17.	15,5	18	13	5
18.	16,5	20	13	7
19.	15,5	17	14	3
20.	17	20	14	6
21.	20,5	24	17	7
22	20,5	25	16	9
23.	18	23	13	10
24.	18	23	13	10
25.	18	23	13	10
26.	15,5	18	13	5
27.	18	23	13	10
28.	17,5	23	12	11
29.	16,5	21	12	9
30.	16,5	21	12	9

I.	II.	III.	IV.	V.
Dez.				
1.	17	22	12	10
2.	16,5	21	12	9
3.	13,5	15	12	3
4.	14	16	12	4
5.	14	16	12	4
6.	14	17	11	6
7.	13,25	15	11,5	3,5
8.	12,5	15	10	5
9.	12,5	15	10	5
10.	14,5	19	10	9
11.	15	18	12	6
12.	15,75	19	12,5	6,5
13.	15,75	19	12,5	6,5
14	13,5	15	12	3
15.	16	20	12	8
16.	15,5	19	12	7
17.	16	20	12	8
18.	15,75	20	11,5	8,5
19.	16	20	12	8
20.	14	16	12	4
21.	15	20	10	10
22.	15,5	20	11	9
23.	15,5	21	10	11
24.	14,75	19	10,5	8,5
25.	14	17	11	6
26.	14	17	11	6
27.	13	14	12	2
28.	16	21	11	10
29.	14,5	18	11	7
30.	16,5	21	12	9
31.	14,5	19	10	9
1929				
Jan.				
1.	14	16	12	4
2.	12,5	15	10	5
3.	11	11	11	0
4.	12	13	11	2
5.	12	13	11	2

I.	II.	III.	IV.	V.
Jan.				
6.	11,5	13	10	3
7.	14	15	13	2
8.	17,5	20	15	5
9.	15	15	15	0
10.	14,5	15	14	1
11.	16,5	20	13	7
12.	16	19	13	6
13.	14	16	12	4
14.	16	20	12	8
15.	14,5	17	12	5
16.	14	16	12	4
17.	14,5	17	12	5
18.	13	15	11	4
19.	13,5	15	12	3
20.	15	19	11	8
21.	13	16	10	6
22.	14	16	12	4
23.	16	19	13	6
24.	17	22	12	10
25.	16	19	13	6
26.	17,5	22	13	9
27.	16	20	12	8
28.	16	20	12	8
29.	15,5	19	12	7
30.	16	18	14	4
31.	15,5	18	13	5
Febr.				
1.	14	16	12	4
2.	14,5	16	13	3
3.	17	22	12	10
4.	12,5	15	10	5
5.	12,5	15	10	5
6.	12,25	15	9,5	5,5
7.	13	16	10	6
8.	15,5	21	10	11
9.	13	16	10	6
10.	13	16	10	6
11.	12,5	15	10	5
12.	12	15	9	6
13.	13	17	9	8
14.	14,5	18	11	7
15.	13	15	11	4
16.	13,5	17	10	7
17.	13	16	10	6
18.	14,5	18	11	7
19.	13,5	15	12	3
20.	13,5	15	12	3
21.	12,5	15	10	5
22.	12,5	16	9	7
23.	12	15	9	6
24.	13,5	18	9	9
25.	15	19	11	8
26.	15,5	18	13	5
27.	16,5	20	13	7
28.	18	21	15	6
März				
1.	17,5	20	15	5
2.	16	19	13	6
3.	13,5	15	12	3
4.	12,5	15	10	5
5.	13,5	15	12	3
6.	13,5	14	13	1
7.	12,5	15	10	5
8.	14	18	10	8
9.	13	15	11	4
10.	13	16	10	6
11.	13	15	11	4
12.	12,5	14,5	10,5	4
13.	12,5	14.5	10,5	4
14.	13,5	17	10	7
15.	13,5	17	10	7
16.	15	18	12	6
17.	12	13	11	2

Orts-, Sach- und Autoren-Register.

(Die Zahlen geben Seiten an. — Kursivdruck der Seitenzahlen zeigt eingehendere Behandlung des Stoffes an. — Autorennamen und dazu gehörige Seitenzahlen sind kursiv gedruckt.)

B.

H.

L.

M.

T.

X, Y, Z.

Berichtigungen und Nachträge.

Zu S. 15, Anm. 21, Z. 2 v. u. ergänze: *3. Aufl. 1930.*

Zu S. 19, Text Z. 5 v. u. statt in dem lies *indem.*

Zu S. 18—31: Die Profile der Talflanken deuten durch ihre konvexe Form aufsteigende Entwickelung, also eine Senkung der Erosions- und Denudationsbasis bzw. eine Landhebung an, wie oben schon hervorgehoben wurde. An diesen Flanken zeigt sich häufig, wie auch unsere Abb. 3, 6, 7, 10, 23 klar erkennen lassen, ein auffallender Knick, unterhalb dessen die Talflanken steiler, cañonartig erscheinen, während sie oberhalb flache Formen aufweisen. Jene in vielen Fällen nicht auf Gesteinswechsel zurückzuführende Knickstellen, die sich in *verschiedenen* Höhenlagen finden, lassen sich miteinander verbinden, so daß man in den darüber gelegenen Teilen ein älteres und flacheres, in den darunter gelegenen ein jüngeres und steileres Relief erblicken könnte, das als Folge einer beträchtlichen Landhebung zu betrachten wäre. Solche Beobachtung stimmt sehr gut mit der von *O. Pratje* *) gemachten überein, der glaubt, daß die Täler früher an den Bergen in etwa 400 m Höhe geendet haben mußten, da sie soweit wohlausgebildete V-Täler darstellen, an die sich nach unten hin steile, enge, kañonartige Schluchten anschließen. Wenn man auch grundsätzlich diese Auffassung Pratjes teilen kann, so ist doch eine *gleichmäßige* Hebung der Insel um etwa 400 m noch nicht erwiesen. Weitere Sonderuntersuchungen müßten darnach trachten, hohe Strandlinien auf Madeira festzustellen, wie sie die Abb. 13 hoch oben am Kliff des Cabo Girão in etwa 500 m Höhe erkennen läßt und wie sie dann auch im Hintergrunde flacherer Hügel- oder Küstenvorländer zu erwarten sein dürften.

Was hier von den Tälern gesagt ist, gilt in hohem Maße auch von dem Gesamtrelief der Insel. Wir haben auf S. 19 die Oberflächenformen Madeiras als jung angesprochen, andererseits auf S. 20 f. hervorgehoben, daß eine gewisse Schroffheit der Formen beim Anblick aus der Nähe, namentlich von den Talschluchten aus in einem Gegensatz zu dem Gesamtcharakter der Formen steht, wenn man sie aus einiger Entfernung betrachtet. Wohl ergeben sich auch dann bedeutende Reliefunterschiede auf verhältnismäßig kurze Entfernung hin, aber alle Formen im großen sind rund, jedenfalls aber ausgeglichener, als man ursprünglich annehmen mußte und erst in den Schluchten bzw. in den an diese grenzenden Teilen stellt sich eine Formenwelt von ausgesprochen jugendlichem Charakter ein. Derartige Beobachtungen lassen es als gerechtfertigt erscheinen, innerhalb der Gesamtheit der Oberflächenformen Madeiras zu scheiden zwischen einem Steilrelief unten und, mit gewissen Einschränkungen, einem Flachrelief in den höheren sowie tal- oder küstenferneren Teilen der Insel, ähnlich, wie schon oben bei den Talformen (vgl. auch Abb. 6 auf

---

*) Zschr. Ges. f. Erdk. Berlin 1926, S. 59.

Taf. 4). Da auch diese Gegensätzlichkeit als eine Folge relativ junger Hebung zu betrachten ist, sind die Gebiete flachen Reliefs als morphologisch älter zu bewerten, als Reste der Oberflächengestaltung Madeiras *vor* jener letzten *großen* Hebung von im Mittel 420 m (vgl. S. 18).

Mithin läßt sich das auf S. 18f. gegebene Bild von der geologischen Entwickelung Madeiras nunmehr zu folgendem *morphogenetischen Überblick* ergänzen. Madeiras heutige Formenwelt ist in mindestens zwei entwickelungsgeschichtlich hervortretenden Großphasen oder, in dem älteren, schematisierenden Sinne eines W. M. Davis gesprochen in mehreren Cyclen entstanden, deren zeitliche Grenze das mittlere Miozän (S. 18) bildet. Vor dieser Zeit mag die Hebungstendenz der Insel schwach gewesen sein, so daß ihr die Abtragung in weitgehendem Maße entgegenarbeiten konnte; es entstand jenes oben gekennzeichnete „Flachrelief“ mit breiteren, verhältnismäßig flachen Tälern und ausgesprochen konkaven Talflanken, wie es Abb. 6 bezeugt. Marine fossilführende Ablagerungen und hochgelegene Strandlinien sind die urkundliche Bestätigung solcher morphologischen Beobachtungen. Nach dem mittleren Miozän verstärkte sich die Hebungstendenz, es erfolgte Neubelebung der Gewässer, die in die älteren Talböden (heute in ± 420 m Höhe) junge Kerbtäler und cañonartige Schluchten einschnitten. Von diesen aus griff die weitere junge, postmittelmiozäne Formenentwicklung landein- und -aufwärts in das ältere Flachrelief zurück, ohne jedoch bis heute in der Lage gewesen zu sein, es allenthalben zu beseitigen. Kompliziert wurde dieser Vorgang noch durch weitere vulkanische Ergüsse in dieser Zeit, durch die manche ältere Form und Ablagerung überdeckt und abermals ein neues Relief geschaffen wurde. Aber auch die postmittelmiozäne Hebung ging nicht stetig vor sich, sondern es wechselten Phasen stärkerer und schwächerer Hebung, stärkerer (Pluvialzeit!) und schwächerer Erosion, wie die Flußterrassenreste (S. 34 ff.) bezeugen. Im Diluvium mag Madeira schon 100—130 m höher als im Mittelmiozän und nur noch 300 m (S. 18), im älteren Alluvium nur 120 m niedriger als heute gelegen haben (S. 19 u. 35). Auch ist nicht anzunehmen, daß die Hubhöhe überall gleich ist; vielmehr haben wir wiederholt (S. 19, 35) auf verschiedengradige Hebung hinweisen können. Bezeichnen wir der Einfachheit halber Zeiten schwächerer Hebungsenergie und geringerer Erosion als Zeiten der Ruhe, so dürften in diesen verschiedene Hochflächenreste und andere Zeugen alter Landoberflächen wie die roten Böden (S. 17) ausgebildet worden sein, die freilich z. T. wieder durch jüngere vulkanische Ergüsse überdeckt worden sind, die sich noch im Jungalluvium ereigneten, aber nicht mehr in historischer Zeit.

Zu S. 89, Zeile 1 v. o. statt kätte lies *hätte*.

Zu S. 118: in der leeren Spalte des Tabellenkopfes ist zu ergänzen: „Anbaufläche (ha) bzw. Ernteertag (hl).

Zu Tafel 4, Abb. 6, Zeile 3: statt „des Gran Curral“ lies: *„des Currals der Serra d'Agua“*.

Zu Tafel 17, Text Z. 1 statt „aus“ lies *auf*.

Erläuterung der auf der Karte verzeichneten Höhenziffern.

Die Ziffern in Klammern geben Höhenwerte des Elucidario Madeirense an. Abkürzungen: K. = Kirche. P. = Pico oder Picos.)

48 K. S. Vicente.
97 P. Verde.
04 (114) Kapelle N. Senh. da Piedade.
29 (128) Ponta do Garajão.
58 P. de S. João.
13 Ponta de S. Jorge.
30 (bei Porto da Cruz) Terra do Baptisto.
30 (westlich von Funchal) P. dos Arradas.
35 (233) K. S. Martinho.
62 Brücke Rib. Secco.
63 P. da Cruz (S. Martinho).
87 K. S. Antonio.
10 K. S. Jorge.
15 Brücke oberh. Cruzinhas.
29 P. do Facho.
32 Hotel S. Ana.
47 (344) S. Roque.
78 (375) Mina de Cal.
96 P. dos Barcellos.
17 K. S. Ana.
17 K. Boa Ventura.
21 (420) P. das Favas.
30 Madre d'Agua.
39 (438) P. do Cardo.
60 K. Pta. do Pargo.
68 P. do Caniço.
85 Rücken westl. d. K. v. S. Jorge.
93 K. Estreito (de Cam. d. Lob.).
495 K. Fajã da Ovelha.
502 (501) Cortadorücken.
520 K. S. Maria Madalena.
526 P. dos Covões.
530 P. do Cortado.
533 K. Prazeres.
550 Palheiro.
563 Vista (Cortado).
576 (589) Cabo Girão.
582 Vista do Macello (Mirante das Macelas).
584 Penha d'Agua.
589 (599) Montekirche.
612 (610) Portellapaß.
615 (613) K. Livramento (Curral das Freiras).
627 P. do Castanho.
704 (701) K. S. Ant. d. Serra.
715 K. Camacha.
716 Lamaceirospaß.
728 P. do Cedro.
747 P. das Irosas.
755 Lagoa d. S. Ant. d. Serra.
759 (750) Jardim da Serra.
765 P. do Larano.
837 P. do Arco de S. Jorge.
854 P. do Infante.
884 (882) Brücke Rib. Frio.
914 P. Rodondo.
915 Queimadas.
936 P. da Cruz (de Cam. d. Lob.).
1005 (1132) Rabaçalhäuser.
1041 P. da Suna.
1045 Encumiada d. S. Vicente.
1048 P. do Serrado.
1066 P. da Barraca.
1098 Brücke Rib. das Calles.
1112 (1113) Lagoa (Fanal).
1135 P. dos Bodes (Curral).
1171 P. do Arrebentão.
1183 P. da Silva.
1199 P. Gordo.
1280 P. da Lombada.
1290 P. da Fonte do Bispo.
1303 (1302) P. dos Bodes (Janela).
1323 (1311) Cova da Cevada.
1327 Chão do Caramujo.
1341 P. do Prado.
1347 (1349) Bocca dos Corregos.
1371 P. da Fonte Vermelha.
1382 P. da Terra de Fora.
1388 (1390) Poisohaus.
1393 P. do Poiso.
1402 Haus a. d. Lavada do Monte Medonho.
1405 (nördl. Serra d'Agua) P. dos Ferreiros.
1405 (1406) (westlich Paul da Serra) P. da Urze.
1432 nördl. v. Paul da Serra: Beginn d. Lavada do Rib. do Inferno.
1432 westl. v. Paul da Serra: P. do Assobiadouro.
1450 (1451) P. de Lagoa (Balcões).
1454 (nördlich v. Curral) Torrinhaspaß.
1454 (1453) (westl. Santo da Serra) P. das Aboboras.
1460 (1583) Paul da Serra.
1478 P. do Poço da Neve.
1524 (nördl. am Paul da Serra) P. dos Estanquinhos.
1524 nahe S. Vicente: Fanada Topo.
1524 (1546) südl. am Paul da Serra: P. da Fonte do Norte.
1524 nördl. Funchal: P. dos Melros.
1539 (1565) P. da Fonte da Biça.
1626 P. Ruivo do Paul.
1629 P. da Neve.
1643 P. Grande.
1651 P. das Freiras.
1661 P. do Canario.
1664 P. do Jorge.
1675 P. do Gato.
1676 P. do Cidrão.
1739 P. de S. Antonio (Curral).
1796 (1768) Encumiada Alta.
1822 (1823) P. das Torrinhas.
1829 P. das Torres.
1832 (1796) P. do Areeiro.
1950 (1861) Pico Ruivo (St. Ana) *).

Nicht angegeben auf der Karte sind:

Pico das Rosas (westl. der Montekirche): 579 m.
P. da Fonte da Nogueira: 1158 m.
Terreiro da Lucta: 850 m.
Raposeira (b. Fajã da Ovelha): 619 m.
Kirche Achadas da Cruz: 521 m.
Ponta do Pargo, Kap.
Ribeiro Frio: 750 m.
Beginn der Lavada da Fajã dos Vinhaticos: 1006 m.
Boaventura, Brücke auf Weg nach Arco: 137 m.
Insel Fora: 107 m.
Viele Höhenangaben unmittelbar bei Funchal.

---

*) Die Höhenangaben für diesen höchsten Gipfel Madeiras schwankten sehr: 2515 m (Gourlay, 1811), 1573 m (Smith, 1811), 855 m (Bowdich, 1823, barometr Messung; die trigonom. Messung ergab 1921 m), 1901 m (Wilkes 1838), 1858—60 m (engl. ffiziere 1839), 1845 m (Vidal, 1844), 1650 m (Oberst Pereira, 1903), **1861 m:** geodätische Kommission i. J. 1914.

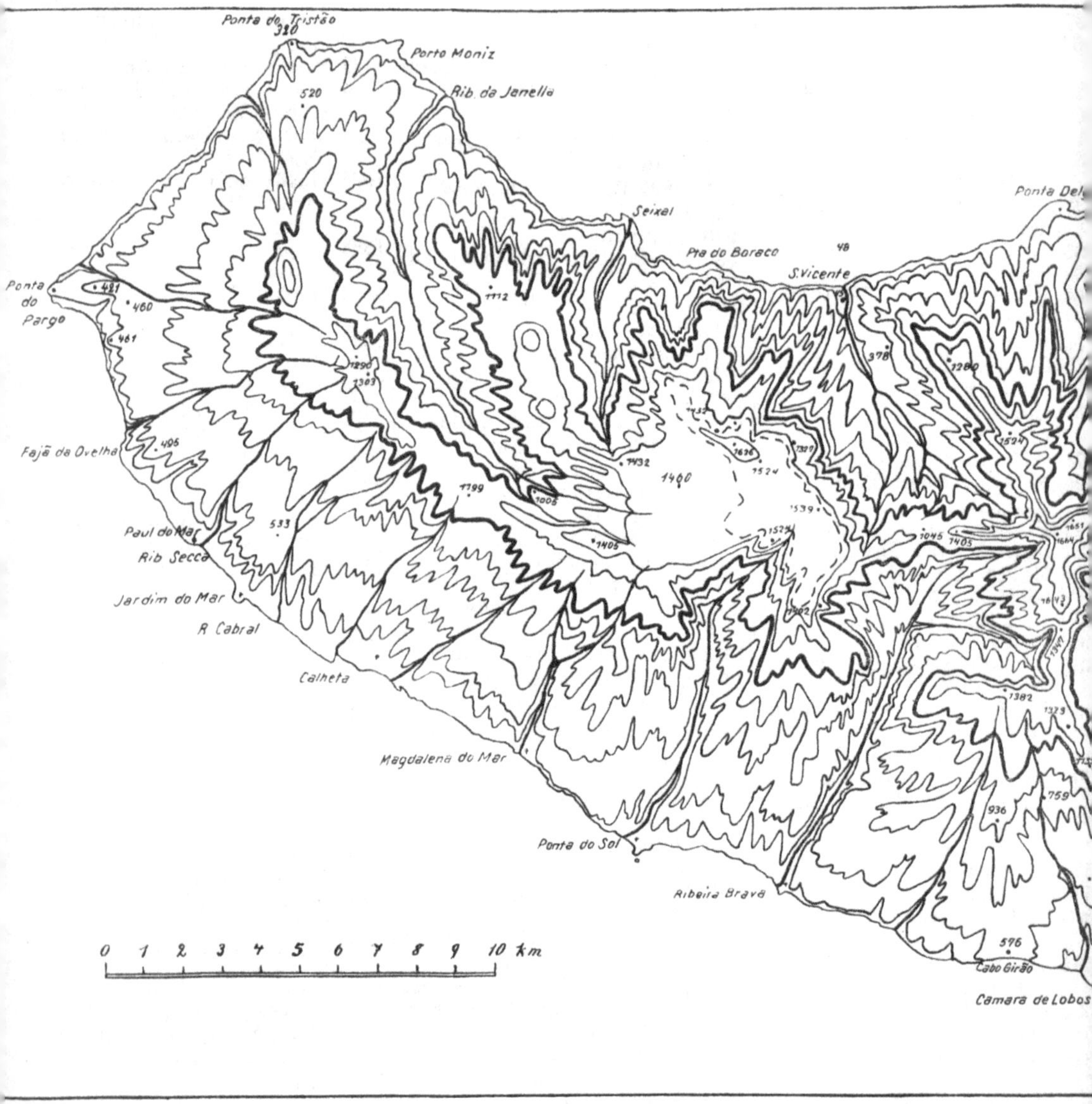

Orographische Übersichtskarte von Ma
Abstand der Höhenkurven 200 m. Die

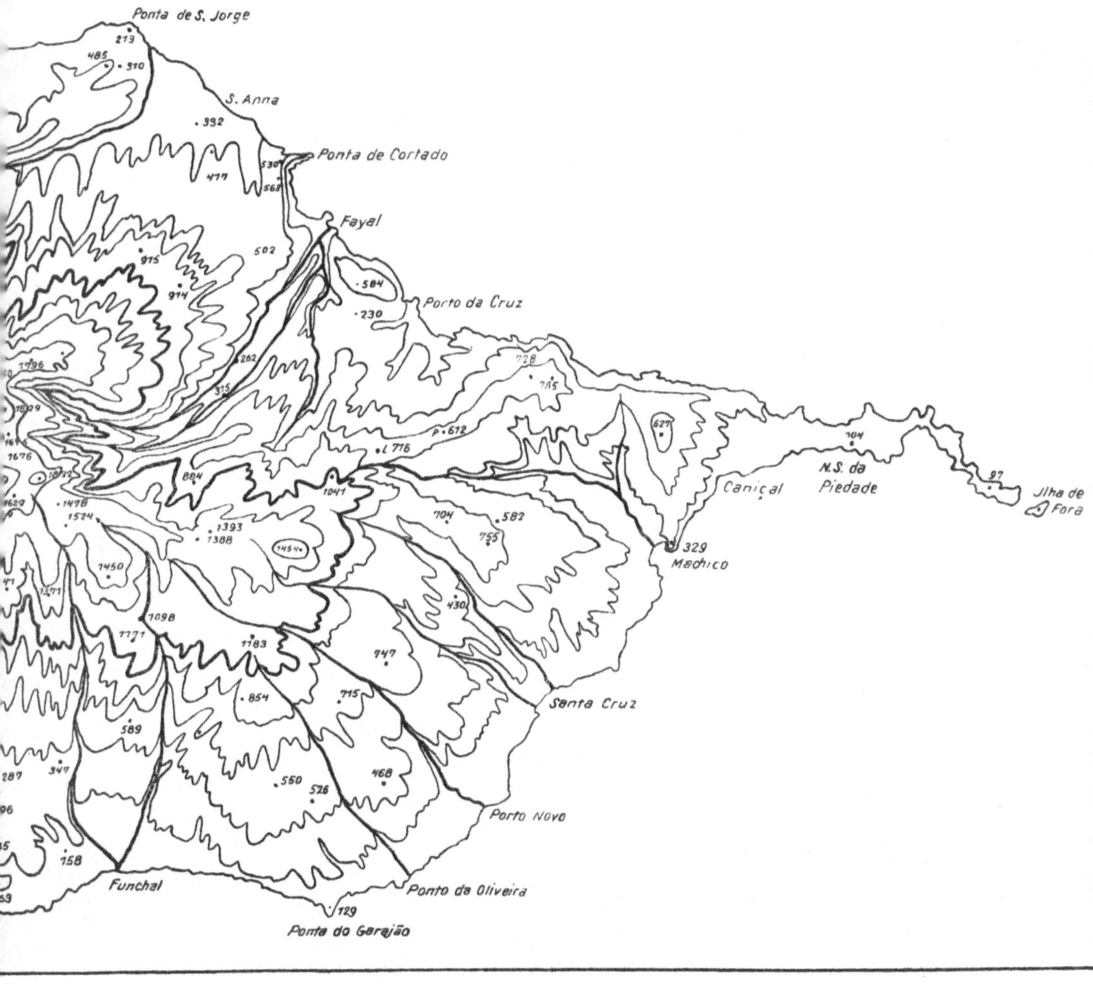

entworfen von Dr. W. Hartnack.
gene Kurve ist die 1000-m-Isohypse.

FSC
www.fsc.org
MIX
Papier | Fördert
gute Waldnutzung
FSC® C083411

Zeitfracht Medien GmbH
Ferdinand-Jühlke-Straße 7
99095 Erfurt, Deutschland
produktsicherheit@kolibri360.de